知识导图

Web开发人才培养系列丛书共包含8本图书（具体信息详见丛书序），涉及3种语言（HTML5、CSS3、JavaScript）和3个框架（jQuery、Vue.js、Bootstrap）。这里将为读者呈现这3种语言和3个框架的知识导图。

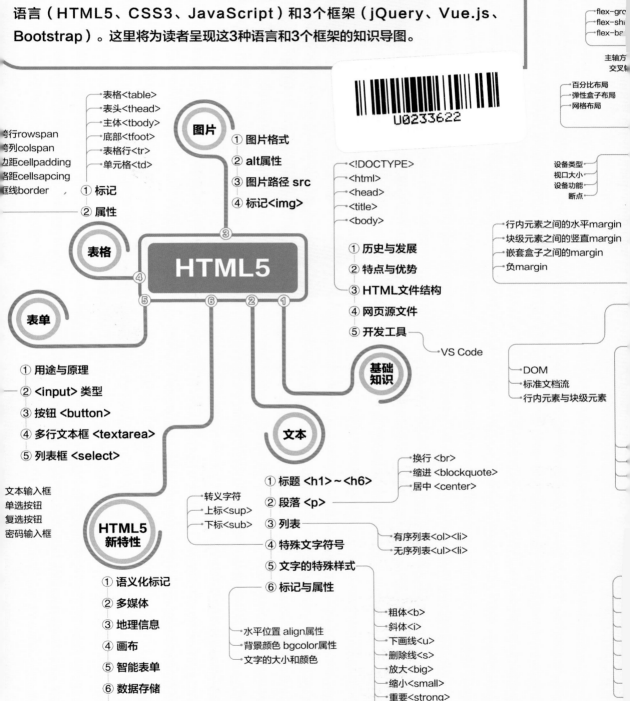

弹性容器和
主轴和
布局方向 flex-direction
设置换行 flex-wrap
flex-gro
flex-shi
flex-ba
主轴方
交叉轴

图片
① 图片格式
② alt属性
③ 图片路径 src
④ 标记 <img>

表格
夸行rowspan
夸列colspan
力距cellpadding
各距cellsapcing
匪线border
① 标记
② 属性

表头<thead>
表格<table>
主体<tbody>
底部<tfoot>
表格行<tr>
单元格<td>

HTML5

<!DOCTYPE>
<html>
<head>
<title>
<body>

① 历史与发展
② 特点与优势
③ HTML文件结构
④ 网页源文件
⑤ 开发工具 —— VS Code

基础知识

设备类型
视口大小
设备功能
断点

行内元素之间的水平margin
块级元素之间的竖直margin
嵌套盒子之间的margin
负margin

百分比布局
弹性盒子布局
网格布局

DOM
标准文档流
行内元素与块级元素

表单
① 用途与原理
② <input> 类型
③ 按钮 <button>
④ 多行文本框 <textarea>
⑤ 列表框 <select>

文本输入框
单选按钮
复选按钮
密码输入框

HTML5
新特性
① 语义化标记
② 多媒体
③ 地理信息
④ 画布
⑤ 智能表单
⑥ 数据存储
⑦ 多线程

转义字符
上标<sup>
下标<sub>

文本
① 标题 <h1>~<h6>
② 段落 <p>
③ 列表
④ 特殊文字符号
⑤ 文字的特殊样式
⑥ 标记与属性

换行
缩进 <blockquote>
居中 <center>

有序列表<ol><li>
无序列表<ul><li>

水平位置 align属性
背景颜色 bgcolor属性
文字的大小和颜色

粗体<b>
斜体<i>
下画线<u>
删除线<s>
放大<big>
缩小<small>
重要<strong>
强调<em>

U0233622

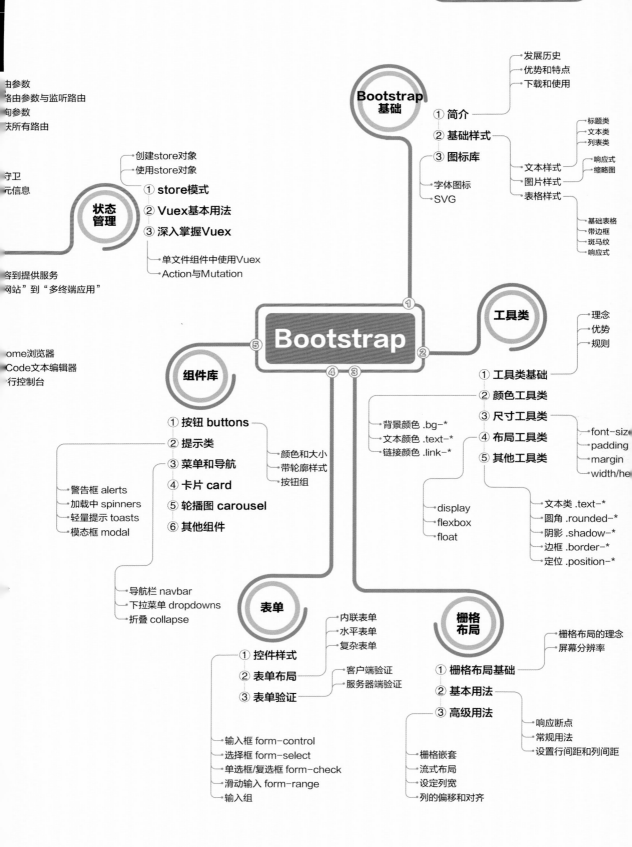

知识导图

Bootstrap基础
- ① 简介
  - 发展历史
  - 优势和特点
  - 下载和使用
- ② 基础样式
  - 文本样式
    - 标题类
    - 文本类
    - 列表类
  - 图片样式
    - 响应式
    - 缩略图
  - 表格样式
    - 基础表格
    - 带边框
    - 斑马纹
    - 响应式
- ③ 图标库
  - 字体图标
  - SVG

状态管理
- ① store模式
  - 创建store对象
  - 使用store对象
- ② Vuex基本用法
- ③ 深入掌握Vuex
  - 单文件组件中使用Vuex
  - Action与Mutation

由参数
洛由参数与监听路由
句参数
求所有路由

守卫
元信息

容到提供服务
网站"到"多终端应用"

ome浏览器
Code文本编辑器
行控制台

Bootstrap

工具类
- 理念
- 优势
- 规则
- ① 工具类基础
- ② 颜色工具类
  - 背景颜色 .bg-*
  - 文本颜色 .text-*
  - 链接颜色 .link-*
- ③ 尺寸工具类
  - font-size
  - padding
  - margin
  - width/he
- ④ 布局工具类
  - display
  - flexbox
  - float
- ⑤ 其他工具类
  - 文本类 .text-*
  - 圆角 .rounded-*
  - 阴影 .shadow-*
  - 边框 .border-*
  - 定位 .position-*

组件库
- ① 按钮 buttons
  - 颜色和大小
  - 带轮廓样式
  - 按钮组
- ② 提示类
  - 警告框 alerts
  - 加载中 spinners
  - 轻量提示 toasts
  - 模态框 modal
- ③ 菜单和导航
  - 导航栏 navbar
  - 下拉菜单 dropdowns
  - 折叠 collapse
- ④ 卡片 card
- ⑤ 轮播图 carousel
- ⑥ 其他组件

表单
- ① 控件样式
  - 输入框 form-control
  - 选择框 form-select
  - 单选框/复选框 form-check
  - 滑动输入 form-range
  - 输入组
- ② 表单布局
  - 内联表单
  - 水平表单
  - 复杂表单
- ③ 表单验证
  - 客户端验证
  - 服务器端验证

栅格布局
- ① 栅格布局基础
  - 栅格布局的理念
  - 屏幕分辨率
- ② 基本用法
  - 响应断点
  - 常规用法
  - 设置行间距和列间距
- ③ 高级用法
  - 栅格嵌套
  - 流式布局
  - 设定列宽
  - 列的偏移和对齐

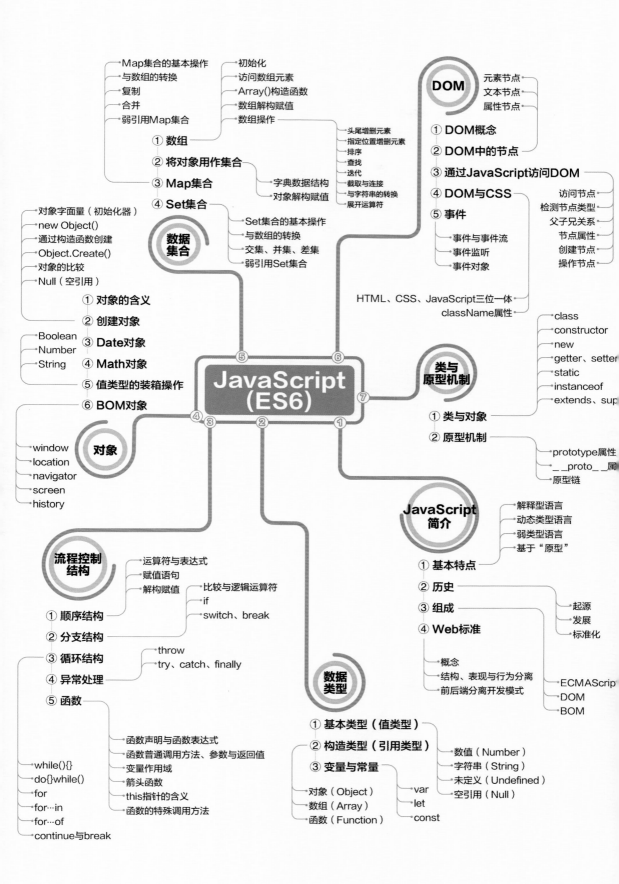

JavaScript (ES6)

数据集合

- ① 数组
  - Map集合的基本操作
  - 与数组的转换
  - 复制
  - 合并
  - 弱引用Map集合
  - 初始化
  - 访问数组元素
  - Array()构造函数
  - 数组解构赋值
  - 数组操作
    - 头尾增删元素
    - 指定位置增删元素
    - 排序
    - 查找
    - 迭代
    - 截取与连接
    - 与字符串的转换
    - 展开运算符
- ② 将对象用作集合
  - 字典数据结构
  - 对象解构赋值
- ③ Map集合
- ④ Set集合
  - Set集合的基本操作
  - 与数组的转换
  - 交集、并集、差集
  - 弱引用Set集合

DOM

- 元素节点
- 文本节点
- 属性节点
- ① DOM概念
- ② DOM中的节点
- ③ 通过JavaScript访问DOM
  - 访问节点
  - 检测节点类型
  - 父子兄关系
  - 节点属性
  - 创建节点
  - 操作节点
- ④ DOM与CSS
  - HTML、CSS、JavaScript三位一体
  - className属性
- ⑤ 事件
  - 事件与事件流
  - 事件监听
  - 事件对象

对象

- 对象字面量（初始化器）
- new Object()
- 通过构造函数创建
- Object.Create()
- 对象的比较
- Null（空引用）
- ① 对象的含义
- ② 创建对象
- ③ Date对象
- ④ Math对象
- ⑤ 值类型的装箱操作
  - Boolean
  - Number
  - String
- ⑥ BOM对象
  - window
  - location
  - navigator
  - screen
  - history

类与原型机制

- class
- constructor
- new
- getter、setter
- static
- instanceof
- extends、sup
- ① 类与对象
- ② 原型机制
  - prototype属性
  - _ _proto_ _属
  - 原型链

JavaScript简介

- ① 基本特点
  - 解释型语言
  - 动态类型语言
  - 弱类型语言
  - 基于"原型"
- ② 历史
- ③ 组成
  - 起源
  - 发展
  - 标准化
- ④ Web标准
  - 概念
  - 结构、表现与行为分离
  - 前后端分离开发模式
    - ECMAScrip
    - DOM
    - BOM

流程控制结构

- ① 顺序结构
  - 运算符与表达式
  - 赋值语句
  - 解构赋值
- ② 分支结构
  - 比较与逻辑运算符
  - if
  - switch、break
- ③ 循环结构
- ④ 异常处理
  - throw
  - try、catch、finally
- ⑤ 函数
  - while(){}
  - do{}while()
  - for
  - for…in
  - for…of
  - continue与break
  - 函数声明与函数表达式
  - 函数普通调用方法、参数与返回值
  - 变量作用域
  - 箭头函数
  - this指针的含义
  - 函数的特殊调用方法

数据类型

- ① 基本类型（值类型）
- ② 构造类型（引用类型）
- ③ 变量与常量
  - 对象（Object）
  - 数组（Array）
  - 函数（Function）
  - var
  - let
  - const
  - 数值（Number）
  - 字符串（String）
  - 未定义（Undefined）
  - 空引用（Null）

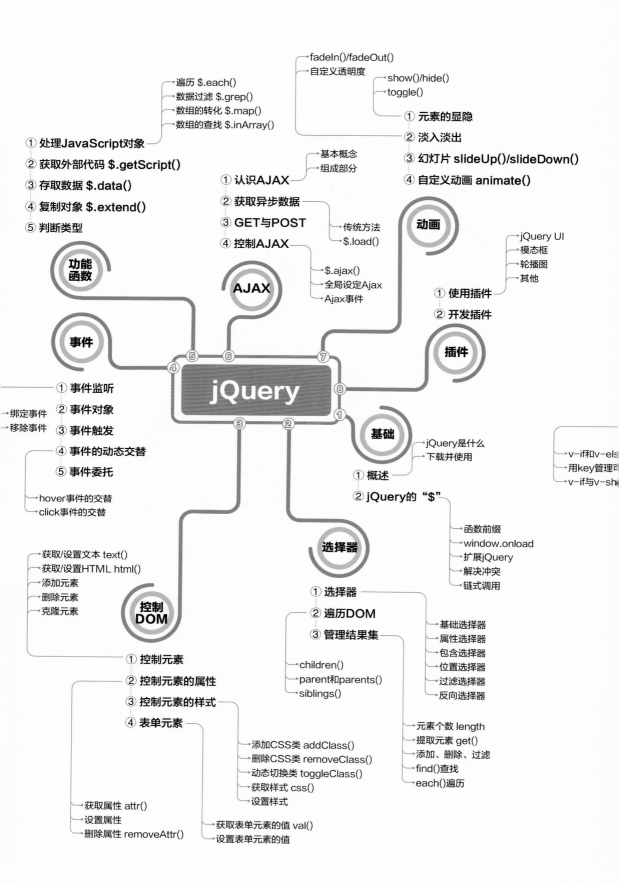

遍历 $.each()
数据过滤 $.grep()
数组的转化 $.map()
数组的查找 $.inArray()

fadeIn()/fadeOut()
自定义透明度

show()/hide()
toggle()

① 元素的显隐
② 淡入淡出
③ 幻灯片 slideUp()/slideDown()
④ 自定义动画 animate()

① 处理JavaScript对象
② 获取外部代码 $.getScript()
③ 存取数据 $.data()
④ 复制对象 $.extend()
⑤ 判断类型

基本概念
组成部分

① 认识AJAX
② 获取异步数据
③ GET与POST
④ 控制AJAX

传统方法
$.load()

jQuery UI
模态框
轮播图
其他

动画

$.ajax()
全局设定Ajax
Ajax事件

功能
函数

AJAX

① 使用插件
② 开发插件

插件

事件

jQuery

⑤ ⑥ ⑦

④ ⑧

① 事件监听
② 事件对象
③ 事件触发
④ 事件的动态交替
⑤ 事件委托

绑定事件
移除事件

③ ② ①

基础

jQuery是什么
下载并使用

① 概述
② jQuery的 "$"

v-if和v-els
用key管理可
v-if与v-sh

hover事件的交替
click事件的交替

函数前缀
window.onload
扩展jQuery
解决冲突
链式调用

获取/设置文本 text()
获取/设置HTML html()
添加元素
删除元素
克隆元素

① 选择器
② 遍历DOM
③ 管理结果集

基础选择器
属性选择器
包含选择器
位置选择器
过滤选择器
反向选择器

控制
DOM

children()
parent和parents()
siblings()

① 控制元素
② 控制元素的属性
③ 控制元素的样式
④ 表单元素

元素个数 length
提取元素 get()
添加、删除、过滤
find()查找
each()遍历

添加CSS类 addClass()
删除CSS类 removeClass()
动态切换类 toggleClass()
获取样式 css()
设置样式

获取属性 attr()
设置属性
删除属性 removeAttr()

获取表单元素的值 val()
设置表单元素的值

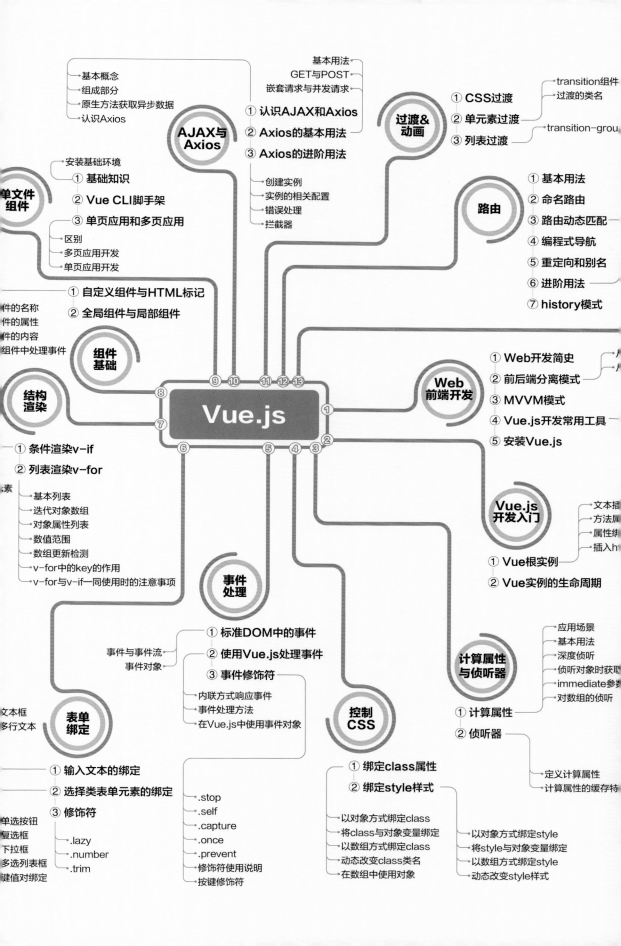

AJAX与Axios

- 基本概念
- 组成部分
- 原生方法获取异步数据
- 认识Axios

① 认识AJAX和Axios
- 基本用法
- GET与POST
- 嵌套请求与并发请求

② Axios的基本用法

③ Axios的进阶用法
- 创建实例
- 实例的相关配置
- 错误处理
- 拦截器

过渡&动画

① CSS过渡
② 单元素过渡
③ 列表过渡
- transition组件
- 过渡的类名
- transition-grou

单文件组件

- 安装基础环境
① 基础知识
② Vue CLI脚手架
③ 单页应用和多页应用
- 区别
- 多页应用开发
- 单页应用开发

路由

① 基本用法
② 命名路由
③ 路由动态匹配
④ 编程式导航
⑤ 重定向和别名
⑥ 进阶用法
⑦ history模式

组件基础

件的名称
件的属性
件的内容
组件中处理事件

① 自定义组件与HTML标记
② 全局组件与局部组件

结构渲染

① 条件渲染v-if
② 列表渲染v-for

素
- 基本列表
- 迭代对象数组
- 对象属性列表
- 数值范围
- 数组更新检测
- v-for中的key的作用
- v-for与v-if一同使用时的注意事项

Vue.js

⑧ ⑨ ⑩ ⑪ ⑫ ⑬ ⑦ ⑥ ⑤ ④ ③ ② ①

Web前端开发

① Web开发简史
② 前后端分离模式
③ MVVM模式
④ Vue.js开发常用工具
⑤ 安装Vue.js

Vue.js开发入门

- 文本插
- 方法属
- 属性绑
- 插入h

① Vue根实例
② Vue实例的生命周期

事件处理

① 标准DOM中的事件
② 使用Vue.js处理事件
③ 事件修饰符

事件与事件流
事件对象

- 内联方式响应事件
- 事件处理方法
- 在Vue.js中使用事件对象

计算属性与侦听器

- 应用场景
- 基本用法
- 深度侦听
- 侦听对象时获取
- immediate参数
- 对数组的侦听

① 计算属性
② 侦听器

- 定义计算属性
- 计算属性的缓存特

表单绑定

文本框
多行文本

① 输入文本的绑定
② 选择类表单元素的绑定
③ 修饰符

单选按钮
复选框
下拉框
多选列表框
键值对绑定

- .lazy
- .number
- .trim

- .stop
- .self
- .capture
- .once
- .prevent
- 修饰符使用说明
- 按键修饰符

控制CSS

① 绑定class属性
② 绑定style样式

- 以对象方式绑定class
- 将class与对象变量绑定
- 以数组方式绑定class
- 动态改变class类名
- 在数组中使用对象

- 以对象方式绑定style
- 将style与对象变量绑定
- 以数组方式绑定style
- 动态改变style样式

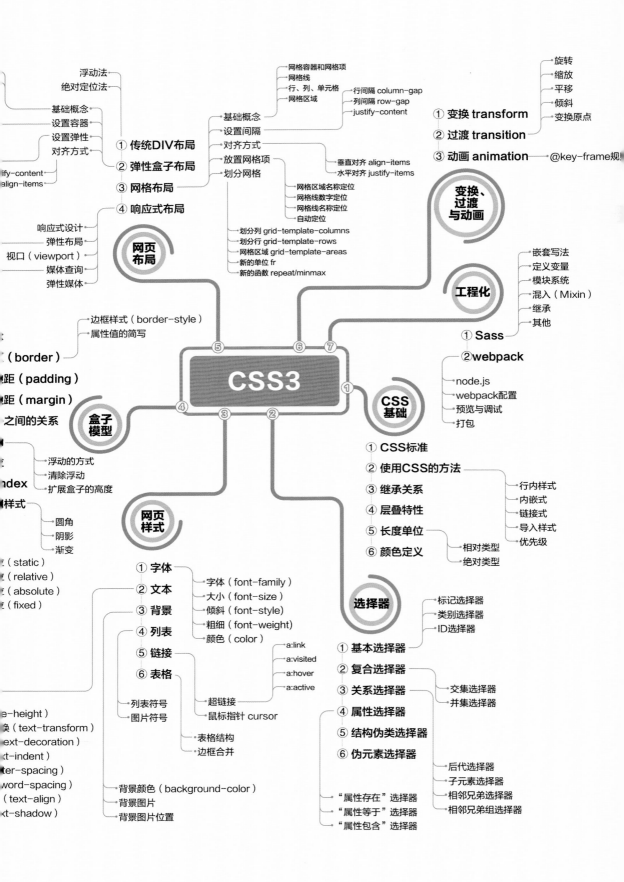

浮动法
绝对定位法

基础概念
设置容器
设置弹性
对齐方式

ify-content
align-items

网格容器和网格项
网格线
行、列、单元格
网格区域
行间隔 column-gap
列间隔 row-gap
justify-content

① 变换 transform
② 过渡 transition
③ 动画 animation

旋转
缩放
平移
倾斜
变换原点

@key-frame规

基础概念
设置间隔
对齐方式
放置网格项
划分网格

垂直对齐 align-items
水平对齐 justify-items

变换、
过渡
与动画

① 传统DIV布局
② 弹性盒子布局
③ 网格布局
④ 响应式布局

网格区域名称定位
网格线数字定位
网格线名称定位
自动定位

划分列 grid-template-columns
划分行 grid-template-rows
网格区域 grid-template-areas
新的单位 fr
新的函数 repeat/minmax

响应式设计
弹性布局
视口（viewport）
媒体查询
弹性媒体

网页
布局

嵌套写法
定义变量
模块系统
混入（Mixin）
继承
其他

工程化

① Sass
② webpack

node.js
webpack配置
预览与调试
打包

边框样式（border-style）
属性值的简写

（border）

⑤   ⑥ ⑦

距（padding）
距（margin）
之间的关系

CSS3

① CSS基础

盒子
模型

④   ③   ②

CSS
基础

① CSS标准
② 使用CSS的方法
③ 继承关系
④ 层叠特性
⑤ 长度单位
⑥ 颜色定义

行内样式
内嵌式
链接式
导入样式
优先级

index

浮动的方式
清除浮动
扩展盒子的高度

网页
样式

样式

圆角
阴影
渐变

相对类型
绝对类型

（static）
（relative）
（absolute）
（fixed）

① 字体
② 文本
③ 背景
④ 列表
⑤ 链接
⑥ 表格

字体（font-family）
大小（font-size）
倾斜（font-style）
粗细（font-weight）
颜色（color）

选择器

标记选择器
类别选择器
ID选择器

a:link
a:visited
a:hover
a:active

① 基本选择器
② 复合选择器
③ 关系选择器
④ 属性选择器
⑤ 结构伪类选择器
⑥ 伪元素选择器

交集选择器
并集选择器

e-height）
换（text-transform）
ext-decoration）
t-indent）
er-spacing）
word-spacing）
（text-align）
t-shadow）

列表符号
图片符号

超链接
鼠标指针 cursor

表格结构
边框合并

背景颜色（background-color）
背景图片
背景图片位置

后代选择器
子元素选择器
相邻兄弟选择器
相邻兄弟组选择器

"属性存在"选择器
"属性等于"选择器
"属性包含"选择器

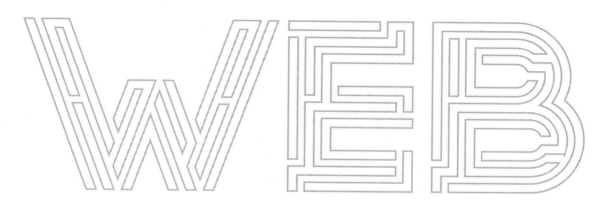

Web 开发人才培养系列丛书

全栈开发工程师团队精心打磨新品力作

HTML5+CSS3

Web开发案例教程

在线实训版

前沿科技 温谦 ◉ 编著

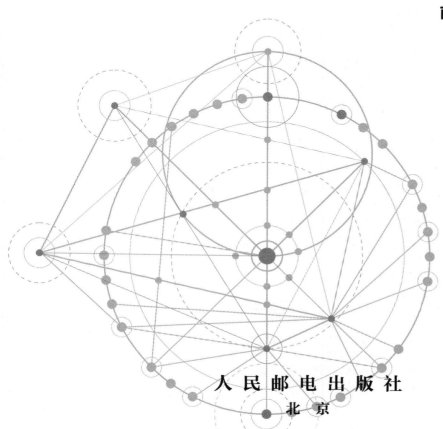

人民邮电出版社
北京

图书在版编目（CIP）数据

HTML5+CSS3 Web开发案例教程：在线实训版 / 温谦
编著. -- 北京：人民邮电出版社，2022.5（2023.6重印）
（Web开发人才培养系列丛书）
ISBN 978-7-115-57784-9

Ⅰ．①H… Ⅱ．①温… Ⅲ．①超文本标记语言－程序
设计－教材②网页制作工具－教材 Ⅳ．①TP312.8
②TP393.092.2

中国版本图书馆CIP数据核字(2022)第055900号

内 容 提 要

本书紧密围绕前端开发工程师在工作中会遇到的实际问题和相应的解决方法与技术层层展开，全面介绍使用 HTML5 和 CSS3 进行前端开发的知识内容和实战技巧。

本书共 17 章：第 1～4 章介绍了 HTML5 和 CSS3 的基础知识；第 5～10 章介绍 CSS3 的盒子模型和应用 CSS3 对各种网页元素进行样式设计的方法；第 11～14 章介绍了几种进行页面整体布局的方法，包括使用传统 div 布局、CSS3 引入的网格布局和弹性盒子布局，特别是在第 14 章介绍了响应式布局的方法；第 15 章介绍了 CSS3 中引入的过渡与动画等知识；第 16 章介绍了前端开发工程化方面的知识；第 17 章用一个综合实例完整地讲述了一个中型网站的开发全过程。

全书遵循 Web 标准，强调"表现"与"内容"的分离，规范、全面、系统地介绍了网页设计与制作的方法和技巧。书中给出了大量详细的实例，并对实例进行了分析，便于读者在理解的基础上直接修改后使用。本书作者具备丰富的实践技术和教育培训经验，行文细腻，对每一个技术细节和每一个实际工作中可能遇到的难点与错误，都进行了详细的说明和提示，大大降低了读者的学习门槛。

本书可以作为高等院校相关专业的网页设计与制作、前端开发等课程的教材，也可供网页设计、制作和开发人员参考使用。读者可以在学习并掌握本书所讲内容之后做出精美的网页。

◆ 编　著　前沿科技　温　谦
　　责任编辑　王　宣
　　责任印制　王　郁　陈　犇
◆ 人民邮电出版社出版发行　　北京市丰台区成寿寺路 11 号
　　邮编　100164　电子邮件　315@ptpress.com.cn
　　网址　https://www.ptpress.com.cn
　　涿州市京南印刷厂印刷
◆ 开本：787×1092　1/16　　　　插页：1
　　印张：21　　　　　　　　　2022 年 5 月第 1 版
　　字数：615 千字　　　　　　2023 年 6 月河北第 6 次印刷

定价：69.80 元

读者服务热线：(010)81055256　印装质量热线：(010)81055316
反盗版热线：(010)81055315
广告经营许可证：京东市监广登字 20170147 号

丛书序

技术背景

　　党的二十大报告中提到："推动战略性新兴产业融合集群发展，构建新一代信息技术、人工智能、生物技术、新能源、新材料、高端装备、绿色环保等一批新的增长引擎。"

　　随着互联网技术的快速发展，Web 前端开发作为一种新兴的职业，仍在高速发展之中。与此同时，Web 前端开发逐渐成为各种软件开发的基础，除了原来的网站开发，后来的移动应用开发、混合开发以及小程序开发等，都可以通过 Web 前端开发再配合相关技术加以实现。因此可以说，社会上相关企业的进一步发展，离不开大量 Web 前端开发技术人才的加盟。那么，究竟应该如何培养 Web 前端开发技术人才呢？

Web 前端开发
技术人才需求
分析

丛书设计

　　党的二十大报告中提到："培养造就大批德才兼备的高素质人才，是国家和民族长远发展大计。功以才成，业由才广。"

　　为了培养满足社会企业需求的 Web 前端开发技术人才，本丛书的编者以实际案例和实战项目为依托，从 3 种语言（HTML5、CSS3、JavaScript）和 3 个框架（jQuery、Vue.js、Bootstrap）入手进行整体布局，编写完成本丛书。在知识体系层面，本丛书可使读者同时掌握 Web 前端开发相关语言和框架的理论知识；在能力培养层面，本丛书可使读者在掌握相关理论的前提下，通过实践训练获得 Web 前端开发实战技能。本丛书的信息如下。

丛书信息表

序号	书名	书号
1	HTML5+CSS3 Web 开发案例教程（在线实训版）	978-7-115-57784-9
2	HTML5+CSS3+JavaScript Web 开发案例教程（在线实训版）	978-7-115-57754-2
3	JavaScript+jQuery Web 开发案例教程（在线实训版）	978-7-115-57753-5
4	jQuery Web 开发案例教程（在线实训版）	978-7-115-57785-6
5	jQuery+Bootstrap Web 开发案例教程（在线实训版）	978-7-115-57786-3
6	JavaScript+Vue.js Web 开发案例教程（在线实训版）	978-7-115-57817-4
7	Vue.js Web 开发案例教程（在线实训版）	978-7-115-57755-9
8	Vue.js+Bootstrap Web 开发案例教程（在线实训版）	978-7-115-57752-8

　　从技术角度来说，HTML5、CSS3 和 JavaScript 这 3 种语言分别用于编写 Web 页面的"结构""样式"和"行为"。这 3 种语言"三位一体"，是所有 Web 前端开发者必备的核心基础知识。jQuery 和 Vue.js 作为两个主流框架，用于对 Web 前端开发逻辑的实现提供支撑。在实际开发中，开发者通常会在 jQuery 和 Vue.js 中选一个，而不会同时使用它们。Bootstrap 则是一个用于实现 Web 前端高效开发的展示层框架。

　　本丛书涉及的都是当前业界主流的语言和框架，它们在实践中已被广泛使用。读者掌握了这些技术后，在工作中将会拥有较宽的选择面和较强的适应性。此外，为了满足不同基础和兴趣的读者的学习需求，我们给出以下两条学习路线。

第一条学习路线：首先学习"HTML5+CSS3"，掌握静态网页的制作技术；然后学习交互式网页的制作技术及相关框架，即学习涉及 jQuery 或 Vue.js 框架的 JavaScript 图书。

第二条学习路线：首先学习"HTML5+CSS3+JavaScript"，然后选择 jQuery 或 Vue.js 图书进行学习；如果读者对 Bootstrap 感兴趣，也可以选择包含 Bootstrap 的 jQuery 或 Vue.js 图书。

本丛书涵盖的各种技术所涉及的核心知识点，详见本书彩插中所示的 6 个知识导图。

丛书特点

1．知识体系完整，内容架构合理，语言通俗易懂

本丛书基本覆盖了 Web 前端开发所涉及的核心技术，同时，各本书又独立形成了各自的内容架构，并从基础内容到核心原理，再到工程实践，深入浅出地讲解了相关语言和框架的概念、原理以及案例；此外，在各本书中还对相关领域近年发展起来的新技术、新内容进行了拓展讲解，以满足读者能力进阶的需求。丛书内容架构合理，语言通俗易懂，可以帮助读者快速进入 Web 前端开发领域。

2．以案例讲解贯穿全文，凭项目实战提升技能

本丛书所包含的各本书中（配合相关技术原理讲解）均在一定程度上循序渐进地融入了足量案例，以帮助读者更好地理解相关技术原理，掌握相关理论知识；此外，在适当的章节中，编者精心编排了综合实战项目，以帮助读者从宏观分析的角度入手，面向比较综合的实际任务，提升 Web 前端开发实战技能。

3．提供在线实训平台，支撑开展实战演练

为了使本丛书所含各本书中的案例的作用最大化，以最大程度地提高读者的实战技能，我们开发了针对本丛书的"在线实训平台"。读者可以登录该平台，选择您当下所学的某本书并进入对应的案例实操页面，然后在该页面中（通过下拉列表）选择并查看各章案例的源代码及其运行效果；同时，您也可以对源代码进行复制、修改、还原等操作，并且可以实时查看源代码被修改后的运行效果，以实现实战演练，进而帮助自己快速提升实战技能。

4．配套立体化教学资源，支持混合式教学模式

党的二十大报告中提到："坚持以人民为中心发展教育，加快建设高质量教育体系，发展素质教育，促进教育公平。"为了使读者能够基于本丛书更高效地学习 Web 前端开发相关技术，我们打造了与本丛书相配套的立体化教学资源，包括文本类、视频类、案例类和平台类等，读者可以通过人邮教育社区（www.ryjiaoyu.com）进行下载。此外，利用书中的微课视频，通过丛书配套的"在线实训平台"，院校教师（基于网课软件）可以开展线上线下混合式教学。

- 文本类：PPT、教案、教学大纲、课后习题及答案等。
- 视频类：拓展视频、微课视频等。
- 案例类：案例库、源代码、实战项目、相关软件安装包等。
- 平台类：在线实训平台、前沿技术社区、教师服务与交流群等。

读者服务

本丛书的编者连同出版社为读者提供了以下服务方式/平台，以更好地帮助读者进行理论学习、技能训练以及问题交流。

1．人邮教育社区（http://www.ryjiaoyu.com）

通过该社区搜索具体图书，读者可以获取本书相关的最新出版信息，下载本书配套的立体化教学资源，包括一些专门为任课教师准备的拓展教辅资源。

2. 在线实训平台（http://code.artech.cn）

通过该平台，读者可以在不安装任何开发软件的情况下，查看书中所有案例的源代码及其运行效果，同时也可以对源代码进行复制、修改、还原等操作，并实时查看源代码被修改后的运行效果。

在线实训平台
使用说明

3. 前沿技术社区（http://www.artech.cn）

该社区是由本丛书编者主持的、面向所有读者且聚焦 Web 开发相关技术的社区。编者会通过该社区与所有读者进行交流，回答读者的提问。读者也可以通过该社区分享学习心得，共同提升技能。

4. 教师服务与交流群（QQ 群号：368845661）

该群是人民邮电出版社和本丛书编者一起建立的、专门为一线教师提供教学服务的群（仅限教师加入），同时，该群也可供相关领域的一线教师互相交流、探讨教学问题，扎实提高教学水平。

扫码加入教师
服务与交流群

丛书评审

为了使本丛书能够满足院校的实际教学需求，帮助院校培养 Web 前端开发技术人才，我们邀请了多位院校一线教师，如刘伯成、石雷、刘德山、范玉玲、石彬、龙军、胡洪波、生力军、袁伟、袁乖宁、解欢庆等，对本丛书所含各本书的整体技术框架和具体知识内容进行了全方位的评审把关，以期通过"校企社"三方合力打造精品力作的模式，为高校提供内容优质的精品教材。在此，衷心感谢院校的各位评审专家为本丛书所提出的宝贵修改意见与建议。

致　谢

本丛书由前沿科技的温谦编著，编写工作的核心参与者还包括姚威和谷云婷这两位年轻的开发者，他们都为本丛书的编写贡献了重要力量，付出了巨大努力，在此向他们表示衷心感谢。同时，我要再次由衷地感谢各位评审专家为本丛书所提出的宝贵修改意见与建议，没有你们的专业评审，就没有本丛书的高质量出版。最后，我要向人民邮电出版社的各位编辑表示衷心的感谢。作为一名热爱技术的写作者，我与人民邮电出版社的合作已经持续了二十多年，先后与多位编辑进行过合作，并与他们建立了深厚的友谊。他们始终保持着专业高效的工作水准和真诚敬业的工作态度，没有他们的付出，就不会有本丛书的出版！

联系我们

作为本丛书的编者，我特别希望了解一线教师对本丛书的内容是否满意。如果您在教学或学习的过程中遇到了问题或者困难，请您通过"前沿技术社区"或"教师服务与交流群"联系我们，我们会尽快给您答复。另外，如果您有什么奇思妙想，也不妨分享给大家，让大家共同探讨、一起进步。

最后，祝愿选用本丛书的一线教师能够顺利开展相关课程的教学工作，为祖国培养更多人才；同时，也祝愿读者朋友通过学习本丛书，能够早日成为 Web 前端开发领域的技术型人才。

温　谦
资深全栈开发工程师
前沿科技 CTO

前言

随着互联网技术的快速发展，HTML5、CSS3 和 JavaScript 作为 Web 前端开发的 3 种核心基础语言，越来越受到重视。因此，可以说掌握了 HTML5、CSS3 和 JavaScript 之后，就拥有了广阔的就业前景。

本书作为"Web 开发人才培养系列丛书"中的一册，与其他图书可以组成有机整体。本书主要介绍 HTML5 与 CSS3 的相关知识。读者完成本书的学习之后，还可以继续学习 JavaScript 以及各种前端框架，通过从广度和深度两个方面不断扩展技术领域，成为一名合格的、以 Web 前端开发为基础的核心开发人员。

编写思路

本书在讲解 HTML5 和 CSS3 时，采用了与大多数同类图书所不同的讲解思路，即未将二者分为两个独立的部分，而是穿插在一起讲解，例如在讲解一种网页元素的 HTML 标记的同时，会讲解其样式设置方法，这样不但可以更接近开发工作的实际情况，而且可以帮助读者更好地理解 HTML5 和 CSS3 这两者间的紧密关系；然后以更宏观的视角讲解网页布局的相关方法，这是 Web 开发中的一项核心工作。本书除了讲解传统的使用 div 配合浮动属性和定位属性进行布局的方法外，还介绍了 CSS3 中新增的网格布局和弹性盒子布局。本书十分重视"知识体系"和"案例体系"的构建，并且通过不同案例对相关知识点进行说明，以期培养读者在 Web 前端开发领域的实战技能。读者可以扫码预览本书各章案例。

各章案例预览

特别说明

（1）本书在结构的编排上与很多同类教材有所区别，并没有将 HTML5 和 CSS3 分为两个独立的部分进行讲解，而是将二者融为一体、贯穿讲解。这是作者精心设计的学习路径。通过这个路径进行学习，读者可以在学懂原理的基础上，深入理解"结构"与"样式"的关系，从而自然地接受新的技术概念。

（2）HTML5、CSS3 和 JavaScript 作为 3 块 Web 大厦的"基石"，具有其他任何语言无法替代的重要性。因此，编者希望读者在学习的过程中能够深入理解 HTML5、CSS3 和 JavaScript 之间"三位一体"的关系。本书重点讲解前两者。在学完本书后，编者希望读者能够继续学习 JavaScript 的相关知识，以更深入地探索 Web 前端开发的世界。

（3）在学好 HTML5、CSS3 和 JavaScript 的基础上，编者建议读者再学习一个前端框架（如 jQuery 或者 Vue.js），并通过真正开发一些实际项目来巩固对这些技术的理解和掌握。

温　谦
2021 年冬于北京

目 录

第二篇　样式篇

第 5 章
用 CSS 设置文字样式

第 6 章
用 CSS 设置图片效果

第 7 章
盒子模型

第 8 章
用 CSS 设置链接与导航菜单

第9章
用CSS设置表格样式

第10章
用CSS设置表单

第三篇　布局篇

第11章
经典div+CSS网页布局方法

第12章
网格布局

第13章
弹性盒子布局

第14章
响应式布局

第四篇 扩展篇

第 15 章
变换、过渡与动画

第 16 章
前端 CSS 的工程化

第 17 章
综合实例：Web 前端开发
工作流程

基础篇

第 1 章 Web 前端开发基础知识

本章将首先对一些与网络相关的概念做浅显的讲解，使读者对互联网传递信息的基本原理有所了解；然后对网页设计的一些原则和方法做简单的介绍。本章的内容大多并不直接涉及具体的操作，但是可以为后面章节的学习打下基础，因此希望读者能够充分理解本章中所介绍的相关概念。本章的思维导图如下。

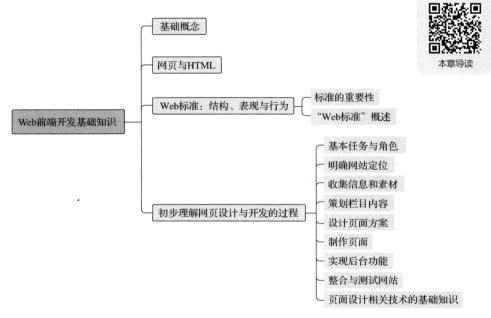

本章导读

1.1 基础概念

相信读者都有过"网上冲浪"的经历。我们打开浏览器并在地址栏中输入一个网站的地址后，浏览器中就会展示出相应的网页内容，如图 1.1 所示。

网页中包含多种类型的内容，它们都可以作为网页的元素。其中最基本的网页元素是文字，此外还有静态的图形和动画，以及声音和视频等其他形式的多媒体文件。网页的作用是给访问者显示有价值的信息，并给访问者留下深刻的印象。

图 1.1 使用浏览器显示网页

　　在开始设计网页和网站之前，我们需要了解一些基础知识。这些知识并不复杂，但是了解它们对我们以后顺利地开展相关工作有非常重要的帮助。

　　这里需要说明几个非常重要的概念。我们必须先知道什么是"浏览器"和"服务器"。互联网就是将处在世界各地的计算机互相联接而形成的一个计算机网络。网站的访问者坐在家中查看各种网站上的内容，实际上就是从远程的计算机中读取了一些内容，然后在本地的计算机上显示出来。

　　提供内容信息的计算机被称为"服务器"，访问者使用"浏览器"程序（例如集成在 Windows 操作系统中的 Internet Explorer（IE）或者本书中使用的 Chrome 浏览器）就可以通过网络取得"服务器"上的文件及其他信息。服务器可以同时供许多不同的访问者（或"浏览器"）访问。

　　访问的具体过程简单来说，就是当用户的计算机联入互联网后，通过"浏览器"发出访问某个站点的请求，然后这个站点的"服务器"就把信息传输到用户的"浏览器"上，即将文件下载到本地的计算机上，然后再由"浏览器"显示出这些文件的内容。这个过程的示意图如图 1.2 所示。

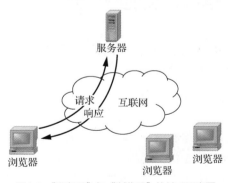

图 1.2 "服务器"与"浏览器"的关系示意图

　　互联网通常也被称为"万维网"，这个名字是从"World Wide Web"这个词语翻译而来的。它的缩写是 WWW，简称 Web。WWW 计划是由蒂姆·伯纳斯·李（Tim Berners-Lee）在 CERN（European organization for nuclear research，欧洲核子研究组织）工作的时候开始使用的。实际上，Web 是一个大型的相互链接的文件所组成的集合体，范围包括整个世界。

< 3 >

其实，WWW 可以被认为是互联网所提供的很多功能中的一个，即通过"浏览器"访问各种网站。当然，互联网还提供了很多其他的功能，例如当制作好网站后，需要把网站传输到远程服务器上，这时就要用到文件传输协议（file transfer protocol，FTP）功能，它就不属于 WWW 的范畴。

1.2 网页与 HTML

网页文件是用超文本标记语言（hypertext markup language，HTML）书写的文本文件，它可以在浏览器中按照设计者所设计的方式显示内容。网页文件也经常被称为"HTML 文件"。用浏览器打开任意一个网页，然后选择浏览器菜单中的"查看→源文件"命令，会自动打开记事本程序，里面显示的就是这个网页的 HTML 文件，如图 1.3 所示。这些文件看起来非常复杂，实际上并不难掌握。本书后面的任务就是教读者如何编写 HTML 文件。

图 1.3　网页的 HTML 文件

1.3 Web 标准：结构、表现与行为

网页相关的技术进入实用阶段不过短短十几年的时间，但其已经发生了很多重大的变化，其中非常重要的变化之一是"Web 标准"被广泛接受。

1.3.1 标准的重要性

相信读者对"标准"这个词都非常熟悉，也能很容易地了解标准的重要性。在越来越开放的环境中，每个相互关联的事物要能够协同工作，就必须遵守一些共同的标准。

例如，个人计算机的型号遵循开放的标准，且个人计算机的零件的规格也是统一的。为个人计算机生产零件的厂家成千上万，大家都是在同一个标准下进行设计和生产的，因此用户只需要买来一些零件，如 CPU（central processing unit，中央处理器）、内存条和硬盘等，简单地将它们"插"（组合）在一起，就能获得一台好用的计算机，这就是"标准"的作用。相比之下，其他行业就远不如个人计算机行业了。如汽车行业，一个零件只能用在某个品牌的汽车上。这样不仅麻烦，而且也不利于成本的降低。

< 4 >

互联网是另一个"标准"频出的领域，连接到互联网的各种设备品牌繁多，功能各不相同，因此必须依靠严谨、合理的标准，才能使这些纷繁复杂的设备协同工作。

"Web 标准"也是互联网领域中的标准，实际上它并不是"一个"标准，而是一系列标准的集合。

从发展历程来说，Web 是逐步发展和完善的，到目前它还在快速发展之中。在早期阶段，互联网上的网站都很简单，网页的内容也非常简单，相应的标准也很简单。随着技术的快速发展，各种新标准也应运而生了。

打个比方，如果只是简单地写一个便条（或者一封信），那么对格式的要求就很低；而如果要出版一本书，就必须严格地设置书中的格式，如各级标题用什么字体、正文用多大字号、表格的格式、图片的格式等。这是因为从一个便条到一本书，内容的性质已经不同了。

同样，在互联网上，刚开始的时候内容还很少，也很简单，不存在很多的复杂应用，因此一些简单（或者说"简陋"）的标准就已经够用了。现在，互联网上的内容已经非常多了，而且逻辑和结构日益复杂，出现了各种交互应用，这时就必须从更本质的角度来研究互联网上的信息，使这些信息能够清晰、方便地被使用。

读者应该理解，一个标准并不是某个人或者某个公司在某一天忽然间制定出来的。标准都是在实际应用过程中，经过商业竞争与市场考验，并在一系列的研究、讨论和协商之后达成的共识。

1.3.2　"Web 标准"概述

下面着重讲解关于网页的标准——"Web 标准"。

网页主要由 3 个部分组成：结构（structure）、表现（presentation）和行为（behavior）。

用一本书来进行比喻。一本书分为篇、章、节和段落等层级，这就构成了一本书的"结构"，而每个层级的字体、字号、颜色等就是这本书的"表现"。由于传统的图书是固定的，不能变化，因此它不存在"行为"。

一个网页同样可以分为若干个组成部分，包括各级标题、正文段落、列表结构等，这就构成了一个网页的"结构"。每种组成部分的字号、字体和颜色等属性就构成了网页的"表现"。网页和传统媒体不同的是，它是可以随时变化的，而且可以和读者进行互动。这种变化与互动，被称为网页的"行为"。

概括来说，"结构"决定了网页"是什么"，"表现"决定了网页看起来"是什么样子"，而"行为"决定了网页"做什么"。

不严谨地说，"结构""表现""行为"分别对应 3 种非常用的技术，即 HTML、CSS 和 JavaScript。也就是说，HTML 用来决定网页的结构和内容，CSS 用来设置网页的表现样式，JavaScript 用来控制网页的行为。本书将重点介绍前两者，JavaScript 仅在少数实例中会用到，因此只进行一些简单的介绍。

"结构""表现""行为"的关系如图 1.4 所示。

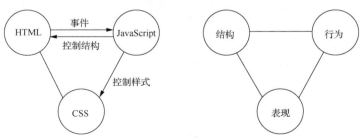

图 1.4　"结构""表现""行为"的关系

这 3 个组成部分明确以后，一个重要的思想随之产生，即这 3 者的分离。在最开始时，HTML 同时承担着"结构"与"表现"的双重任务，从而给网站的开发、维护等工作带来很多困难。当把它们

<5>

分离开后，就会带来很多好处。具体内容后面会一一讲解，这里仅给出一个实例进行简单说明。图 1.5 所示为一个页面的初始效果，即仅通过 HTML 定义了这个页面的结构，图中使用文字说明了这个页面中的各个组成部分，以及所使用的 HTML 标记；灰色线框中的效果是使用浏览器查看的效果。可以看到，这个页面效果是很单调的，只是所有元素依次排列而已。

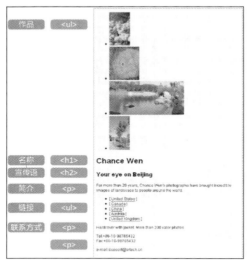

图 1.5 仅使用 HTML 定义"结构"的页面效果

对图 1.5 所示页面使用 CSS 设置了样式以后，它的表现形式就完全不同了。图 1.6 所示是其表现形式之一。借助 CSS，在不改变页面的 HTML 结构和内容的前提下，可以设计出很多种不同的表现形式，而且可以随时在不改变 HTML 结构的情况下修改样式。这就是"结构"与"表现"分离所带来的好处。

图 1.6 使用 CSS 设置样式之后的表现形式

对应 Web 标准的 3 个要素，正好就有 3 种核心的基础语言——HTML、CSS 和 JavaScript。每一名前端开发人员都必须掌握这 3 种基础语言，它们构成了 Web 前端开发人员需要掌握的核心技术。本书将重点讲解 HTML 和 CSS。

1.4 初步理解网页设计与开发的过程

网站是如何建立起来的呢？简单来说，网站开发的过程大致可以分为策划与定义、设计、开发、

<6>

测试、发布 5 个阶段。本节将对开发的流程进行具体介绍。

1.4.1　基本任务与角色

在开发阶段，需要各方人员通力合作，包括客户、设计师和程序开发人员等不同角色，每个角色在不同的阶段有各自的责任。表 1.1 所示为在网站建设与网页设计的各个阶段中需要参与的人员。

表 1.1　网站建设与网页设计的各个阶段中的参与人员

策划与定义	设计	开发	测试	发布
客户	设计师	设计师	客户	设计师
设计师		程序开发人员	设计师	程序开发人员
栏目负责人			程序开发人员	

通常，客户会提出他们的要求，并提供要在网站中呈现的具体内容。设计师负责进行页面设计，并构建网站。程序开发人员为网站添加动态功能。在测试阶段，需要大家相互配合，寻找不完善的地方，并加以改进，各方人员满意后才能把网站发布到互联网上。因此，每个参与者都需要以高度的责任感和参与感投入项目的开发过程中，只有这样才能开发出高水平的网站。

经过 20 多年的发展，互联网已经深入社会的各个领域。伴随着这个发展过程，网站开发已经成为一个拥有大量从业人员的行业，整个网站开发的工作流程也日趋成熟和完善。通常，开发一个网站需要经过图 1.7 所示的环节，后面会对其中的每一个环节进行介绍。

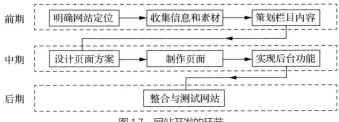

图 1.7　网站开发的环节

1.4.2　明确网站定位

在动手制作网站之前需要有一个准确的定位，即明确建站目的是什么。谁能决定网站的定位呢？如果网站是做给自己的，如个人网站，那么自己说了算；如果网站是为客户建立的，那么一定要与客户共同讨论以理解他们的想法，这是十分重要的。

在理解了客户的想法后，就要站在客户的立场上探讨网站的定位。根据经验，如果设计师能够从客户的立场出发，给客户提出一些中肯的建议，那么可以说设计工作已经成功了一半，这也可以大大降低日后与客户在沟通中发生不愉快的可能性。

1.4.3　收集信息和素材

在明确建站目的和网站定位以后，就要收集相关的意见，并且要结合公司其他部门的实际情况，这样可以最大化地发挥网站的作用。

这一步是前期策划中最关键的一步，如果网站是为公司服务的，那么就要全面地收集相关的意见和想法，这样可以使网站的信息和功能趋于完善。收集来的信息需要整理成文档。为了保证这个工作顺利进行，可以让相关部门提交一份本部门需要在网站上开辟的栏目规划书。这份规划书一定要考虑

<7>

充分，因为如果要把网站作为一个正式的站点来运营，那么每个栏目的设置都应该是有规划的。如果考虑不充分，则会导致以后增加的内容破坏网站的整体规划和风格。当然，这并不意味着网站成形后就不许再添加栏目，只是在添加的过程中需要结合网站的具体情况，这个过程更加复杂，因此最好在策划时尽可能考虑全面。

1.4.4 策划栏目内容

对收集的信息进行整理后，要找出重点，根据重点及公司业务的侧重点，结合网站定位来确定网站的栏目。开始可能会因为栏目较多而难以确定最终需要的栏目，这就需要展开另一轮讨论，需要所有的设计师和程序开发人员阐述自己的意见，一起反复讨论，将确定下来的内容进行归类，进而形成网站栏目的树形列表，用以清晰表达网站结构。

对于比较大的网站，可能还需要讨论和确定二级栏目以下的子栏目。对子栏目进行归类，并逐一确定每个二级栏目的主页面需要放置哪些内容，二级栏目下面的每个子栏目需要放置哪些内容，以使栏目负责人能够很清楚地了解本栏目的细节。讨论完以后，就应由栏目负责人按照讨论过的结果撰写栏目规划书。栏目规划书要求写得详细、具体，并有统一的格式，以便网站留档。这时编写的栏目规划书只是第一版本，以后在制作的过程中如果出现问题，应及时修改栏目规划书，并且也需要留档。

1.4.5 设计页面方案

接下来需要做的就是让设计师根据栏目规划书来设计页面。这里需要再次指出，在设计之前，应该让栏目负责人把需要特殊处理的地方跟设计师讲清楚。在设计页面时，设计师要根据栏目规划书把每个栏目的具体位置和网站的整体风格确定下来。为了让网站有整体感，应该在网页中放置一些贯穿性的元素，最终要拿出至少 3 种不同风格的方案。每种方案都应该考虑到公司的整体形象，并与公司的精神相结合。经讨论确定设计方案后即可定稿，最后挑选出两种方案交给客户选择，由客户确定最终的方案。

1.4.6 制作页面

方案设计完成以后，下一步是实现静态页面，由程序开发人员根据设计师给出的设计方案制作网页，并制作好模板。在这个过程中，需要注意网站页面之间的逻辑，区分静态页面和需要服务器端实现的动态页面。

在制作页面的同时，栏目负责人应该收集每个栏目的具体内容并进行整理。模板制作完成后，由栏目负责人往每个栏目里添加具体内容。对于静态页面，将内容添加到页面中即可；对于需要服务器端实现的页面，应交由程序开发人员继续完成。

为了便于读者理解，在这里举一个实例，以区分动态页面和静态页面。例如某个公司的网站需要展示 1000 种商品，每个页面中展示 10 种商品。如果只用静态页面来制作，那么一共需要 100 个静态页面。在日后需要修改某商品的信息时，则需要重新制作相应的页面，修改得越多，工作量就越大。如果借助于服务器端的程序制作动态页面，例如使用 ASP（active server pages，动态服务页面）技术，则只需要制作一个页面，然后把 1000 种商品的信息存储在数据库中，页面根据浏览者的需求调用数据库中的数据动态地显示这些商品信息，需要修改商品信息时只须修改数据库中的数据即可。这就是动态页面的作用。

1.4.7 实现后台功能

将动态页面设计好后，只剩下程序部分需要完成。在这一步中，由程序开发人员根据功能需求来

< 8 >

编写程序，进而实现动态功能。

需要说明的是，在网站的建设过程中，"如何统筹"是一个比较重要的问题。在进行上面讲述的过程的同时，网站的程序开发人员正处于开发程序的阶段。如果过程中出现什么问题，程序开发人员应及时和设计师沟通，以免程序开发完成后发现问题再进行大规模的返工。

1.4.8　整合与测试网站

当制作和编程的工作都完成以后，就要把程序和页面进行整合。整合完成以后，需要进行内部测试，测试成功后即可将页面上传到服务器上，交由客户检验。通常客户会提出一些修改意见，这时根据客户要求完成修改即可。

如果这时客户提出的修改意见会导致结构性调整，工作量就会很大。客户并不了解网站建设的流程，很容易与网站开发人员产生矛盾，因此最好在开发的前期准备阶段就充分理解客户的想法和需求，同时将一些可能发生的情况提前告知客户，这样有利于与客户保持愉快的合作关系。

1.4.9　页面设计相关技术的基础知识

从 1.4.8 小节中可以看出，一个完善的网站需要由若干个不同角色的人员配合完成。本书重点介绍的是与 Web 页面制作相关的内容。

在制作 Web 页面之前，应该对一些与制作相关的技术因素和设计因素有所了解。下面介绍几个常用的技术因素。在设计一个网页之前，要先确定这个网页要设计成多大尺寸，以及用户的浏览器是否能够正确显示网页。

1. 设备与分辨率

在移动设备出现之前，人们通常只在台式计算机上访问网站，这时只需要考虑屏幕的"显示分辨率"这一个因素。

显示分辨率是显示器在显示图像时的分辨率。分辨率是用"点"来衡量的，显示器上的"点"就是指像素（pixel，简称 px）。

显示分辨率的数值是指整个显示器所有可视面积上水平像素和垂直像素的数量。例如 800px×600px 的分辨率，是指在整个屏幕上水平显示 800 个像素，垂直显示 600 个像素。显示分辨率的水平像素和垂直像素的总数总是成一定比例的，一般为 4∶3、5∶4 或 8∶5。每个显示器都有自己的最高分辨率，并且可以兼容其他较低的显示分辨率，因此一个显示器通常可以设置多种不同的分辨率。

为什么设计网页的时候要考虑显示分辨率呢？这是因为如果浏览同一个网页的访问者所用的计算机显示器不同，分辨率设置不同，那么显示的效果也会不同。例如，以常见的 1024px×768px 的分辨率设计了一个网页，那么当使用 800px×600px 分辨率显示器的访问者浏览这个网页时，其所能看到的页面显示不完整，需要反复拖动浏览器的滚动条来查看未显示出来的部分。

以前，主流的显示分辨率是 1024px×768px，因此大多数网站按照这个分辨率进行页面设计就可以保证绝大多数用户非常舒服地浏览网页。

近年来，随着移动设备大量普及，分辨率也有了很大变化，并出现了"高分辨率显示屏"（简称"高分屏"）。现在，分辨率又可以分为"物理分辨率"和"逻辑分辨率"。

物理分辨率即设备本身的分辨率，由设备的像素数量决定。逻辑分辨率则是将若干像素合起来当作一个像素看待而得的分辨率，它的目的是使各种设备的分辨率有大致相当的可比性。

以一台 iPhone 12 Pro Max 手机为例，它的屏幕尺寸是 6.7 英寸（1 英寸=2.54cm），物理分辨率为 1284px×2778px，逻辑分辨率为 428px×926px，二者之间的比例是 3∶1，一个逻辑像素的大小相当于 9

<9>

（3×3）个物理像素的大小。它的物理像素密度高达 458 像素/英寸，而逻辑像素密度为 153 像素/英寸。

又如一台 2015 款 MacBook Air 13 英寸的笔记本电脑，它的物理分辨率和逻辑分辨率都是 1440px×900px，二者之间的比例是 1∶1，它的物理像素密度和逻辑像素密度都只有 128 像素/英寸。

因此，一部面积小得多的手机，它的实际像素数却要比面积比它大很多的计算机显示器的像素数多得多。

这时，若希望制作一个页面能够同时适应这两种设备，如果没有逻辑像素密度的概念，则会非常不好计算。因此，在进行页面设计和软件开发时，我们都会使用逻辑像素密度这一标准。不同设备的逻辑像素密度是接近的，这样就可以方便地在基本相同的尺度上进行设计和开发了。

实际上，在网页设计和开发中使用的都是逻辑分辨率。例如 2020 款的 MacBook Air 13 英寸的笔记本电脑的屏幕，它的物理分辨率是 2560px×1600px，逻辑分辨率是 1280px×800px。二者之间的比例是 2∶1，它的逻辑像素密度是 114 像素/英寸。

可以看到，上面 3 种设备既有手机，也有不同年代的计算机，它们的逻辑像素密度是接近的，因此在设计时它们的尺度也是接近的。例如一个 100px 宽的页面元素，它的实际宽度在不同设备上也是大致接近的。

这又引出一个问题，如果在高分辨率的设备上把几个像素当作一个像素，那何必还要高分屏呢？这是因为逻辑分辨率只作为单位使用，真正的显示效果还是由物理分辨率决定的。例如一张宽度是 300px（物理像素）的图片，在页面中按照逻辑像素设置为 100px 宽，如果是 1∶3 的高分屏显示，则每个像素都会对应到一个物理像素上，因此不会损失清晰度；而如果显示到一个 1∶1 的屏幕上，就会损失清晰度。又如，在一个页面上，正文文字大小通常为 14px 或者 16px，而在高分屏上看到的文字就非常清晰，在低分屏上看起来就会模糊很多。

2．浏览器类型

浏览器类型也是在设计网页时经常会遇到的一个问题。由于各个浏览器厂商对 HTML 的标准支持有所不同，导致同样的网页在不同的浏览器下会有不同的表现。

随着 CSS 在网页设计中的普及和流行，在设计网页时，浏览器的因素变得更为重要。这是因为各种浏览器对 CSS 标准支持的差异远远大于对 HTML 标准支持的差异。因此，读者必须认识到，设计出来的网页在不同的浏览器上的效果可能会有很大的差异。具体内容在本书后面的章节中还会多次提及，这里先提醒读者注意。

表 1.2 所示为 2020 年国内浏览器的占有率情况。

表 1.2　2020 年国内浏览器的占有率情况

浏览器	占有率
Chrome 浏览器	51.97%
UC 浏览器	12.42%
Safari 浏览器	10.52%
QQ 浏览器	7.33%
IE 浏览器	4.67%
Android 浏览器	4.01%
Sogou 浏览器	2.39%
Firefox 浏览器	2.36%
其他浏览器	4.33%

本章小结

通过本章的学习，读者可以了解到网页设计和开发是综合性相当强的工作。网页设计中并没有非常复杂的技术，却包罗万象，既需要设计师进行视觉方面的设计，也需要程序开发人员进行功能开发。因此，我们对各个方面的技术和知识都要掌握，这样才能从容应对可能遇到的各种问题。这需要我们不断积累设计经验，只有这样，才能胜任网页设计和开发的工作。

习题 1

一、关键词解释

浏览器　服务器　互联网　网页　Web 标准　分辨率

二、描述题

1. 请简单描述一下 Web 标准的 3 个组成部分分别是什么。
2. 请简单描述一下网站设计与开发的全过程大致可以分为几个阶段，分别是什么。

< 11 >

第 **2** 章 HTML5 基础

第 1 章介绍了关于互联网的一些基础知识。制作网页时最基础的两个规范是 HTML 和 CSS，它们在网页中起着不同的作用。本书正是围绕着这两个规范进行讲解的。本章先对 HTML 进行讲解，包括 HTML 的基本概念及一些简单的应用。此外，Visual Studio Code（以下简称 VS Code）是目前流行的网页制作软件，因此本章还会对 VS Code 软件的使用进行简单的介绍。

通过本章的学习，读者将会清楚地了解 HTML 的作用，从总体上把握 HTML，并熟悉 VS Code 软件的基本操作，为后面章节的学习打下基础。本章的思维导图如下。

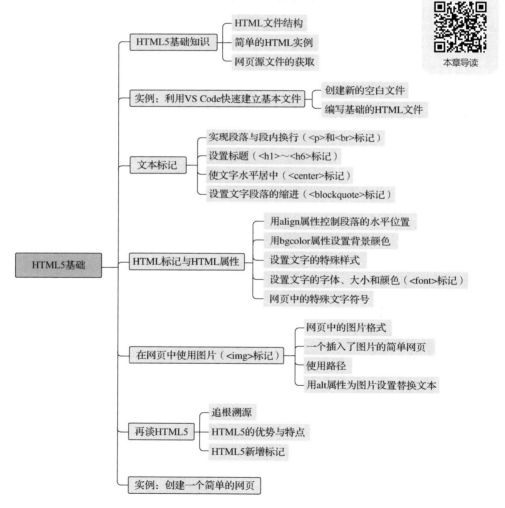

本章导读

2.1　HTML5 基础知识

知识点讲解

前面提到过网页的基础规范之一是 HTML，其全称为 hypertext markup language，译为超文本标记语言。读者应该先明确一个概念，即 HTML 不是一种编程语言，而是一种描述性的标记语言，用于描述超文本中内容的显示方式。例如如何在网页中定义一个标题、一段文本或者一个表格等，这些都是利用一个个 HTML 标记完成的。HTML 最基本的语法就是：**<标记>内容</标记>**。标记通常是成对使用的，有一个开头标记就对应有一个结束标记，在开头标记的前面加一个斜杠"/"即可得到结束标记。当浏览器从服务器接收到 HTML 文件后，就会解释里面的标记，然后把标记对应的功能表达出来。

例如，在 HTML 中以<p>标记来定义一个文本段落，以<table>标记来定义一个表格。当浏览器碰到<p>标记时，就会把<p>标记之间的所有文字以一个段落的样式显示出来。

上面说的<p>标记和<table>标记都属于结构标记，也就是说它们用于定义网页内容的结构。此外，还有一类标记被称为"形式标记"，用于定义网页内容的形式。例如浏览器遇到<b>标记时，就会把<b>标记中的所有文字以粗体样式显示出来。或者，"<i>网页</i>"这样一个 HTML 语句的显示结果就是斜体的"*网页*"两个字。

读者可以看到，HTML 具有易学易用的特点。总的原则就是：用什么样的标记就能得到什么样的效果。希望获得什么效果，就要用相应的标记。因此，学习 HTML 实际上就是学习如何使用各种 HTML 标记。

2.1.1　HTML 文件结构

作为学习的第一个实例，我们看一个简单的网页代码，如下所示，实例文件参见本书配套资源"第 2 章/02-01.html"。

```
1   <!DOCTYPE html>
2   <html>
3     <head>
4        <title>test</title>
5     </head>
6     <body>
7        <p>
8           互联网，我来了!
9        </p>
10    </body>
11  </html>
```

上面的 HTML 文件中用到了 5 个 HTML 标记，以及一个特殊的<!DOCTYPE>声明，它们构成了简单的、完整的 HTML 文件。下面依次讲解它们的作用。

1．<!DOCTYPE>声明

在整个 HTML 文件的第 1 行应该使用<!DOCTYPE>声明，使浏览器知道这个文件的类型。HTML5 中对此进行了简化，简单写作<!DOCTYPE html>就可以了。注意，它不能出现在文档的任何其他位置。

2．<html>标记

<html>标记位于 HTML 文件的开头，它并没有什么实质性的作用，只是一个形式上的标记。在

< 13 >

HTML 文件开头使用<html>标记来表示文件的开始。

3．<head>标记

<head>被称为"头标记"，放在<html>标记的内部，其内部放置关于此 HTML 文件的信息，如提供关于该网页的索引（meta）信息、定义 CSS 样式等。

4．<title>标记

<title>被称为"标题标记"，包含在<head>标记内。它的作用是设置 HTML 文件标题。可以在浏览器左上方的标题栏中看到这个标题，此外在 Windows 任务栏中显示的也是这个标题，如图 2.1 所示。

图 2.1　HTML 文件标题

5．<body>标记

<body>被称为"主体标记"，网页所要显示的内容都在这个标记内，它是 HTML 文件的重点内容。后面章节所介绍的 HTML 标记都位于这个标记内。然而它并不仅仅是一个形式上的标记，它本身还可以控制网页的背景颜色和背景图像，这将在后面进行介绍。

另外，在构建 HTML 框架的时候要注意，标记是不可以交错的，否则将会产生错误，示例如下。

```
1    <html>
2      <head>
3        <title>test</title>
4      <body>
5      </head>
6      </body>
7    </html>
```

这里第 4 行与第 5 行出现了标记交错，这是错误的。

6．<p>标记

<p>标记表示的是段落，其间的文字显示为一个文字段落。

这个简单的网页是我们学习的起点，在后面我们会一砖一瓦地建立起一座知识的大厦。

2.1.2　简单的 HTML 实例

通过以上的学习，我们已经对 HTML 有了一个基本的认识。下面举几个简单的实例，希望读者能够通过这几个简单的实例，理解 HTML 的基本原理，这对以后深入掌握各种 HTML 的标记会有很大帮助。

例 1：设置标题。实例文件参见本书配套资源"第 2 章/02-02.html"。

```
1    <html>
2      <head>
3        <title>标题标记</title>
4      </head>
5      <body>
6        以下为标题样式：
```

< 14 >

```
7         <h1>H1 标题大小</h1>
8         <h2>H2 标题大小</h2>
9         <h3>H3 标题大小</h3>
10        <h4>H4 标题大小</h4>
11        <h5>H5 标题大小</h5>
12        <h6>H6 标题大小</h6>
13      </body>
14    </html>
```

在浏览器中打开这个网页，效果如图 2.2 所示。

图 2.2　标题标记

这里运用了标题标记<h*n*>（*n* 表示 1 到 6 的数字）。这个标记用来设置标题文字以加粗方式显示在网页中。它共有 6 个层次，也就是可以设置 6 种字体大小不同的样式。

例 2：设置文字颜色。实例文件参见本书配套资源"第 2 章/ 02-03.html"。

```
1     <html>
2       <head>
3         <title>设置文字颜色</title>
4       </head>
5       <body>
6         <font color="blue">
7           这是蓝色文字
8         </font>
9       </body>
10    </html>
```

在浏览器中打开这个网页，效果如图 2.3 所示。

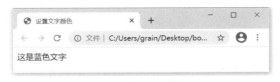

图 2.3　设置文字颜色

<font color=#>标记可以用来控制文字颜色，#代表颜色的英文名称。这里的标记写法和前面的实例有所不同，标记名称 font 的后面还有一个单词 color，它被称为标记的"属性"，用于设置某一个标记的某些附属性质，例如 color 这个属性就用于设置文字的颜色属性。

常用的颜色名称有 black（黑）、gray（深灰）、silver（浅灰）、green（绿）、purple（紫）、yellow（黄）、red（红）、white（白）等。

大多数读者对大多数颜色的名称都是不太熟悉的，因此会使用其他的方法来描述颜色的具体值，

< 15 >

这在后面的章节中会详细介绍。

例3：同时设置加粗、倾斜以及文字的颜色。实例文件参见本书配套资源"第2章/ 02-04.html"。

```
1   <html>
2     <head>
3       <title>蓝色粗斜字体</title>
4     </head>
5     <body>
6       <b>
7        <i>
8         <font color="blue">
9          这是蓝色粗斜字体
10        </font>
11       </i>
12      </b>
13    </body>
14  </html>
```

在浏览器中打开这个网页，效果如图2.4所示。

图2.4　蓝色粗斜字体

<b>标记的作用是使其中的文字以加粗的形式显示，<i>标记的作用是使其中的文字以倾斜的形式显示。

需要注意的是，这是一个标记间的相互嵌套，也就是将一个标记放在了另一个标记中，它们共同控制最里面的文字的显示方式。

例4：插入图片。实例文件参见本书配套资源"第2章/ 02-05.html"。

```
1   <html>
2     <head>
3       <title>插入图片</title>
4     </head>
5     <body>
6       <center>
7         <img src="cup.gif">
8         <p>网页也可以图文并茂! </p>
9       </center>
10    </body>
11  </html>
```

在浏览器中打开这个网页，效果如图2.5所示。

图2.5　插入图片

< 16 >

插入图片的 HTML 标记是<img>，它有一个 src 属性，用于指明图像文件的位置。例如上页的代码中，src 属性被设置为"cup.gif"，这就是说该图片和调用它的 HTML 文件处于同一目录中，这时可以直接引用其图片的名称，图片的扩展名也要一并加上。

> **注意**
>
> 这里可以印证前面谈到过的一个问题，即网页文件中的图像文件与 HTML 文件是单独存在的。假设需要把这个网页复制到别人的计算机上，就要把这个 HTML 文件和图像文件一起复制过去，否则网页就不能正常显示。读者可以将网页文件和 Word 文档对比一下，在 Word 文档中插入图像以后，这个 Word 文档本身就把图像信息包含在文档数据中了，它与网页文件存在着明显的区别。

例 5：注释标记。实例文件参见本书配套资源"第 2 章/ 02-06.html"。

```
1  <html>
2    <head>
3      <title>注释标记</title>
4    </head>
5    <body>
6      这是正文文本……        <!--  这是注释文本……   -->
7    </body>
8  </html>
```

在浏览器中打开这个网页，效果如图 2.6 所示。

图 2.6 注释标记

可以看到，在"<!--"和"-->"之间的内容，即"这是注释文本……"这行文字并没有在浏览器中显示出来。"<!--"和"-->"被称为"注释标记"，它的作用是使网页的设计者或用户了解该文件的内容，所以注释标记中的内容是不会显示在浏览器中的。

通过上面 5 个实例，读者可以了解网页文件的基本原理。当然，在实际工作中，需要用到的标记和属性远不止这些，这正是我们在后面的章节中要详细讲解的内容。

> **注意**
>
> 如果仔细看一下上面这几个实例，可以发现我们通过这些 HTML 标记，从两个方面定义了页面中的内容：一个是"是什么"，如用<p>标记定义了文本段落；另一个是"什么样"，如用 color 属性定义了文本的颜色。随着学习的深入，读者将会了解到，这种通过 HTML 同时定义"是什么"和"什么样"的方法会产生一些问题，从而体现出了 CSS 的必要性。需要提醒读者注意，本章中介绍的一部分内容仅适用于教学，目的是使读者理解相关原理，而并不适用于实际开发过程。

2.1.3 网页源文件的获取

通过上面的几个实例，读者可以更加了解 HTML 标记的概念。无论是希望在网页中显示文字，还是想在网页中插入图片，都是利用相应的 HTML 标记来完成的。用一句话概括就是，HTML 标记直接控制着网页的内容。

< 17 >

　　HTML 本身十分简单，可是要用它做一个精美的网页却并不容易，这需要我们长时间的实践。在这个过程中，我们除了要多动手尝试外，还要多看，看别人的优秀网页是怎么设计、制作的。有时同一种网页效果，可以采用多种方法来完成。因此初学者不要轻易放过任何一个网页，要认真看看别人是怎样编写 HTML 代码的，也就是查看网页源文件。

1. 直接查看源文件

　　查看源文件的具体操作步骤如下。

　　打开浏览器（这里以 Chrome 浏览器为例），在网页任意位置单击鼠标右键，选择快捷菜单中的"查看网页源代码"命令，或者直接按快捷键"Ctrl + U"，即可看到该网页的源文件，如图 2.7 所示。

图 2.7　直接查看源文件

2. 保存网页

　　我们不仅可以查看网页的源代码，还可以把整个网页保存下来。具体的操作步骤如下。

　　在网页任意位置单击鼠标右键，选择快捷菜单中的"另存为"命令，或者直接按快捷键"Ctrl + S"，即可将与该网页相关的文件全部保存下来，如图 2.8 所示。

图 2.8　保存网页

　　如果在"保存类型"下拉列表中选择"网页，全部（*.htm;*.html）"选项，则会把网页中包含的图像等其他相关内容都保存下来。在保存 HTML 文件的文件夹中会出现一个文件夹，里面是所有的相关文件，如图 2.9 所示。

✏️ 说明

　　有些设计者制作的网页采用了特殊技术，使得浏览者不能将该网页或某些相关的文件保存下来；还有些设计者采用了"隐藏"网页的技术，使得浏览者看不到保存下来的 HTML 文件的详细 HTML 代码。不过绝大部分的网页设计者都是非常友善的，愿意让浏览者保存网页中提供的资源。

< 18 >

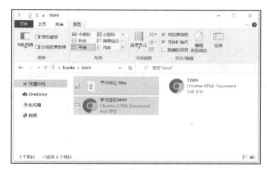

图 2.9　保存的网页文件

> **！注意**
>
> 　　正是由于这种极其充分的开放性，互联网的发展才会如此迅猛，全世界的人们才会从中受益。在使用互联网上提供的资源时，要注意不得侵犯他人的知识产权。可以参考别人的设计方法和技术，但是不要直接使用他人拥有知识产权的内容。只有每一个人都尊重他人的劳动成果，互联网的发展才会更健康。

2.2　实例：利用 VS Code 快速建立基本文件

知识点讲解

　　VS Code 是当前流行且好用的前端开发工具之一。本节将介绍使用 VS Code 快速创建 HTML 文件的方法。

2.2.1　创建新的空白文件

　　VS Code 是一个轻量级但功能强大的源代码编辑器，它适合用来编辑任何类型的文本文件，如果要用 VS Code 新建 HTML 文件，则可以选择"文件"菜单中的"新建文件"命令（或者按快捷键"Ctrl+N"），这时会直接创建一个"Untitled-1"文件，其还不是 HTML 类型的文件。将它保存到计算机上，选择"文件"菜单中的"保存"命令（或者按快捷键"Ctrl+S"），此时会弹出一个对话框，选择一个文件夹来保存该文件，并将该文件命名为"1.html"。此时 VS Code 会根据文件的扩展名将该文件识别为 HTML 类型的文件，并且"Untitle-1"也变成了"1.html"，如图 2.10 所示。

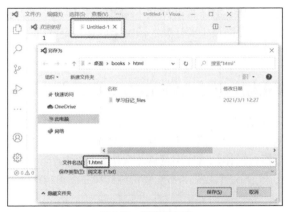

图 2.10　创建新文档

< 19 >

2.2.2 编写基础的 HTML 文件

创建好空白文件后，我们可以快速生成 HTML 文件模板，先输入"html"，并选择"html:5"，如图 2.11 所示。生成的代码如下。

图 2.11 快速生成 HTML 文件模板

```
1   <!DOCTYPE html>
2   <html lang="en">
3   <head>
4     <meta charset="UTF-8">
5     <meta http-equiv="X-UA-Compatible" content="IE=edge">
6     <meta name="viewport" content="width=device-width, initial-scale=1.0">
7     <title>Document</title>
8   </head>
9   <body>
10
11  </body>
12  </html>
```

可以看到，上述代码与前面介绍的网页结构很相似，如<html>、<head>和<body>等标记都可以被看到。此外还有一些前面没有提到的内容，例如<meta>标记中显示了一些关于页面的描述内容，这些内容通常保留即可。

2.3 文本标记

知识点讲解

在网页中对文字段落进行排版，并不像使用文本编辑软件 Word 对文字段落进行排版那样可以定义许多模式来安排文字的位置。在网页中要让某一段文字放在特定的地方，是通过 HTML 标记来完成的。下面先来看几个简单的实例。

2.3.1 实现段落与段内换行（<p>和
标记）

浏览器会完全按照 HTML 标记来解释 HTML 代码，忽略多余的空格和换行。在 HTML 文件里，不管输入多少空格，都将被视为一个空格；换行输入也是无效的。如果需要换行，就必须要用一个标记来告诉浏览器这里要进行换行操作，这样浏览器才会执行换行操作。

观察以下 HTML 代码，实例文件参见本书配套资源"第 2 章/02-07.html"。

```
1   <html>
2       <head>
```

< 20 >

```
3          <title>文章排版-未排版</title>
4        </head>
5        <body>
6    互联网发展的起源
7    1969 年，为了保障通信联络，美国国防部高级研究计划署 ARPA 资助建立了世界上第一个分组交换试验网
     ARPANET，连接美国 4 所大学。ARPANET 的建成标志着计算机网络发展的新纪元。
8    20 世纪 70 年代末到 80 年代初，计算机网络蓬勃发展，各种各样的计算机网络应运而生，如 MILNET、
     USENET、BITNET、CSNET 等，计算机网络在规模和数量上都得到了很大的发展。一系列网络的建设，催
     生了不同网络之间互联的需求，并最终促进了 TCP/IP 的诞生。
9        </body>
10   </html>
```

在浏览器中打开这个网页，其效果如图 2.12 所示。

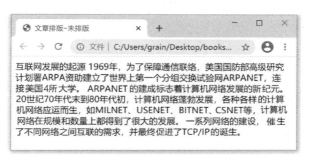

图 2.12　浏览器会忽略代码中的换行和空格

可以看到，在以上 HTML 代码中，实际上一共有 3 段内容，第 1 段是标题，后 2 段是正文内容。在浏览器中，这些文字全部显示在一个段落中了，这样显然不是我们希望看到的。因此，为了对文字做简单的排版，先介绍两个基本的 HTML 标记。

（1）段落标记：<p></p>，p 是英文单词"paragraph"（即"段落"）的首字母，用来定义网页中的一段文本，文本在一个段落中会自动换行。

（2）换行标记：
，这是一个单个使用的标记，是英文单词"break"的缩写，作用是将文字在一个段落内强制换行。

对上面的代码进行如下修改，实例文件参见本书配套资源"第 2 章/02-08.html"。

```
1    <html>
2      <head>
3          <title>文章排版-分段落</title>
4      </head>
5      <body>
6      <p>互联网发展的起源</p>
7      <p>1969 年，为了能在……发展的新纪元。</p>
8      <p>20 世纪 70 年代末到……TCP/IP 的诞生。</p>
9      </body>
10   </html>
```

在每个段落的前后加上<p>标记，效果如图 2.13 所示。

可以看出，通过使用<p>标记，每个段落都会单独显示，并在段落之间设置了一定的间隔距离，这样显示的效果就比之前清楚多了。

在 HTML 中，一个段落中的文字会从左向右依次排列，直到浏览器窗口的右端，然后自动换行显示。如果希望在某处强制换行显示，例如要得到图 2.14 所示的效果，即在一个段落中间换行，则可以使用
标记。

< 21 >

图 2.13　使用段落标记后的效果　　　　　图 2.14　在段落内部强制换行

标记与<p>标记不同，它是单独使用的，只要在希望换行的地方放置一个
标记即可。例如，对上面的代码进行如下修改，实例文件参见本书配套资源"第 2 章/02-09.html"。

```
1    <html>
2      <head>
3        <title>文章排版-段落内换行</title>
4      </head>
5      <body>
6        <p>互联网发展的起源</p>
7        <p>1969 年，为了能在……国 4 所大学。<br>ARPANET 的建成……新纪元。</p>
8        <p>20 世纪 70 年代末到……TCP/IP 的诞生。</p>
9      </body>
10   </html>
```

> **注意**
>
> ① 从图 2.13 中可以看出，在 HTML 中，段落之间的距离和段落内部的行间距是不同的，段落的间距比较大，行间距比较小。
> ② 仅通过使用 HTML 是无法调整段落间距和行间距的。如果希望调整它们，就必须使用 CSS。我们会在本书后面的章节中介绍详细的调整方法。

> **注意**
>
> 可以看到，HTML中<p>标记和
标记代表了两种标记。<p>这样的标记被称为"双标记"，即要写成开始（<p>）和结束（</p>）两个，在其中间会插入一些内容。
这样的标记被称为"单标记"，即独立存在，这类标记也可以写成
这样，斜线表示该标记已封闭。
> 在 HTML 中使用
和
都是可以的。
是 XHTML1.1 的写法，也是 XML 的写法。在 HTML5 中，二者都是被承认的，不过在 HTML5 的代码规范中标准写法为
。

2.3.2　设置标题（<h1>～<h6>标记）

在 HTML 中，文本除了以段落的形式显示，还可以作为标题出现。从结构来说，通常一篇文档就是由若干不同级别的标题和正文组成的，这一点和使用 Word 软件写文档很类似。

在 HTML 中，设置了 6 个标题标记，分别用于显示不同级别的标题。例如<h1>标记表示 1 级标题，<h2>标记表示 2 级标题，<h6>标记表示 6 级标题，数字越小，级别越高，文字字号也相应越大。

再对上面的代码进行如下修改，实例文件参见本书配套资源"第 2 章/02-10.html"。

< 22 >

```
1    <html>
2      <head>
3        <title>段落与换行</title>
4      </head>
5      <body>
6        <h1>互联网发展的起源</h1>
7        <h2>第 1 阶段</h2>
8          <p>1969 年，为了……的新纪元。</p>
9        <h2>第 2 阶段</h2>
10         <p>20 世纪……的诞生。</p>
11     </body>
12   </html>
```

可以看到，代码中第一行有一个段落改为了一个 1 级标题，又增加了两个 2 级标题，这时效果如图 2.15 所示。

图 2.15　段落与标题的效果

2.3.3　使文字水平居中（<center>标记）

如果对文字显示在浏览器中的位置不加以限定，浏览器就会以默认的方式来显示文字的位置，即从靠左的位置开始显示文字。但在实际应用中，有时可能需要在窗口的正中间开始显示文字，这时可以使用<center>标记来实现。

对上面的代码进行如下修改，实例文件参见本书配套资源"第 2 章/02-11.html"。

```
1    <html>
2      <head>
3        <title>文本排版</title>
4      </head>
5      <body>
6      <center><h1>互联网发展的起源</h1></center>
7      <h2>第 1 阶段</h2>
8      ……部分省略……
9      </body>
10   </html>
```

在浏览器中打开这个网页，效果如图 2.16 所示。

可以看到，居中对齐标记<center>的作用是将文字以居中对齐的方式显示在网页中。

< 23 >

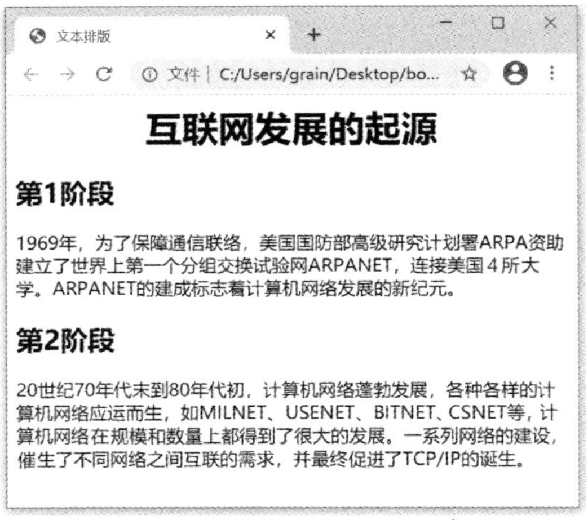

图 2.16　居中显示

注意

这里需要读者特别注意，前面介绍的<p>标记及各级标题标记与居中对齐标记有非常大的区别。<p>标记及各级标题标记定义了某些文本的作用，即定义了某种文档结构，而居中对齐标记则用于定义文本的显示方式。也就是说，前者定义的是内容，后者定义的是形式。随着学习的深入，读者就会逐渐发现这个区别的重要作用。

实际上，在 HTML5 中已经废弃了<center>标记。虽然目前浏览器都支持这个标记，但是不再推荐使用它了。那么在废弃了这种与样式相关的 HTML 标记之后，如何实现相同的效果呢？在本书后面的章节，我们将详细回答这个问题。

2.3.4　设置文字段落的缩进（<blockquote>标记）

有时，在文档中需要对某个段落进行缩进显示，例如显示引用的内容等，这时可以使用文本缩进标记<blockquote>。

对上面的代码继续进行如下修改，实例文件参见本书配套资源“第 2 章/02-12.html”。

```
<html>
   <head>
      <title>文本排版</title>
   </head>
   <body>
   <center><h1>互联网发展的起源</h1></center>
   <h2>第 1 阶段</h2>
      <blockquote>1969 年，……的新纪元。</blockquote>
   <h2>第 2 阶段</h2>
      <blockquote >1969 年，为了……的新纪元。</blockquote >
   </body>
<html>
```

可以看到，代码中原来的两个用<p>标记定义的段落，都改为了用<blockquote>标记定义。这时在浏览器中打开这个网页，效果如图 2.17 所示，正文的左右两侧都与浏览器边界有了一定的距离。

图 2.17　段落缩进

2.4　HTML 标记与 HTML 属性

知识点讲解

　　通过上面的几个实例，读者对文字的排版已有了一些基本认识。到目前为止，我们都是通过 HTML 标记对文字进行编排的。但版面编排不仅如此，我们还可以利用一些 HTML 属性来更加灵活地编排网页中的文字。那什么是 HTML 属性呢？

　　在大多数 HTML 标记中都可以加入属性控制，属性的作用是帮助 HTML 标记进一步控制 HTML 文件的内容，如内容的对齐方式（如本例），文字的大小、字体、颜色，网页的背景样式，图片的插入等。其基本语法如下。

　　<标记名称 属性名 1="属性值 1" 属性名 2="属性值 2" ……>

　　如果一个标记里使用了多个属性，各个属性之间应该用空格间隔开。不同的标记可以使用相同的属性，但某些标记有着自己专门的属性设置，下面就通过几个实例来介绍属性的应用。

2.4.1　用 align 属性控制段落的水平位置

　　在 2.3.3 小节中介绍过使用<center>标记可以使文本水平居中，那如果希望右对齐又该怎么办呢？这时就可以使用 HTML 的 align 属性。

　　对上面的代码进行如下修改，实例文件参见本书配套资源"第 2 章/ 02-13.html"。

```
1    <html>
2      <head>
3        <title>文本排版-右对齐</title>
4      </head>
5    <body>
6      <h1 align="center">互联网发展的起源</h1>
7      <h2 align="right">第 1 阶段</h2>
8      <p> 1969 年……的新纪元。</p>
9      <h2 align="right">第 2 阶段</h2>
10     <p>20 世纪……的诞生。</p>
11   </body>
12   </html>
```

< 25 >

可以看到，在<h1>标记中增加了 align 属性。当 align 属性被设置为"center"的时候，标题就居中对齐了。在<h2>标记中也增加了 align 属性的设置，其被设置为"right"，这时该标题就右对齐了。

在浏览器中打开这个网页，效果如图 2.18 所示。

图 2.18　段落对齐方式

从这个实例中就可以非常清晰地看到属性的作用。在标记内加入了属性的控制，如"align=center" "align=left" "align=right"。其中，"align"就是一个属性，它的作用是控制该标记所包含的文字的显示位置；"center" "left" "right"就是该属性的属性值，用于指明该属性应以什么样的方式来进行控制。align 属性不仅可以用于标题标记，还可以用于<p>标记，读者可以自己试验一下。

2.4.2　用 bgcolor 属性设置背景颜色

在 HTML 中，不同的标记有各自不同的属性。例如前面曾介绍过的<body>标记，使用它的属性可以控制网页的背景及文字的颜色。

在上面的代码中，将<body>一行改为如下代码，实例文件参见本书配套资源"第 2 章/ 02-14.html"。

```
<body text="blue" bgcolor="#CCCCFF">
```

页面效果如图 2.19 所示，可以看到整个网页的背景和文字颜色发生了变化。

图 2.19　通过<body>标记的属性控制字体颜色和背景颜色

其中文字的颜色通过<body>标记的 text 属性设置，例如这里把 text 属性设置为"blue"，这样文字就以蓝色显示了。在 HTML 中已经定义了若干种颜色的名称，如红色"red"、绿色"green"等，都可以直接作为颜色属性的属性值。至于在网页中可以使用哪些颜色的名称，以及它们是如何与数值方式表达的颜色相互对应的，本书不再介绍，读者可以到互联网上搜索学习。

在页面中，除了预先通过名称定义颜色之外，还可以使用颜色代码的方式来指定颜色。例如上面

< 26 >

的实例中的页面背景色是通过 bgcolor 属性定义的，这里还可以将 bgcolor 属性设置为"#CCCCFF"，这是用了另一种颜色的表达方式，即颜色代码。

在 HTML 中，颜色统一采用 RGB 的模式显示，也就是通常所说的"红绿蓝"三原色模式。每种颜色都由不同分量的这 3 种颜色组成，每种颜色的分量范围为 0～255。当红绿蓝 3 种颜色的分量都设置为 255 时就是白色，例如 rgb(100%,100%,100%)和#FFFFFF 都是指白色，其中"#FFFFFF"为十六进制的表示方法，前两位为红色分量，中间两位是绿色分量，最后两位是蓝色分量，"FF"为十进制中的 255。又如，"#FFFF00"表示黄色，因为当红色和绿色都为最大分量且蓝色分量为 0 时，产生的效果就是黄色。

2.4.3　设置文字的特殊样式

使用 HTML 标记和属性还可以设置文字的样式。下面进行详细讲解，主要目的是希望读者能够深入理解 HTML 标记和属性的含义与作用。

在 HTML4 中，设置文字显示效果的主要标记如表 2.1 所示。

表 2.1　HTML4 中设置文字显示效果的主要标记

标记	显示效果
<b></b>	文字以粗体方式显示
<i></i>	文字以斜体方式显示
<u></u>	文字以下画线方式显示
<s></s>	文字以删除线方式显示
<big></big>	文字以放大方式显示
<small></small>	文字以缩小方式显示
<strong></strong>	文字以加强强调方式显示
<em></em>	文字以强调方式显示
<address></address>	用来显示电子邮件地址或网址
<code></code>	用来说明代码与指令

对前面的代码进行如下修改，实例文件参见本书配套资源"第 2 章/ 02-15.html"。

```
1   <html>
2     <head>
3       <title>文本排版-强调文字</title>
4     </head>
5     <body>
6       <h1 align="center">互联网发展的<i>起源</i></h1>
7       <h2 align="right">第 1 阶段</h2>
8       <p>1969 年，为了<b>保障通信</b>联络，美国国防……的新纪元。</p>
9       <h2 align="right">第 2 阶段</h2>
10      <p>20 世纪……的诞生。</p>
11    </body>
```

在标题和正文中分别使用<i>标记和<b>标记，从而使文字产生倾斜和加粗的效果，如图 2.20 所示。

其他几种设置字体样式的标记的使用方法非常类似，读者可以根据表 2.1 中的描述自己进行实验，这里不再赘述。

需要特别注意的是，在 HTML4 时期，CSS 还没有发展成熟，因此 HTML 规则中包括不少与样式相关的标记。当 HTML4 演进到 HTML5 以后，内容与样式进行了更彻底的分离，废弃了一些与样式

< 27 >

相关的标记，同时对一些 HTML 标记进行了重新定义。

图 2.20　设置字体样式

例如上面提到的<b>标记的作用是以粗体显示文字，<strong>标记的作用是强调文字。从实际效果来说，它们都可以使文字以粗体显示，但是<b>标记属于视觉性元素，用于定义样式，而<strong>标记则属于表达性元素，用于表达元素的内容结构性质。

HTML5 中虽然保留了<b>标记，但对它进行了重新描述和定义：<b>标记描述为在普通文章中仅从文体上突出，而不包含任何额外重要性的一段文本，例如文档概要中的关键字、评论中的产品名等。

类似地，HTML4 中的<i>标记与<em>标记也进行了相应的改变。

2.4.4　设置文字的字体、大小和颜色（<font>标记）

除了可以设置文字的样式，还可以使用<font>标记设置字体相关的属性，<font>标记有 3 个主要属性，分别用于设置文字的字体、大小和颜色。

face 属性用于设置文字的字体，例如宋体、楷体等；size 属性用于控制文字的大小，其可以取 1 到 7 的整数值；color 属性用于设置文字的颜色。

将上面代码中的<h1>标题行改为如下形式，实例文件参见本书配套资源"第 2 章/ 02-16.html"。

```
1    <h1 align="center">
2        <font color="green" face="宋体" size="7"> 互联网发展的</font><i>起源</i>
3    </h1>
```

效果如图 2.21 所示。

图 2.21　使用<font>标记设置文字的字体、大小和颜色

< 28 >

需要注意的一点是，如果计算机中没有安装相应的字体，则浏览器会使用默认的字体进行显示。

> **注意**
>
> 　　2.4 节中介绍了一些 HTML 的标记和属性，可以发现其中有不少都是和样式相关的，例如用<align>标记定义段落的对齐方式，以及用 bgcolor 属性定义背景颜色。这些都是典型的定义样式，而非定义结构。
>
> 　　HTML 中之所以存在这些标记和属性，是因为历史问题，HTML 刚出现的时候还没有 CSS，当时还是互联网的"史前时代"，那时候 HTML 不得不同时承担一些与"样式"相关的功能，因此它们也一直保留到了现在。
>
> 　　现在 CSS 已经高度成熟了，很多 HTML 标记（例如<font>这样的标记）都应该用 CSS 来实现，而不应该再使用 HTML 标记实现。随着后面学习的深入，读者会逐渐发现，即使 CSS 属性和 HTML 属性在实现某些样式的效果上看起来是相同的，但 CSS 所能实现的控制要远比 HTML 更细致、更精确。

2.4.5　网页中的特殊文字符号

现在，网页的功能不仅是单纯地传播一些信息，它还可以传播大量的专业技术知识，如数学、物理和化学知识等。那么如何在网页上显示数学公式、化学方程式及各种各样的特殊符号呢？就拿 HTML 来说，想要在网页上显示一个 HTML 标记，可以用特殊字符来实现。

（1）由于">"和"<"被用于声明标记，因此如果在 HTML 代码中出现"<"和">"，它们就不会被认为是普通的大于号或者小于号了。如果要显示"x>y"这样一个数学公式，该怎么办呢？这时就需要用"<"代表符号"<"，用特殊字符">"代表符号">"。

（2）前面谈到过，文字与文字之间如果超过一个空格，那么从第 2 个空格开始都会被忽略掉。如果需要在某处使用空格，就需要使用特殊符号来代替，空格的符号是" "。

（3）一些无法直接用键盘输入的符号也需要使用这种方式来显示，例如版权符号"©"需要使用"©"来输入。

基于这几个符号，有如下代码，实例文件参见本书配套资源"第 2 章/ 02-17.html"。

```
1   <html>
2     <head>
3       <title>不等式</title>
4     </head>
5     <body>
6       <p>   假设有如下 4 个变量,并满足如下不等式:</p>
7       <p align="center">
8           x &gt; y <br>
9           m &lt; n
10      </p>
11
12      <p align="right"> 版权所有&copy;前沿教室</p>
13    </body>
14  </html>
```

效果如图 2.22 所示。可以看到，在第 1 行文字的开头有两个空格，在数学公式中显示了大于号和小于号，最后一行显示了版权符号。

在一些公式中，有时需要以上标或者下标的方式显示一些字符，这时可以使用以下标记。

（1）上标标记：，用于将数字缩小后显示于上方。

（2）下标标记：，用于将数字缩小后显示于下方。

< 29 >

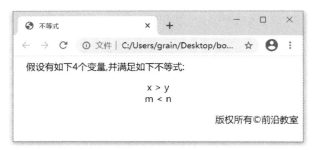

图 2.22　在网页中显示特殊符号

此外，还有几个特殊字符，字符 "÷" 代表 "÷"，字符 "±" 代表 "±"，字符 "‰" 代表 "‰"，字符 "↔" 代表双向箭头。

基于上面这些符号和标记，再举一个复杂一些的例子，看看如何在网页中显示数学运算式和化学方程式。实例文件参见本书配套资源 "第 2 章 / 02-18.html"。

```
1   <html>
2     <head>
3       <title>运算式</title>
4     </head>
5     <body>
6       [(6 <sup>3</sup> + 3 <sup>6</sup>) &divide; 2] &plusmn; 1 = ?<br>
7       结果以 &permil; 表示。<p>
8       H <sub>2</sub> + O <sub>2</sub> &hArr; H <sub>2</sub> O
9     </body>
10  </html>
```

在浏览器中打开这个网页，效果如图 2.23 所示。

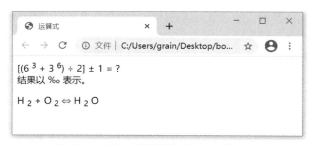

图 2.23　在网页中显示数学运算式和化学方程式

2.5　在网页中使用图片（<img>标记）

知识点讲解

图片是网页中不可缺少的元素，巧妙地在网页中使用图片可以为网页增色不少。本节首先介绍网页中常用的 3 种图片格式，然后介绍如何在网页中插入图片，以及设置图片的样式和插入的位置。通过本章的学习，读者可以制作简单的图文网页，并根据自己的喜好制作出不同的图片效果。

2.5.1　网页中的图片格式

目前在网页中使用的图片格式主要有 JPG、GIF 和 PNG 这 3 种。

JPG 格式为静态图像压缩标准格式，它为摄影图片提供了一种标准的有损压缩方案。它可以保留

< 30 >

大约 1670 万种颜色，对于照片类型的图片，通常选择 JPG 格式保存。在图像处理软件中可以为 JPG 格式的图片选择适当的压缩率，以实现清晰度和文件大小的平衡。

GIF 格式只支持 256 色以内的图片，如果用 GIF 格式保存颜色丰富的照片类型图片，效果就会很差，它只适合保存卡通类或以线条为主的图片。GIF 格式的优点是支持透明色，可以使图像浮现在背景之上。

PNG 格式晚于 JPG 格式和 GIF 格式出现，它兼具二者的优点。当将图片设置为 256 色时，PNG 格式可以得到和 GIF 格式相同的效果。PNG 格式也可以实现无损的高清晰度压缩，而且它拥有 alpha 透明（即半透明）的能力，但 PNG 格式不支持有损压缩，它用的是固定的 LZ77 压缩算法，不能设置压缩率。

总体来说，PNG 是目前最流行的网页图片格式，读者在具体使用时还有很多技巧和知识需要了解。由于它不属于 HTML 的范围，因此这里不再深入介绍，有兴趣的读者可以查找一些相关资料。

2.5.2　一个插入了图片的简单网页

在网页上使用图片，从视觉效果上能使网页充满生机，并且能直观、巧妙地表达出网页的主题，这样的效果仅靠文字是很难得到的。一个有着精美图片的网页能激发浏览者对网页的兴趣。在很多时候，要通过图片及相关颜色的配合来做出本网站的网页风格。

首先是图片的选用。图片要与网页风格贴近，最好是自己进行制作，这样可以完全体现网页的设计意图。如果不能自己制作，则应对所选择的图片进行适当的修改和加工，并且要注意图片的版权问题。另外，图片的色调要尽量保持统一，不要过于花哨。选择的图片不应过大，一般来说，图片的大小是文档大小的几百倍甚至几千倍。如果发现 HTML 文件过大，往往是图片造成的。这样既不利于上传网页，也不利于浏览者进行浏览。如果迫不得已要使用较大的图片，也要进行一定的处理，这在本书后面将为大家介绍。

其次是颜色的选择。一般在制作网页的时候都会选用一种主色调来体现网页的风格，再以其他颜色加以辅助。一旦选定了某种颜色作为主色调，就要一直保持下去，否则会让人感到眼花缭乱，无所适从。另外，在选择其他颜色来配合主色调的时候，不要喧宾夺主。例如当选用了灰色作为主色调的时候，在其他颜色的选用上就要尽量不用或者少用明色调，否则就会非常刺眼。当然，如果需要的正是这样的效果就另当别论了。

下面来看看如何在网页中插入图片。在网页中插入图片的方法非常简单，利用<img>标记就可以实现。

请看如下代码，实例文件参见本书配套资源“第 2 章/ 02-19.html”。

```
1    <html>
2      <head>
3        <title>图片</title>
4      </head>
5      <body>
6        <img src="cup.png">
7      </body>
8    </html>
```

在浏览器中打开这个网页，效果如图 2.24 所示。

<img>标记的作用就是在网页中插入图片，其中 src 属性是该标记的必要属性，该属性指定导入图片的保存位置和名称。在这里，插入的图片与 HTML 文件是处于同一目录下的，如果不处于同一目录下，就必须采用路径的方式来指定图片的位置。

< 31 >

图 2.24　在网页中插入图片

2.5.3　使用路径

在 2.5.2 小节的实例中，强调了要在网页中显示的图片必须和 HTML 文件处在同一个文件夹中。下面做一个简单的实验：把图片从原来的文件夹中移动到其他位置，而不要修改 HTML 文件，这时再用浏览器打开这个网页，效果如图 2.25 所示。

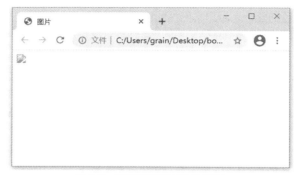

图 2.25　浏览器不能正常显示图片

通过这个实验可以知道，改变了"cup.png"图片的位置，而 HTML 文件中的代码没有做任何修改，引用的还是同样的图片，浏览器就找不到这个图片了。由于浏览器默认的目录是 HTML 文件所处的目录，因此如果图片和 HTML 文件处于同一目录，浏览器就可以找到图片并正常显示。在上面的实例中，因为浏览器并不知道图片的位置已经改变，所以它仍然会到原来的位置去找这个图片，但图片已经不能正常显示了。这时需要通过设置"路径"来帮助浏览器找到相应的图片。

为了更好地说明"路径"这个非常重要的概念，这里举一个生活中的实例。计算机中的文件都是按照层次结构保存在一级一级的文件夹中的，这就好比学校分为若干个年级，每个年级又分为若干个班级。例如在三年级 2 班中，有两个学生分别叫"小龙"和"小丽"，示意图如图 2.26 所示。

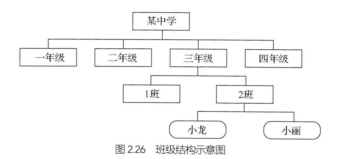

图 2.26　班级结构示意图

< 32 >

如果小龙要找小丽，那么不需要额外的说明，在 2 班内部就可以找到她。如果是同年级的另一个班的学生要找小丽，那么除了姓名之外，还需要说明是"2 班的小丽"。再进一步，如果是另一个年级的学生要找小丽，就应该说明是"三年级 2 班的小丽"。

实际上，这就是路径的概念。在上面的网页中，由于 HTML 文件和图片都在同一个文件夹中，这就好像是在同一个班级中的两个同学，因此不需要给出额外的路径信息。如果它们不在同一个文件夹中，就必须给出足够的路径信息才能找到它们。

对于路径信息的说明，通常分为以下两种情况。

（1）相对路径：从文件自身的位置出发，依次说明到达目标文件的路径。这就好比如果班主任要找本班的一名学生，则只须直接说名字即可，而校长要找一名学生，就还要说明年级和班级。

（2）绝对路径：先指明最高级的层次，然后依次向下说明。例如要找外校的一名学生，就无法以本校为起点找到他，而必须说"某中学某年级某班的某个学生"，这就是绝对路径的概念。

网站中的路径与此类似，通常可以分为以下两种情况。

（1）如果图片就在本网站内部，那么通常会以要显示该图片的 HTML 文件为起点，通过层级关系描述图片的位置。

（2）如果图片不在本网站内部，那么通常会将以"http://"开头的 URL（uniform resource locator，统一资源定位符）作为图片的路径。URL 通常也被称为"外部链接"。

下面举几个实例来说明路径的使用方法，文件系统结构示意图如图 2.27 所示。

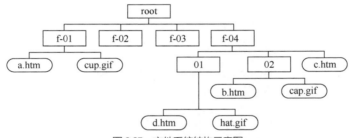

图 2.27　文件系统结构示意图

图中的矩形表示文件夹，圆角矩形表示文件，包括 HTML 文件和图片。

（1）如果在 f-01 文件夹中的 a.htm 需要显示同一个文件夹中的 cup.gif 文件，直接写文件名即可。

（2）如果在 f-04 文件夹中的 02 文件夹中的 b.htm 需要显示同一个文件夹中的 cap.gif 文件，直接写文件名即可。

（3）如果在 f-04 文件夹中的 c.htm 需要显示 02 文件夹中的 cap.gif 文件，应该写作"02/cap.gif"。这里的斜线就表示了层级的关系，即下一级的意思。

（4）如果在 f-04 文件夹中的 02 文件夹中的 b.htm 需要显示 01 文件夹中的 hat.gif 文件，应该写作"../01/hat.gif"。这里的两个点号表示的是上一级文件夹。

（5）如果在 f-04 文件夹中的 02 文件夹中的 b.htm 需要显示 f-01 文件夹中的 cup.gif 文件，应该写作"../../f-01/cup.gif"。

（6）如果在 f-01 文件夹中的 a.htm 需要显示 f-04 文件夹中的 02 文件夹中的 cap.gif 文件，应该写作"../f-04/02/cap.gif"。

例如，基于本书配套资源文件 02-19.html，如果把 HTML 文件所在的文件夹中新建的文件夹命名为"images"，然后把原来的图片移动到 images 文件夹中，这时 HTML 文件就应该进行如下修改，以保证图片的正确显示。实例文件参见本书配套资源"第 2 章/ 02-20.html"。

```
1    <html>
```

< 33 >

```
2        <head>
3           <title>图片</title>
4        </head>
5        <body>
6           <img src="images/cup.png">
7        </body>
8     </html>
```

作为练习，请读者参照图 2.27 写出以下 6 种情况的路径。

（1）在 f-04 文件夹中的 01 文件夹中的 d.htm 需要显示同一个文件夹中的 hat.gif 文件，路径应该如何书写？

（2）在 f-04 文件夹中的 c.htm 需要显示 01 文件夹中的 hat.gif 文件，路径应该如何书写？

（3）在 f-04 文件夹中的 c.htm 需要显示 f-01 文件夹中的 cup.gif 文件，路径应该如何书写？

（4）在 f-04 文件夹中的 01 文件夹中的 d.htm 需要显示 02 文件夹中的 cap.gif 文件，路径应该如何书写？

（5）在 f-04 文件夹中的 01 文件夹中的 d.htm 需要显示 f-01 文件夹中的 cup.gif 文件，路径应该如何书写？

（6）在 f-01 文件夹中的 a.htm 需要显示 f-04 文件夹中的 01 文件夹中的 hat.gif 文件，路径应该如何书写？

当引用的图片是其他网站上的某一个图片时，就无法使用相对路径了。这时可以直接使用图片的 URL 作为地址。

例如下面的代码。

```
<img src="http://www.artech.cn/images/cup.png">
```

这里在 "http://" 后面的 "www.artech.cn" 表示在网页上显示的图片来源于这个网站，它后面的部分则是图片位于网站结构中的具体位置。

✎ 说明

　　这里要特别说明的是，如果使用其他网站的图片，则必须遵守知识产权的相关规定，不要侵犯他人的知识产权。

❗ 注意

　　在实际制作网页时，如果出现图片不能正常显示的情况，往往是路径设置出现了问题。这对于初学者来说是一个令人头疼的问题，不过，只要真正理解了路径的概念和含义，问题就会迎刃而解。

2.5.4 用 alt 属性为图片设置替换文本

有时由于某些原因图片可能无法正常显示，如网络速度太慢、浏览器版本过低等，因此应该为图片设置一个替换文本，用于图片无法显示的时候进行提示。

这需要使用<img>标记的 alt 属性来实现。例如下面的代码，实例文件参见本书配套资源"第 2 章/02-21.html"。

```
1     <html>
2     <head>
3     <title>图片</title>
4     </head>
```

< 34 >

```
5    <body>
6        <img src="no-image.gif" width="200" height="200" alt="杯子图像">
7    </body>
8    </html>
```

在浏览器中打开这个网页，效果如图 2.28 所示。

图 2.28　alt 属性的作用

alt 属性在过去网速比较慢的时候，主要作用是使看不到图片的浏览者能够了解图片内容。随着互联网的发展，现在因为网速显示不了图片的情况已经很少见了，alt 属性也有了新的作用。谷歌和百度等搜索引擎在收录页面的时候，会通过 alt 属性的属性值来分析网页的内容。因此，如果在制作网页的时候能够为图片配备清晰明确的替换文本，就可以帮助搜索引擎更好地理解网页内容，从而更有利于搜索引擎的优化，让更多人通过搜索引擎找到这个网页。

2.6 再谈 HTML5

知识点讲解

前面介绍了如何在一个网页中使用文本和图片。在有了一些基本的认知以后，在这一节里，我们再回顾一下 HTML 的发展历程以及它的一些特性。

HTML 及其规则对于互联网实在太重要了，其与众多组织、厂商的关系也十分密切。HTML 相关规则的演进备受各方关注，演进道路也颇为曲折。了解这一过程，将有助于我们理解 HTML。

2.6.1　追根溯源

HTML 是所有网页都离不开的基础，几乎所有网页都是使用 HTML 编写的。HTML 在 30 多年的发展过程中，大致经历了 3 个阶段。

1. 兴起：早期 HTML 阶段

在诞生之初，为了能被更广泛地接受，HTML 大幅度放宽了标准的严格性，例如标记不用封闭，属性可以加引号也可以不加引号等。正是比较宽松的标准使互联网早期得以蓬勃发展。

- HTML 1.0：于 1989 年诞生。
- HTML 2.0：于 1995 年 11 月发布。
- HTML 3.2：于 1997 年 1 月 14 日发布。
- HTML 4.0：于 1997 年 12 月 18 日发布。
- HTML 4.01（微小改进）：于 1999 年 12 月 24 日发布。

2. 弯路：XHTML 阶段

在蓬勃发展的同时，宽松的 HTML 标准也导致了很多混乱和不规范的代码出现，从长远看这不符

< 35 >

合标准化的发展趋势。W3C（world wide web consortium，万维网联盟）组织很快意识到了这个问题，并认为这是互联网的一个基础性问题，应该加以解决。为了规范 HTML，W3C 结合 XML 制定了 XHTML 1.0 标准。

- XHTML 1.0：于 2000 年 1 月发布，后来经过修订又于 2002 年 8 月 1 日重新发布。
- XHTML 1.1：于 2001 年 5 月 31 日发布。
- XHTML 2.0：中途废弃。

由于 XHTML（extensible hypertext markup language，可扩展超文本标记语言）标准过于严格，并且对大量原来存在的 HTML 标准兼容度不够，特别是激进的 XHTML 2.0 标准，其几乎是一种全新的语言，遭到了各大厂商的激烈反对，因此 XHTML 标准也就被废弃了。

3．回归：HTML5 阶段

XHTML 标准被废弃之后，苹果等 3 家厂商宣布在一个名为 "WHATWG" 的组织中继续进行相关标准的制订工作，并最终提出了 HTML5 的概念。2006 年，W3C 表示愿意参与 HTML5 的开发，并于 2007 年组建了一个工作组，专门与 WHATWG 合作开发 HTML5。从而其又回到了原有的 HTML 的演进路线上。

在照顾兼容性的同时，HTML5 将 Web 带入一个成熟的应用平台。在这个平台上，视频、音频、图片、动画、交互等都进行了规范化处理。

> **说明**
>
> 这些规范实际上主要是提供给浏览器的开发者阅读的，因为他们必须了解这些规范的所有细节。对于网页设计师来说，并不需要了解规范之间的细微差别，这与实际工作的关系并不大，而且这些规范的文字也都比较晦涩，不易阅读，因此网页设计师通常只需要知道一些大的原则就可以了。当然，设计师如果真的能够花一些时间把 HTML 和 CSS 的规范仔细阅读一遍，将会有巨大的收获。

> **说明**
>
> W3C 组织创建于 1994 年，致力于研究 Web 规范和指导方针，推动 Web 发展，保证各种 Web 技术能很好地协同工作。W3C 的主要职责是确定 Web 的发展方向，并且制定相关的建议。由于 W3C 是一个民间组织，没有约束性，因此只提供建议。

2.6.2　HTML5 的优势与特点

HTML5 之所以能够取代 XHTML 而被各方接纳，是因为它采用了一套非常科学的设计理念，主要包括以下 3 点。

1．兼容

HTML5 并不是颠覆性的革新，它的一个核心理念就是保持一切新特性平稳过渡。一旦浏览器不支持 HTML5 的某项功能，就会使用针对这个功能的备选行为。互联网上的很多文档已经存在了二三十年，因此，HTML5 采取的兼容理念就显得尤为重要。

2．实用

HTML5 标准是基于用户优先准则编写的，其宗旨是 "用户至上"，这意味着在遇到无法解决的冲突时，标准会把用户放到第一位，其次是页面作者，再次是实现者（或浏览器），接着是标准制定者，最后才会考虑理论的纯粹性。因此 HTML5 中的标准绝大部分是实用的，只在某些特定情况下不够完

< 36 >

美，这也已经是取舍后所做出的较好的选择了。

　　HTML5 的研究者们花费了大量的精力来研究具有通用性的行为，希望把最常用的行为抽象出来。通过分析上百万个页面，我们发现<div>标记往往会使用几个常见的 id 属性值，例如，很多页面使用 id="header"来标记页头区域，因此就在 HTML5 中直接引入了一个<header>标记来解决实际问题，这就是所谓的语义化标记的概念。

3．简化与互通

　　HTML5 力求简单，避免一切不必要的复杂设计。HTML5 的口号是"简单至上，尽可能简化"。因此，HTML5 做了以下改进。

　　（1）以浏览器原生能力替代复杂的 JavaScript 代码。

　　（2）新的简化的<!DOCTYPE>声明。

　　（3）新的简化的字符集声明。

　　（4）简单而强大的 HTML5 API。

　　"简单"是为了更好地"互通"。实现了所有的这些简化操作，HTML5 标准就已经变得非常大了，因为它需要精确、再精确（实际上其要比以往任何版本的 HTML 标准都更精确）。这些努力都是为了达到能够真正实现浏览器互通的目标。

2.6.3　HTML5 新增标记

　　需要指出的是，在实际开发中使用最多的仍然是 HTML4 中已经定义的标记，HTML5 引入了大量新的标记和属性，但主要是对 HTML4 的补充和细化。HTML5 中新引入或修改的标记，大体上有如下 4 类。

1．结构性标记

　　结构性标记主要用来对页面结构进行划分，就像在设计网页时将页面分为导航、内容部分、页脚等，以确保 HTML 文件的完整性。

　　（1）<article>：用于表示一篇文章的主题内容，一般为文字集中显示的区域。

　　（2）<header>：页面主体的头部。

　　（3）<nav>：专门用于菜单导航、链接导航的标记。

　　（4）<section>：用于表达书的一部分或一章。在 Web 页面应用中，该标记也可用于区域的章节表示。

2．多媒体标记

　　多媒体标记主要解决视频展示的问题，新增的标记使 HTML 的功能变得更加强大。

　　（1）<video>：视频标记，用于支持和实现视频文件的直接播放，支持缓冲预载和多种视频媒体格式，如 WEBM、MP4、OGG 等。

　　（2）<audio>：音频标记，用于支持和实现音频文件的直接播放，支持缓冲预载和多种音频媒体格式，如 MP3、OGG、WAV 等。

3．重定义标记

　　在 HTML5 中对原有的一些标记做了重新定义，使这些标记更符合语义化的要求。

　　例如，在 HTML4 中，<b>和<strong>标记的作用都是文字以粗体显示。<b>标记属于视觉性元素，用于定义样式；而<strong>标记属于表达性元素，用于表达元素的内容结构性质。在 HTML5 中虽然保留了<b>标记，但对它进行了重新描述和定义：在普通文章中仅从文体上突出，而不包含任何额外重要

< 37 >

性的一段文本，例如文档概要中的关键字、评论中的产品名等。

4．其他标记

HTML 在近二十年的发展中，产生了大量被使用的新的网页对象和属性，例如在表单中增加了新的元素类别和属性等。本书后面的章节在讲解 CSS 的同时，会对 HTML 的常用标记进行讲解。对 HTML5 新增的标记，读者可以参考本书配套资源进行了解。

2.7 实例：创建一个简单的网页

案例讲解

本实例的内容是创建一个新的页面文档，并在里面插入一些基本的元素，这些元素的详细内容在后面的章节中还会深入介绍，这里仅作为一个预习。希望读者可以通过这个实例了解 VS Code 的基本操作方法，最终效果如图 2.29 所示，实例文件参见本书配套资源"第 2 章/ 02-22.html"。

图 2.29　预览效果

（1）要进行网页制作，先要创建一个新文件。我们先创建一个新的文件夹，如在桌面上创建文件夹 html，然后用 VS Code 打开该文件夹。

（2）按 2.2 节中介绍的方法，在 html 文件夹中创建文件 1.html，并生成初始代码，如图 2.30 所示。

（3）新文件创建好之后，在 <body> 标记内部输入相关的文字信息，如图 2.31 所示。这里用到了段落标记 <p>，其具体的含义会在后面的章节中讲解。

图 2.30　创建新文件

图 2.31　输入文字信息

（4）插入图片需要用到 <img> 标记。先输入"img"，VS Code 会给出相应的提示，然后选择 <img> 标记，如图 2.32 所示。

（5）这时需要输入具体的图片路径。我们先将图片放入 html 文件夹中，如图 2.33 所示。

图 2.32　选择<img>标记

图 2.33　将图片放入 html 文件夹中

（6）在 src 属性处输入图片路径，VS Code 会给出相应的提示，如图 2.34 所示，选择相应的图片。

（7）这样，一个非常简单的网页就制作好了。在浏览器中打开网页，效果如图 2.29 所示。

图 2.34　选择图片提示

本章小结

在各式各样的网页中，文字和图片是最基本的两种网页元素。文字和图片在网页中可以起到传递信息、导航和交互等作用。在网页中添加文字和图片并不困难，但是如何编排这些内容并控制它们的显示方式，让文字和图片看上去编排有序、整齐美观，这才是本章向读者介绍的内容。通过本章的学习，读者可以掌握如何在网页中合理地使用文字和图片，如何根据需要选择不同的显示效果。

本章分别介绍了与文字和图片相关的 HTML 标记和属性。读者需要理解的是如何通过设置 HTML 属性来确定文字和图片的特定样式，如文字的颜色、对齐方式等。虽然学习了这么多，但是我们仍然感觉能够设置的样式是很有限的。如在一个文本段落中，通过 HTML 是无法设置行间距的，这时就必须借助 CSS 来实现，具体内容将在后面讲解。

习题 2

一、关键词解释

HTML　HTML 标记　网页源代码　VS Code　HTML 属性　段落标记　标题标记　图像标记　HTML5　W3C 组织

二、描述题

1. 请简单描述一下 HTML5 文件结构有哪几个标记。

2. 请简单描述一下本章中介绍的几个文本标记分别是什么。

3. 请简单描述一下本章中介绍的设置文字特殊样式的标记分别是什么。

< 39 >

4. 请简单描述一下图像标记是什么，如何使用它。

5. 请简单描述一下 HTML5 的优势与特点。

三、实操题

通过使用本章讲解的知识，实现题图 2.1 所示的页面效果，具体要求如下。

- 将"天安门"设置为一级标题，其后面的内容设置为小号字。
- 一级标题和图片都居中显示。
- 将"结构形制"设置为二级标题。
- 第一段落中的"北京城"设置下画线。
- 将"城楼"和"城台"文字颜色设置为蓝色，并加粗显示。
- 主体内容设置为段落，并缩进。

题图 2.1　页面效果

< 40 >

CSS3 基础

通过前面的学习和实践，我们已经理解了 HTML 的核心原理。实际上使用 HTML 非常简单，其核心思想就是需要设置什么样式，就使用相应的 HTML 标记或者属性。虽然早期的 HTML 中带有一些用于设置样式的标记和属性，但它们远远不能满足网页设计的要求。

针对这一问题，相关的组织和厂商也在努力寻找解决之道。CSS 就在这个背景下应运而生了。它能够与 HTML 分离，并与之配合，进而完成对页面样式的丰富且精确的定义。为了解决 HTML 结构标记与表现标记混杂在一起的问题，引入了 CSS 来专门负责页面的表现形式。因此，HTML 与 CSS 的关系就是"内容结构"与"表现形式"的关系：HTML 负责确定网页的结构内容，CSS 负责决定页面的表现形式。本章的思维导图如下。

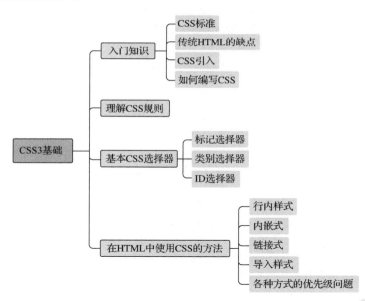

本章导读

3.1 入门知识

知识点讲解

在正式学习 CSS 的语法规则之前，先介绍一些相关的背景知识，以及基本的操作方法，便于读者在学习中实际上手操作。

3.1.1 CSS 标准

CSS（cascading style sheet）中文译为层叠样式表，它是用于控制网页样式并允许将样式信息与网页内容分离的一种标记性语言。简单来说，CSS 的引入就是为了使 HTML 更好地适应页面的美工设计。CSS 以 HTML 为基础，提供了丰富的格式化功能，如字体、颜色、背景和整体排版等。网页设计者还可以针对各种可视化设备（包括显示器、打印机、打字机、投影仪和 PDA 等）来设置不同的样式风格。CSS 的引入引发了网页设计一个又一个的新高潮，同时使用 CSS 设计的优秀页面层出不穷。

和 HTML 类似，CSS 也是由 W3C 组织负责制定和发布的。1996 年 12 月，W3C 发布了 CSS 1.0 规则；1998 年 5 月，W3C 发布了 CSS 2.0 规则。

CSS3 的规则于 1999 年开始制定。2001 年 5 月 23 日，W3C 完成了 CSS3 的工作草案。从 CSS3 开始，W3C 决定将 CSS 规则分成一系列模块，各个模块可以独立制定和发布标准。这样方便浏览器厂商快速创新。通过采用模块的方法，CSS3 规则里的元素能以不同速度向前发展，因为不同的浏览器厂商只支持给定的特性。但不同浏览器在不同时间支持不同特性，这也使得页面的跨浏览器开发变得复杂。

经过近 20 年的发展，主流的浏览器基本上已经可以较好地支持 CSS3 规则了，这对开发者来说是非常有利的。本节将从 CSS 对标记的控制入手，讲解 CSS 的初步知识及编辑方法。

3.1.2 传统 HTML 的缺点

在 CSS 还没有被引入页面设计之前，使用传统的 HTML 实现页面美工设计是十分麻烦的。例如在一个网页中有一个<h2>标记定义的标题，如果要把它设置为蓝色，并对字体进行相应的设置，则需要引入<font>标记，代码如下。

```
<h2><font color="#0000FF" face="黑体">CSS 标记 1</font></h2>
```

这样的修改看上去并不是很麻烦，但是当页面的内容更多时，例如整个页面，情况就变得复杂了。首先观察如下 HTML 代码，实例文件参见本书配套资源"第 3 章/03-01.html"。

```
1   <html>
2   <head>
3       <title>用 HTML 设置文字大小和颜色</title>
4       <meta http-equiv="Content-Type" content="text/html; charset=gb2312">
5   </head>
6   <body>
7       <h2><font color="#0000FF" face="幼圆">这是标题文本</font></h2>
8       <p>这里是正文内容</p>
9       <h2><font color="#0000FF" face="幼圆">这是标题文本</font></h2>
10      <p>这里是正文内容</p>
11      <h2><font color="#0000FF" face="幼圆">这是标题文本</font></h2>
12      <p>这里是正文内容</p>
13  </body>
14  </html>
```

这段代码在浏览器中的显示效果如图 3.1 所示，可以看到 3 个标题都是蓝色幼圆体字。这时如果要将这 3 个标题改成红色，那么在传统的 HTML 中就需要对每个标题的<font>标记进行修改。如果是一个规模很大的网站，则需要对整个网站进行修改，工作量非常大，甚至无法实现。

其实传统 HTML 的缺陷远不止上例中所反映的这一个方面，相比 CSS 的页面设计方法，其劣势主要有以下几点。

（1）维护困难。为了修改某个特殊标记（例如上例中的<h2>标记）的格式，需要花费很多时间，尤其对于整个网站而言，后期修改和维护的成本很高。

（2）标记不足。HTML 本身的标记很少，很多标记都是为网页内容服务的，而关于美工样式的标

< 42 >

记（如文字间距、段落缩进等标记）在 HTML 中很难找到。

图 3.1　给标题添加效果

（3）网页过"胖"。由于没有对各种风格样式进行统一控制，因此 HTML 文件往往会体积过大，进而导致其在加载页面时会占用很多宝贵的带宽。

（4）定位困难。在进行整体页面布局时，HTML 对于各个模块的位置调整显得力不从心，过多的其他标记也会导致页面的复杂和后期维护的困难。

3.1.3　CSS 引入

对于上述页面，如果引入 CSS 对其中的<h2>标记进行控制，那么情况将完全不同。对上面的代码进行如下修改，实例文件参见本书配套资源"第 3 章/03-02.html"。

```
1    <html>
2    <head>
3        <title>用 CSS 设置文字大小和颜色</title>
4        <meta http-equiv="Content-Type" content="text/html; charset=gb2312">
5        <style>
6            h2{
7                font-family:幼圆;
8                color:blue;
9            }
10        </style>
11
12   </head>
13   <body>
14       <h2>这是标题文本</h2>
15       <p>这里是正文内容</p>
16       <h2>这是标题文本</h2>
17       <p>这里是正文内容</p>
18       <h2>这是标题文本</h2>
19       <p>这里是正文内容</p>
20   </body>
21   </html>
```

其显示效果与图 3.1 完全一样。可以发现页面中的<font>标记全部消失了，取而代之的是<style>标记，以及对<h2>标记的定义，即下面这段代码。

```
1    <style>
2        h2{
3            font-family: 幼圆;
```

< 43 >

```
4          color:blue;
5      }
6  </style>
```

页面中所有的<h2>标记的样式风格都由这段代码控制，如果希望标题的颜色为红色，字体为黑体，则仅需要对这段代码进行如下修改，实例文件参见本书配套资源"第 3 章/ 03-03.html"。

```
1  <style>
2      h2{
3          font-family:黑体;
4          color:red;
5      }
6  </style>
```

显示效果如图 3.2 所示。

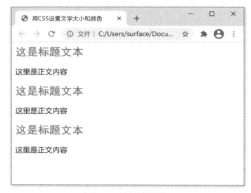

图 3.2　CSS 的引入

说明

由于本书为黑白印刷，建议读者在阅读相关实例时，配合阅读本书配套资源中的实例文件，以查看实际效果，这样对于理解其中的原理会更有帮助。

从这个很简单的实例可以看出，CSS 对于网页的整体控制比 HTML 有了突破性的进展，并且后期修改和维护都更加方便。不仅如此，CSS 还提供了各种丰富的格式控制方法，这使网页设计人员能够轻松地设计出各种页面效果。这些都将在后面的章节中逐一讲解。

引入 CSS 后，网页设计最核心的变化就是原来由 HTML 同时负责的"内容"和"表现"双重任务现在分离了，内容仍然由 HTML 负责，而表现形式则由<style>标记中的 CSS 代码负责。当然，由于还没有具体介绍 CSS 的用法，因此以上代码的作用读者可能还无法清晰地理解，读者此时只要明白其中的原理即可。

3.1.4　如何编写 CSS

CSS 文件与 HTML 文件一样，都是纯文本文件，因此使用一般的文字处理软件都可以对 CSS 进行编辑。早期比较流行使用 Dreamweaver 软件来制作网页，也可以用它来编辑 CSS 代码，图 3.3 所示就是对 CSS 代码着色的效果。

后来 Adobe 公司停止了对 Dreamweaver 等软件的更新。目前受前端开发人员欢迎的编辑软件是 Visual Studio Code，简称"VS Code"。前面已经讲解了如何利用 VS Code 编写 HTML，下面介绍如何使用它来编写 CSS。

< 44 >

下面先用 VS Code 打开一个 HTML 网页。CSS 代码一般被写在<style>标记内部，具体的用法在后面会详细讲解。VS Code 不仅会给代码着色，还会给出智能提示，非常方便，如图 3.4 所示。

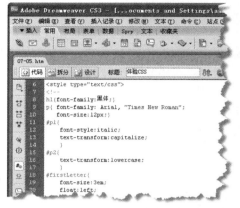 

图 3.3　Dreamweaver 的代码模式　　　　　图 3.4　用 VS Code 编写 CSS

通过前面的实例，已经可以体现出 CSS 的优点。在传统的介绍 HTML 的书籍和资料中，都会用大量的篇幅来介绍 HTML 的相关属性，介绍如何用 HTML 来控制页面的表现，而大多数 HTML 标记和属性目前已经被废弃了。本书对于废弃和过时的 HTML 内容将不做介绍，而是会着重从实际使用的角度出发，介绍常用的方法。

3.2　理解 CSS 规则

知识点讲解

在具体使用 CSS 之前，请读者先思考一个问题：通常我们是如何描述一个人的？我们可以为某人列一张表，如下所示。

```
1    张飞{
2        身高：185cm；
3        体重：105kg；
4        性别：男；
5        民族：汉族；
6    }
```

这张表实际上是由 3 个要素组成的：姓名、属性和属性值。通过这样一张表，就可以把一个人的基本情况描述出来了。表中每一行分别描述了人的某一种属性，以及该属性的属性值。

CSS 的作用就是设置网页的各个组成部分的表现形式。因此，如果把上面的表格换成描述网页上一个标题的属性表，可以设想应该是下面这个样子。

```
1    2级标题{
2        字体：宋体；
3        大小：15 像素；
4        颜色：红色；
5        装饰：下画线；
6    }
```

再进一步，如果我们把上面的表格用英语写出来，则可得到下面的代码。

< 45 >

```
1    h2{
2        font-family: 宋体;
3        font-size:15px;
4        color: red;
5        text-decoration: underline;
6    }
```

这就是完全正确的 CSS 代码了。由此可见，CSS 的原理实际上非常简单，对以英语为母语的人来说，写 CSS 代码几乎就像使用自然语言一样简单。对于母语非英语的我们，只要理解了这些属性的含义，写 CSS 代码其实也并不复杂，相信每一位读者都可以掌握它。

CSS 的思想就是首先指定对什么"对象"进行设置，然后指定对该对象的哪个方面的"属性"进行设置，最后给出该设置的"属性值"。因此，概括来说，CSS 就是由 3 个基本部分组成的——"对象""属性"和"属性值"。

3.3　基本 CSS 选择器

知识点讲解

在 CSS 的 3 个组成部分中，"对象"是很重要的，它指定了对哪些网页元素进行设置，因此它有一个专门的名称——选择器（selector）。

选择器是 CSS 中很重要的概念，所有 HTML 中的标记样式都是通过不同的 CSS 选择器进行控制的。用户只需要通过选择器对不同的 HTML 标记进行选择，并赋予各种样式声明，即可实现各种效果。

为了理解选择器的概念，可以用地图类比。在地图上可以看到一些图例，例如河流用蓝色的线表示、公路用红色的线表示、省会城市用黑色圆点表示等。本质上，这就是一种"内容"与"表现形式"的对应关系。在网页上也同样存在着这样的对应关系，例如<h1>标记用蓝色文字表示，<h2>标记用红色文字表示。因此为了能够使 CSS 规则与 HTML 元素对应起来，就必须定义一套完整的规则，以实现 CSS 对 HTML 的"选择"，这就是选择器的作用。

CSS 中有几种不同类型的选择器，本节先介绍基本选择器。所谓基本选择器，是相对于第 4 章中要介绍的复合选择器而言的，也就是说，复合选择器是由基本选择器组合形成的。

基本选择器可以分为标记选择器、类别选择器和 ID 选择器 3 种，下面分别介绍。

3.3.1　标记选择器

一个 HTML 页面由很多不同的标记组成。CSS 标记选择器就负责声明哪些标记采用哪种 CSS 样式。因此，每一种 HTML 标记的名称都可以作为相应的标记选择器的名称。例如 p 选择器，就是用于声明页面中所有<p>标记的样式风格。同样可以通过 h1 选择器来声明页面中所有的<h1>标记的样式风格。例如下面这段 CSS 代码。

```
1    <style>
2        h1{
3            color: red;
4            font-size: 25px;
5        }
6    </style>
```

这段 CSS 代码声明了 HTML 中所有的<h1>标记，文字的颜色都采用红色，大小都为 25px。每一个 CSS 选择器都包含选择器本身、属性和属性值，其中属性和属性值可以设置多个，从而对同一个标记声明多种样式风格，如图 3.5 所示。

< 46 >

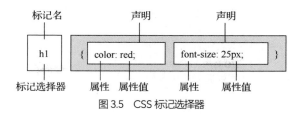

图 3.5　CSS 标记选择器

如果希望所有<h1>标记不采用红色而采用蓝色，则只需要将属性 color 的属性值修改为 blue，即可全部生效。

CSS 语言对所有属性和属性值都有相对严格的要求。如果声明的属性在 CSS 规则中没有，或者某个属性值不符合该属性的要求，都不能使该 CSS 语句生效。下面是一些典型的错误语句。

```
1    Head-height: 48px;        /* 非法属性 */
2    color: ultraviolet;       /* 非法属性值 */
```

对于上面提到的这些错误，通常情况下可以直接利用 CSS 编辑器（如 VS Code）的语法提示功能来避免，但在某些时候还需要查阅 CSS 手册，或者直接登录 W3C 的官方网站查阅 CSS 的详细规则说明。

3.3.2　类别选择器

3.3.1 小节中提到的标记选择器一旦声明，页面中所有相应的标记都会产生变化。例如当声明了<p>标记为红色时，页面中所有的<p>标记都将显示为红色。如果希望其中的某一个<p>标记不是红色而是蓝色，这时仅依靠标记选择器是不够的，还需要引入类别（class）选择器。

类别选择器的名称可以由用户自定义，其属性和属性值跟标记选择器一样，也必须符合 CSS 规则，如图 3.6 所示。

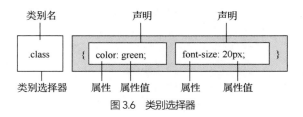

图 3.6　类别选择器

例如，当页面中同时出现两个<p>标记，并且希望它们的颜色不一样时，就可以通过设置不同的类别选择器来实现。一个完整的实例如下，实例文件参见本书配套资源"第 3 章/ 03-04.html"。

```
1    <html>
2    <head>
3      <title>类别选择器</title>
4      <style type="text/css">
5        .red{
6            color:red;            /* 红色 */
7            font-size:18px;       /* 文字大小 */
8        }
9        .green{
10           color:green;          /* 绿色 */
11           font-size:20px;       /* 文字大小 */
12       }
13     </style>
14   </head>
```

< 47 >

```
15
16    <body>
17        <p class="red">类别选择器 1</p>
18        <p class="green">类别选择器 2</p>
19        <h3 class="green">h3 同样适用</h3>
20    </body>
21    </html>
```

效果如图 3.7 所示，可以看到两个<p>标记的颜色不同。任何一个类别选择器都适用于所有 HTML 标记，只需要用 HTML 标记的 class 属性声明即可，例如<h3>标记同样使用了.green 这个类别。

图 3.7　类别选择器效果

仔细观察上例还会发现，最后一行<h3>标记显示效果为粗体字，而同样使用.green 选择器的第 2 个<p>标记却没有变成粗体。这是因为.green 类别中没有定义字体的粗细属性，因此各个 HTML 标记都采用了其自身默认的显示方式，即<p>标记默认为正常粗细，而<h3>标记默认为粗体字。

很多时候，页面中几乎所有的<p>标记都会使用相同的样式风格，只有 1～2 个特殊的<p>标记需要使用不同的风格来突出，这时可以通过配合使用类别选择器与标记选择器来实现。例如下面这段代码，实例文件参见本书配套资源"第 3 章/ 03-05.html"。

```
1     <html>
2     <head>
3         <title>类别选择器与标记选择器</title>
4         <style type="text/css">
5             p{                          /* 标记选择器 */
6                 color:blue;
7                 font-size:18px;
8             }
9             .special{                   /* 类别选择器 */
10                color:red;              /* 红色 */
11                font-size:23px;         /* 文字大小 */
12            }
13        </style>
14    </head>
15    <body>
16        <p>类别选择器与标记选择器 1</p>
17        <p>类别选择器与标记选择器 2</p>
18        <p>类别选择器与标记选择器 3</p>
19        <p class="special">类别选择器与标记选择器 4</p>
20        <p>类别选择器与标记选择器 5</p>
21        <p>类别选择器与标记选择器 6</p>
22    </body>
23    </html>
```

首先通过标记选择器定义<p>标记的全局显示方案，然后通过一个类别选择器对需要突出的<p>标记进行单独设置，这样大大提高了代码的编写效率，效果如图 3.8 所示。

< 48 >

图 3.8　两种选择器配合使用

在 HTML 标记中，还可以同时给一个标记运用两个类别选择器，从而将两个类别的样式风格同时运用到一个标记中。这在实际制作网站时会很有用，可以减短代码的长度。例如下面这段代码，实例文件参见本书配套资源"第 3 章/ 03-06.html"。

```
1    <html>
2    <head>
3        <title>同时使用两个类别选择器</title>
4        <style type="text/css">
5            .blue{
6                color:blue;          /* 颜色 */
7            }
8            .big{
9                font-size:22px;      /* 字体大小 */
10           }
11       </style>
12   </head>
13   <body>
14       <h4>一种都不使用</h4>
15       <h4 class="blue">两种 class，只使用 blue</h4>
16       <h4 class="big">两种 class，只使用 big </h4>
17       <h4 class="blue big">两种 class，同时使用 blue 和 big</h4>
18       <h4>一种都不使用</h4>
19   </body>
20   </html>
```

效果如图 3.9 所示，可以看到使用第 1 个类别选择器的第 2 行文字显示为蓝色，而第 3 行文字仍为黑色，但由于使用了.big，因此其字体变大了。第 4 行文字通过 class="blue big"将两个样式同时加入，得到了蓝色大字体。第 1 行和第 5 行文字没有使用任何样式，仅作为对比时的参考。

图 3.9　同时使用两个类别选择器

< 49 >

3.3.3 ID 选择器

ID 选择器的使用方法与类别选择器基本相同，不同之处在于 ID 选择器只能在 HTML 页面中使用一次，因此其针对性更强。在 HTML 标记中只需要利用 id 属性，就可以直接调用 CSS 中的 ID 选择器，其格式如图 3.10 所示。

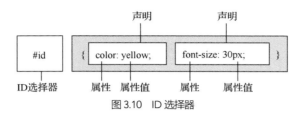

图 3.10　ID 选择器

下面举一个实例，实例文件参见本书配套资源"第 3 章/ 03-07.html"。

```
1    <html>
2    <head>
3        <title>ID 选择器</title>
4        <style type="text/css">
5            #bold{
6                font-weight:bold;          /* 粗体 */
7            }
8            #green{
9                font-size:30px;            /* 字体大小 */
10               color:#009900;             /* 颜色 */
11           }
12       </style>
13   </head>
14   <body>
15       <p id="bold">ID 选择器 1</p>
16       <p id="green">ID 选择器 2</p>
17       <p id="green">ID 选择器 3</p>
18       <p id="bold green">ID 选择器 4</p>
19   </body>
20   </html>
```

效果如图 3.11 所示，可以看到第 2 行与第 3 行都显示了 CSS 的方案。换句话说，在很多浏览器下，ID 选择器也可以用于多个标记。但这里需要指出的是，将 ID 选择器用于多个标记是错误的，因为每个标记所定义的 id 属性不仅 CSS 可以调用，JavaScript 等其他脚本语言同样可以调用。如果一个 HTML 中有两个相同 id 属性的标记，则将导致 JavaScript 在查找 id 属性时出错，例如函数 getElementById()。

图 3.11　ID 选择器效果

< 50 >

正因为 JavaScript 等脚本语言也能调用 HTML 中设置的 id 属性，因此 ID 选择器一直被广泛地使用。程序开发人员在编写 CSS 代码时，应该养成良好的编写习惯，即一个 id 属性最多只能被赋予一个 HTML 标记。

另外，从图 3.11 中还可以看到，最后一行没有任何 CSS 样式风格的显示，这意味着 ID 选择器不支持像如类别选择器那样的多风格同时使用，例如 id="bold green"是完全错误的语法。

3.4　在 HTML 中使用 CSS 的方法

知识点讲解

在对 CSS 有了大致的了解之后，就可以使用 CSS 对页面进行全方位的控制。本节主要介绍如何在 HTML 中使用 CSS，包括行内样式、内嵌式、链接式和导入样式等，最后探讨各种方式的优先级问题。

3.4.1　行内样式

行内样式是所有样式中最直接的一种，它直接对 HTML 标记使用 style 属性，然后将 CSS 代码写在其中。例如以下代码，实例文件参见本书配套资源"第 3 章 / 03-08.html"。

```
1    <html>
2    <head>
3        <title>页面标题</title>
4    </head>
5    <body>
6        <p style="color:#FF0000; font-size:20px; text-decoration:underline;">正文内
         容1</p>
7        <p style="color:#000000; font-style:italic;">正文内容2</p>
8        <p style="color:#FF00FF; font-size:25px; font-weight:bold;">正文内容3</p>
9    </body>
10   </html>
```

效果如图 3.12 所示。可以看到 3 个<p>标记中都使用了 style 属性，并且设置了不同的 CSS 样式，各个样式之间互不影响，分别显示自己的样式效果。

图 3.12　行内样式

第 1 个<p>标记设置了文字颜色为红色（color:#FF0000;），字号大小为 20px（font-size:20px;），并有下画线（text-decoration:underline;）。第 2 个<p>标记设置了文字颜色为黑色，字体为斜体。最后一个<p>标记设置文字颜色为紫色，字号为 25px，字体为粗体。

行内样式是最简单的 CSS 使用方法之一，但由于需要为每一个标记设置 style 属性，后期维护成本很高，而且网页容易过"胖"，因此不推荐使用。

< 51 >

3.4.2 内嵌式

内嵌式就是将 CSS 写在<head>标记之间，并且用<style>标记进行声明，如前面的 03-06.html 就是采用的这种方法。对于 03-07.html，如果采用内嵌式的方法，则 3 个<p>标记的显示效果将完全相同。例如下面这段代码，实例文件参见本书配套资源"第 3 章/ 03-09.html"。

```
1   <html>
2   <head>
3      <title>页面标题</title>
4      <style type="text/css">
5         p{
6            color:#0000FF;
7            text-decoration:underline;
8            font-weight:bold;
9            font-size:25px;
10        }
11     </style>
12  </head>
13  <body>
14     <p>这是第 1 行正文内容……</p>
15     <p>这是第 2 行正文内容……</p>
16     <p>这是第 3 行正文内容……</p>
17  </body>
18  </html>
```

从 03-09.html 中可以看到，所有 CSS 的代码部分被集中在了同一个区域，方便后期维护，效果如图 3.13 所示。但如果是一个网站，拥有很多页面，对于不同页面上的<p>标记都要采用同样的风格时，使用内嵌式的方法就比较麻烦，维护成本也高，因此内嵌式仅适用于对特殊的页面设置单独的样式风格。

图 3.13　内嵌式

3.4.3 链接式

链接式是使用频率最高、最实用的方法。它将 HTML 本身与 CSS 样式风格分离为两个或者多个文件，实现了页面框架 HTML 代码与美工 CSS 代码的完全分离，这使得前期制作和后期维护都十分方便，程序开发人员与设计师也可以很好地分工合作。

同一个 CSS 文件可以链接到多个 HTML 文件中，甚至可以链接到整个网站的所有页面中，使网站整体风格统一、协调，并且后期维护的工作量也将大大减少。下面来看一个链接式的实例，实例文件参见本书配套资源"第 3 章/ 03-10.html"。

创建 HTML 文件，代码如下。

< 52 >

```
1    <html>
2    <head>
3        <title>页面标题</title>
4        <link href="03-10.css" type="text/css" rel="stylesheet">
5    </head>
6    <body>
7        <h2>CSS 标题</h2>
8        <p>这是正文内容……</p>
9        <h2>CSS 标题</h2>
10       <p>这是正文内容……</p>
11   </body>
12   </html>
```

创建文件 03-10.css，内容如下。保存文件时要确保这个文件和上面的 03-10.html 在同一个文件夹中，否则 href 属性中需要带有正确的文件路径。

```
1    h2{
2        color:#0000FF;
3    }
4    p{
5        color:#FF0000;
6        text-decoration:underline;
7        font-weight:bold;
8        font-size:15px;
9    }
```

从 03-10.html 中可以看到，所有的 CSS 代码从 HTML 文件中分离了出来，文件 03-10.html 中的 <head>标记之间加上了<link href="03-10.css" type="text/css" rel="stylesheet">语句，将 CSS 文件链接到页面中，对其中的标记进行了样式控制，效果如图 3.14 所示。

图 3.14　链接式

链接式的最大优势在于 CSS 代码与 HTML 代码完全分离，并且同一个 CSS 文件可以被不同的 HTML 链接使用。因此在设计整个网站时，可以将所有页面都链接到同一个 CSS 文件，使用相同的样式风格。如果整个网站需要进行样式上的修改，只需要修改这一个 CSS 文件即可。

3.4.4　导入样式

导入样式与链接式的功能基本相同，只是在语法和运作方式上略有区别。导入的样式表在 HTML 文件初始化时会被导入 HTML 文件内，作为文件的一部分，类似内嵌式的效果。链接的样式表则是在 HTML 标记需要格式时才以链接的方式引入。

在 HTML 文件中导入样式表，常用的有以下几种@import 语句，可以选择任意一种放在<style>标记之间。

< 53 >

```
1    @import url(sheet1.css);
2    @import url("sheet1.css");
3    @import url('sheet1.css');
4    @import sheet1.css;
5    @import "sheet1.css";
6    @import 'sheet1.css';
```

下面制作一个实例，实例文件参见本书配套资源"第 3 章/ 03-11.html"。

```
1    <html>
2    <head>
3        <title>页面标题</title>
4        <style type="text/css">
5            @import url(03-10.css);
6        </style>
7    </head>
8    <body>
9        <h2>CSS 标题</h2>
10       <p>这是正文内容……</p>
11       <h2>CSS 标题</h2>
12       <p>这是正文内容……</p>
13   </body>
14   </html>
```

03-11.html 在 03-10.html 的基础上进行了修改，页面内容与 03-10.html 中的显示效果完全相同，区别在于引入 CSS 的方式不同，效果如图 3.15 所示。

图 3.15　导入样式

导入样式的最大用处在于可以让一个 HTML 文件导入很多样式表。下面以 03-11.html 为基础进行修改，创建文件 03-12.css，同时使用两个@import 语句将 03-10.css 和 03-12.css 同时导入 HTML 文件中。具体代码如下，实例文件参见本书配套资源"第 3 章/ 03-12.html"。

创建 03-12.html 文件，代码如下。

```
1    <html>
2    <head>
3        <title>页面标题</title>
4        <style>
5            @import url(03-10.css);
6            @import url(03-12.css);          /* 同时导入两个 CSS 样式表 */
7        </style>
8    </head>
9    <body>
10       <h2>CSS 标题</h2>
11       <p>这是正文内容……</p>
12       <h2>CSS 标题</h2>
13       <p>这是正文内容……</p>
```

< 54 >

```
14        <h3>新增加的标题</h3>
15        <p>新增加的正文内容</p>
16    </body>
17    </html>
```

可以看到，代码中引入了两个 CSS 文件，其中一个是前面已经制作好的 03-10.css。下面新建立一个 03-12.css，将<h3>标记设置成字体为斜体，颜色为绿色，大小为 40px，代码如下。

```
1    h3{
2        color:#33CC33;
3        font-style:italic;
4        font-size:40px;
5    }
```

效果如图 3.16 所示，可以看到新导入的 03-12.css 中设置的<h3>标记的风格样式也被运用到了页面效果中，而原有 03-10.css 中设置的效果则保持不变。

图 3.16 导入多个样式表

不仅 HTML 文件的<style>标记中可以导入多个样式表，在 CSS 文件内也可以导入其他的样式表。以 03-12.html 为例，将@import url(03-10.css);去掉，然后在 03-12.css 文件中加入@import url(03-10.css);，也可以得到相同的效果。

3.4.5 各种方式的优先级问题

前面的 4 个小节分别介绍了 CSS 控制页面的 4 种不同的方法，各种方法都有其自身的特点。这 4 种方法如果同时被运用到同一个 HTML 文件的同一个标记上，就会出现优先级的问题。如果在各种方法中设置的属性不一样，例如内嵌式设置字体为宋体，行内样式设置颜色为红色，那么显示结果会让二者同时生效，即显示宋体红色字。但当各种方法同时设置一个属性时，例如都设置字体的颜色，情况就会比较复杂。下面举例说明，实例文件参见本书配套资源“第 3 章/ 03-13.html”。

先创建两个 CSS 文件，其中第 1 个命名为“red.css”，其内容如下。

```
1    p{
2        color:red;
3    }
```

第 2 个命名为“green.css”，其内容如下。

```
1    p{
2        color:green;
3    }
```

< 55 >

这两个 CSS 文件分别将文本段落文字的颜色设置为红色和绿色。接着创建一个 HTML 文件，代码如下。

```
1    <html>
2    <head>
3        <title>页面标题</title>
4        <style type="text/css">
5            p {
6                color:#blue;
7            }
8            @import url(red.css);
9        </style>
10   </head>
11   <body>
12       <p style="color:gray;">观察文字的颜色</p>
13   </body>
14   </html>
```

从代码中可以看到，在内嵌式的样式规则中，p 段落文字的颜色设置为蓝色，而行内样式又将 p 段落文字的颜色设置为灰色。此外，通过导入样式的方式引入了 red.css，又将文字颜色设置为红色，那么这时这个段落的文字到底会显示成什么颜色呢？效果如图 3.17 所示。

可以看到，结果是灰色，即以行内样式为准。接下来将行内样式代码删除，再次在浏览器中观察，效果如图 3.18 所示。

图 3.17　文字显示为灰色

图 3.18　文字显示为蓝色

可以看到，结果是蓝色，即以内嵌式为准。接下来把内嵌式代码删除，仅保留导入命令，这时在浏览器中将看到红色的文字。综上所述，行内样式、内嵌式和导入样式这 3 种方式的优先级关系是：行内样式 > 内嵌式 > 导入样式。

接下来在代码中以链接式引入 CSS 文件，分别尝试以下两种情况。

情况 A。

```
1    <head>
2        <style type="text/css">
3            @import url(red.css);
4        </style>
5        <link href="green.css" type="text/css" rel="stylesheet">
6    </head>
```

情况 B。

```
1    <head>
2        <link href="green.css" type="text/css" rel="stylesheet">
3        <style type="text/css">
4            @import url(red.css);
5        </style>
6    </head>
```

这两种情况的区别在于哪种方式的样式表放在前面。经过尝试可以发现，哪种样式表放在后面就以哪种样式表为准。

结合前面的结论，如果我们把导入样式和链接式统称为"外部样式"，那么优先级规则应该写为：

< 56 >

（1）行内样式 > 内嵌式 > 外部样式；

（2）外部样式中，出现在后面的优先级高于出现在前面的。

这个规则已经比较完善了，然而还没有结束。现在将<head>标记中的代码改为如下形式。

```
1   <head>
2       <style type="text/css">
3           p{
4               color:blue;
5           }
6       </style>
7       <style type="text/css">
8           @import url(red.css);
9       </style>
10  </head>
```

将导入样式的命令和内嵌式的样式放在两个<style>标记中，此时在浏览器中文字会显示为红色，这就说明此时将不再遵循内嵌式优先于导入样式的规则了。例如下面这段代码。

```
1   <head>
2       <style type="text/css">
3           p{
4               color:blue;
5           }
6       </style>
7       <link href="green.css" type="text/css" rel="stylesheet">
8       <style type="text/css">
9           @import url(red.css);
10      </style>
11  </head>
```

由此可知，优先级最高的是最后面的导入样式，其次是链接式，最后才是内嵌式。因此，如果在<head>标记中存在多个<style>标记，那么这些<style>标记和链接式之间将由先后顺序决定优先级，而在同一个<style>标记内部才会遵循内嵌式优先于导入样式的规则。

📝 **说明**

虽然各种 CSS 样式加入页面的方式有优先级之分，但在建设网站时最好只使用其中的 1～2 种，这样既有利于后期的维护和管理，也不会出现各种样式冲突的情况，便于设计者理顺设计的整体思路。

本章小结

本章讲解了 CSS3 基础。首先介绍了入门知识，其次介绍了 CSS 规则及其定义方法，即 CSS 规则是如何由选择器、属性和属性值这 3 者构成的，然后讲解了选择器的含义和 3 种基本的选择器，最后介绍了在 HTML 中使用 CSS 的 4 种方法。在第 4 章中，我们将进一步对 CSS3 的选择器进行讲解，并通过实际操作的方式，使用 CSS3 对一个页面进行样式设置。

习题 3

一、关键词解释

CSS　CSS 标准　CSS 规则　选择器　标记选择器　类别选择器　ID 选择器　行内样式　内嵌式　链接式样式表　导入样式　样式优先级

< 57 >

二、描述题

1. 请简单描述一下传统 HTML 的缺点。
2. 请简单描述一下本章介绍的基本 CSS 选择器有哪几种。
3. 请简单描述一下 HTML 中使用 CSS 样式的几种方式分别是什么。
4. 请简单描述一下 CSS 各种使用方式的优先级规则。

三、实操题

使用本章讲解的选择器实现与第 2 章实操题相同的页面效果。

< 58 >

第 **4** 章　CSS3 选择器

在第 3 章中，我们实际动手体验了利用 CSS 设置网页样式的基本方法，希望读者能够逐步深刻地理解 CSS 的核心思想，也就是尽可能地使网页内容与形式分离。本章将深入介绍 CSS 的相关概念，在第 3 章介绍的 3 种基本选择器的基础上，介绍由这 3 种基本选择器构成的复合选择器，然后介绍 CSS 的两个重要特性（继承和层叠），以及 CSS3 新增的选择器。本章的思维导图如下。

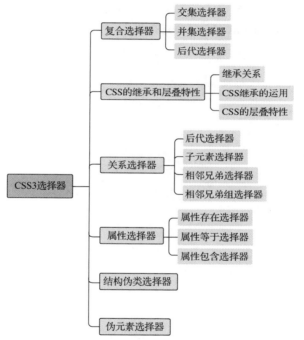

本章导读

4.1　复合选择器

知识点讲解

第 3 章中介绍了 3 种基本选择器。以这 3 种基本选择器为基础，通过组合，还可以产生更多种类的选择器，实现更强、更方便的选择功能。复合选择器就是由基本选择器通过不同的组合方式构成的。

CSS3 在 CSS2 的基础上引入了更为丰富的选择器，同时，浏览器厂商经过多年的发展，已经对 CSS3 的选择器有了很好的支持。在实际开发中，程序开发人员也可以有更多的选择器可以使用。

本节我们将通过介绍交集、并集和后代选择器，使读者先对复合选择器有一个基本的认识，以帮助其理解 CSS 的两个非常重要的特性——继承和层叠。

4.1.1 交集选择器

交集选择器由两个基本选择器直接连接构成，其结果是选中二者各自元素范围的交集。其中第 1 个必须是标记选择器，第 2 个必须是类别选择器或者 ID 选择器。这两个选择器之间不能有空格，必须连续书写，形式如图 4.1 所示。

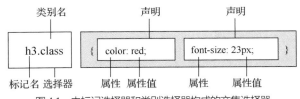

图 4.1　由标记选择器和类别选择器构成的交集选择器

这种方式构成的选择器，将选中同时满足前后两个选择器定义的元素，例如在图 4.1 中，前者（h3）指定了元素的类型，后者（class）指定了元素的类别或者 id，因此其被称为"交集选择器"。

例如，声明了 p、.special、p.special 这 3 种选择器，它们的选择范围如图 4.2 所示。

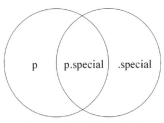

图 4.2　交集选择器示意图

下面举一个实例，实例文件参见本书配套资源"第 4 章/ 04-01.html"。

```
1   <!DOCTYPE html>
2   <html>
3   <head>
4       <title>选择器.class</title>
5       <style type="text/css">
6           p{                          /* 标记选择器 */
7               color:blue;
8           }
9           p.special{                  /* 标记.类别选择器 */
10              color:red;              /* 红色 */
11          }
12          .special{                   /* 类别选择器 */
13              color:green;
14          }
15      </style>
16  </head>
17  <body>
18      <p>普通段落文本（蓝色）</p>
19      <h3>普通标题文本（黑色）</h3>
20      <p class="special">指定了.special 类别的段落文本（红色）</p>
21      <h3 class="special">指定了.special 类别的标题文本（绿色）</h3>
22  </body>
23  </html>
```

上面的代码定义了<p>标记的样式，也定义了.special 类别的样式，此外还单独定义了 p.special 用

< 60 >

于特殊的控制。在这个 p.special 中定义的风格样式仅适用于<p class="special">标记，而不会影响使用了.special 的其他标记，效果如图 4.3 所示。

图 4.3　交集（标记类别）选择器效果

4.1.2　并集选择器

与交集选择器相对的，还有一种并集选择器，或者被称为"集体声明"。它的结果是同时选中各个基本选择器所选择的范围。任何形式的选择器（包括标记选择器、类别选择器、ID 选择器等）都可以作为并集选择器的一部分。

并集选择器是多个选择器通过逗号连接而成的。在声明各种 CSS 选择器时，如果某些选择器的风格完全相同，或者部分相同，就可以利用并集选择器同时声明风格相同的 CSS 选择器，选择范围如图 4.4 所示。

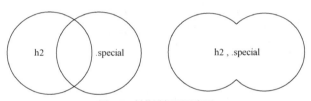

图 4.4　并集选择器示意图

下面举一个实例，实例文件参见本书配套资源"第 4 章/ 04-02.html"。

```
1    <html>
2    <head>
3      <title>并集选择器</title>
4      <style type="text/css">
5        h1, h2, h3, h4, h5, p{            /* 并集选择器 */
6            color:purple;                 /* 文字颜色 */
7            font-size:15px;               /* 字体大小 */
8        }
9        h2.special, .special, #one{       /* 集体声明 */
10           text-decoration:underline;    /* 下画线 */
11       }
12     </style>
13   </head>
14   <body>
15     <h1>示例文字 h1</h1>
16     <h2 class="special">示例文字 h2</h2>
17     <h3>示例文字 h3</h3>
18     <h4>示例文字 h4</h4>
19     <h5>示例文字 h5</h5>
```

< 61 >

```
20      <p>示例文字 p1</p>
21      <p class="special">示例文字 p2</p>
22      <p id="one">示例文字 p3</p>
23  </body>
24  </html>
```

效果如图 4.5 所示，可以看到所有行的颜色都是紫色，而且字体大小均为 15px。这种集体声明的效果与单独声明的效果完全相同。h2.special、.special 和#one 的声明并不影响前一个集体声明。第 2 行和最后两行在文字颜色为紫色和文字大小为 15px 的前提下使用了下画线进行突出显示。

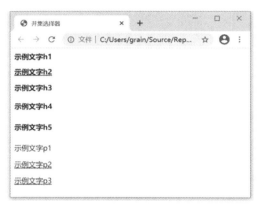

图 4.5　集体声明

另外，对于实际网站中的一些页面，例如弹出的小对话框和上传附件的小窗口等，如果希望这些页面中所有的标记都使用同一种 CSS 样式，但又不希望逐个来声明，则可以利用全局选择器 "*"。代码如下，实例文件参见本书配套资源"第 4 章/ 04-03.html"。

```
1   <html>
2   <head>
3      <title>全局声明</title>
4      <style type="text/css">
5          * {                                  /* 全局选择器 */
6              color:purple;                    /* 文字颜色 */
7              font-size:15px;                  /* 字体大小 */
8          }
9          h2.special, .special, #one{          /* 集体声明 */
10             text-decoration:underline;       /* 下画线 */
11         }
12      </style>
13  </head>
14  <body>
15      <h1>全局声明 h1</h1>
16      <h2 class="special">全局声明 h2</h2>
17      <h3>全局声明 h3</h3>
18      <h4>全局声明 h4</h4>
19      <h5>全局声明 h5</h5>
20      <p>全局声明 p1</p>
21      <p class="special">全局声明 p2</p>
22      <p id="one">全局声明 p3</p>
23  </body>
24  </html>
```

< 62 >

效果如图 4.6 所示，可以看到其与前面的效果完全相同。

图 4.6　全局声明

4.1.3　后代选择器

在 CSS 选择器中，还可以通过嵌套的方式对特殊位置的 HTML 标记进行声明，例如当\<p\>标记中包含\<span\>标记时，就可以使用后代选择器进行相应的控制。后代选择器的写法就是把外层的标记写在前面，内层的标记写在后面，之间用空格进行分隔。当标记发生嵌套时，内层的标记就成了外层标记的后代。

例如下面的代码。

\<p\>这是最外层的文字，\<span\>这是中间层的文字，\<b\>这是最内层的文字，\</b\>\</span\>\</p\>

最外层是\<p\>标记，里面嵌套了\<span\>标记，\<span\>标记中又嵌套了\<b\>标记，则可以称\<span\>是\<p\>的子元素，\<b\>是\<span\>的子元素。

下面举一个完整的实例，具体代码如下，实例文件参见本书配套资源"第 4 章/ 04-04.html"。

```
1   <html>
2   <head>
3     <title>后代选择器</title>
4     <style type="text/css">
5       p span{                    /* 嵌套声明 */
6         color:red;               /* 颜色 */
7       }
8       span{
9         color:blue;              /* 颜色 */
10      }
11    </style>
12  </head>
13  <body>
14    <p>嵌套使<span>用 CSS（红色）</span>标记的方法</p>
15    嵌套之外的<span>标记（蓝色）</span>不生效
16  </body>
17  </html>
```

如果将 span 选择器嵌套在 p 选择器中进行声明，则显示效果只适用于\<p\>标记之间的\<span\>标记，

< 63 >

而其外的<span>标记并不会产生任何效果，如图 4.7 所示，只有第 1 行中的<span>标记之间的文字变成了红色，而第 2 行中<span>标记之间的文字则是按照第 2 条 CSS 样式规则设置的颜色（即蓝色）。

图 4.7　后代选择器

后代选择器的使用非常广泛，不仅标记选择器能以这种方式组合，类别选择器和 ID 选择器也都能以这种方式进行嵌套。下面是一些典型的语句。

```
1    .special i{ color: red; }            /* 使用了属性 special 的标记里面包含的<i> */
2    #one li{ padding-left:5px; }         /* ID 为 one 的标记里面包含的<li> */
3    td.out .inside strong{ font-size: 16px; }       /* 多层嵌套，同样适用 */
```

上面的第 3 条语句使用了 3 层嵌套，实际上更多层的嵌套在语法上也是被允许的。上面的这个 3 层嵌套表示的就是使用了.out 类别的<td>标记中所包含的.inside 类别的标记，同时也使用了<strong>标记。一种可能的与其相对应的 HTML 如下。

```
1    <td class="out">
2       <p class="inside">
3            其他内容<strong>CSS 控制的部分</strong>其他内容
4       </p>
5    </td>
```

✎ 说明

　　选择器的嵌套在 CSS 的编写中可以大大减少程序中对类别和 ID 的声明。因此在构建页面 HTML 框架时通常只给外层标记（父标记）定义类别或者 ID，内层标记（子标记）能通过嵌套进行表示的则利用嵌套的方式，而不需要再定义新的类别或者专用 ID。只有当内层标记无法利用此规则时，才进行单独声明。例如一个<ul>标记中包含多个<li>标记，而需要对其中某个<li>标记单独设置 CSS 样式时，才赋予该<li>标记一个单独 ID 或者类别，而其他<li>标记依旧采用"ul li{...}"的嵌套方式来设置。

需要注意的是，后代选择器产生的影响不仅限于元素的"直接后代"，还会波及它的"各级后代"。例如，有如下的 HTML 结构。

<p>这是最外层的文字，<span>这是中间层的文字，<b>这是最内层的文字，</b></span></p>

如果设置了如下 CSS 样式。

```
1    p b{
2        color:blue;
3    }
```

那么"这是最外层的文字"和"这是中间层的文字"这些字将以黑色显示，即没有对其设置样式的颜色。后面的"这是最内层的文字"会变成蓝色。

在 CSS 2.0 中，规则的制定者还规定了一种复合选择器，即"子选择器"，也就是只对直接后代有影响的选择器，但其对"孙子"及多个层的后代则不会产生作用。

子选择器和后代选择器的语法区别是子选择器使用大于号（>）连接。例如，将上面的 CSS 设置

< 64 >

为如下形式。

```
1    p>b{
2        color:blue;
3    }
```

结果是没有文字变为蓝色，因为 p>b 找的是 p 的直接后代 b，p 下面的直接后代只有一个 span，或者叫作"儿子"，而 b 是 p 的"孙子"，因此不在选中的范围内。

还有一种比较特殊的选择器被称为"通配选择器"，它会选中所有元素，会和其他选择器组合在一起使用。例如选中某个元素的所有后代元素，代码如下。

```
1    p.header > *{
2        color:blue;
3    }
```

上述代码对类别为 header 的段落的所有子元素的样式进行了设置。

4.2 CSS 的继承和层叠特性

知识点讲解

本节将对后代选择器的应用再做一些讲解，因为它会贯穿所有的设计。

学习过面向对象编程的读者对继承（inheritance）的概念一定不会陌生。CSS 中的继承并不像 C++和 Java 等语言中那么复杂，简单来说就是将各个 HTML 标记看作一个个容器，其中被包含的小容器会继承包含它的大容器的风格样式。本节将从页面各个标记的父子关系出发，详细讲解 CSS 的继承。

4.2.1 继承关系

所有的 CSS 语句都是基于各个标记之间的继承关系的。为了使读者更好地理解继承关系，下面先从 HTML 文件的组织结构入手进行介绍，代码如下，实例文件参见本书配套资源"第 4 章/ 04-05.html"。

```
1    <html>
2    <head>
3        <title>继承关系演示</title>
4    </head>
5    <body>
6        <h1>前沿<em>Web 开发</em>教室</h1>
7        <ul>
8            <li>Web 设计与开发需要使用以下技术:
9                <ul>
10                   <li>HTML</li>
11                   <li>CSS
12                       <ul>
13                           <li>选择器</li>
14                           <li>盒子模型</li>
15                           <li>浮动与定位</li>
16                       </ul>
17                   </li>
18                   <li>JavaScript</li>
19               </ul>
20           </li>
21           <li>此外，还需要掌握:
```

< 65 >

```
22              <ol>
23                  <li>Flash</li>
24                  <li>Dreamweaver</li>
25                  <li>Photoshop</li>
26              </ol>
27          </li>
28      </ul>
29      <p>如果您有任何问题，欢迎联系我们</p>
30  </body>
31  </html>
```

效果如图 4.8 所示。

图 4.8　包含多层列表的页面

可以看到在这个页面中，标题的中间部分的文字使用了<em>（强调）标记，在浏览器中显示为斜体。后面使用了列表结构，其中最"深"的部分使用了三级列表。

这里着重从"继承"的角度来介绍各个标记之间的树形关系，如图 4.9 所示。在这个树形关系中，处于最上端的<html>标记被称为"根（root）"，它是所有标记的源头，往下层层包含。在每一个分支中，上层标记均被称为下层标记的"父"标记；相应地，下层标记被称为上层标记的"子"标记。例如<h1>标记是<body>标记的子标记，同时它也是<em>标记的父标记。

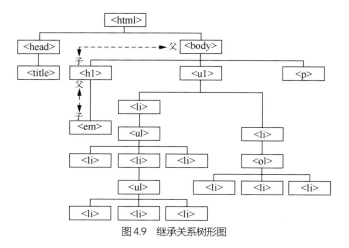

图 4.9　继承关系树形图

< 66 >

4.2.2　CSS 继承的运用

通过前面的讲解，我们已经对各个标记间的父子关系有了一定的认识，下面进一步讲解 CSS 继承的运用。CSS 继承指的是子标记会继承父标记的所有样式风格，并可以在父标记样式风格的基础上加以修改，产生新的样式，而子标记的样式风格则完全不会影响父标记。

例如在 4.2.1 小节的实例中加入如下 CSS 代码，将<h1>标记设置为蓝色，加上下画线，并将<em>标记设置为红色，实例文件参见本书配套资源"第 4 章/ 04-06.html"。

```
1    <style>
2    h1{
3        color:blue;                    /* 颜色 */
4        text-decoration:underline;     /* 下画线 */
5    }
6    em{
7        color:red;                     /* 颜色 */
8    }
9    </style>
```

效果如图 4.10 所示，可以看到子标记<em>也显示出了下画线，说明对父标记的设置也对子标记产生了效果。<em>标记中的文字显示为红色，<h1>标记中的其他文字仍为蓝色，说明对子标记的设置不会对其父标记产生作用。

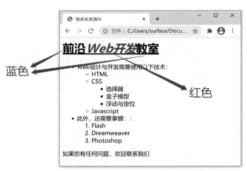

图 4.10　父子关系效果

CSS 的继承贯穿某个 CSS 设计，每个标记都遵循 CSS 继承的概念。可以利用这种巧妙的继承关系，大大缩减代码的编写量，并且提高可读性，尤其是在页面内容很多且关系复杂的情况下。

例如要将嵌套最深的第 3 级列表的文字显示为粗体，可以增加如下样式设置，实例文件参见本书配套资源"第 4 章/ 04-07.html"。

```
1    li{
2        font-weight:bold;
3    }
```

效果如图 4.11 所示，可以看到并不是第 3 级列表文字显示为粗体，而是所有列表项目的文字都变成了粗体。如果只想使"CSS"下的最深的 3 个项目显示为粗体，其他项目仍显示为正常粗细，则该如何设置呢？

一种方法是设置单独的类别，例如定义一个.bold 类别，然后给该类别赋予需要变为粗体的项目，但是这样设置会显然很麻烦。

我们可以利用继承的特性，使用前面介绍的后代选择器，这样不需要设置新的类别，即可完成同样的任务，效果如图 4.12 所示，实例文件参见本书配套资源"第 4 章/ 04-08.html"。

```
1    li ul li ul li{
```

< 67 >

```
2      font-weight:bold;
3    }
```

图 4.11　各级列表均变成粗体　　　　　　　图 4.12　仅加粗 3 个项目列表

可以看到只有第 3 层的项目列表是粗体显示的。实际上，对上面的选择器还可以进行简化，如将其简化为下面这段代码，效果也是完全相同的。

```
1    li li li{
2      font-weight:bold;
3    }
```

为了帮助读者进一步理解继承的特性，下面出几个思考题。

（1）上面演示了设置一个 li 的选择器效果和 3 个 li 的选择器效果，如果将设置改为下面这段代码，效果将如何？答案参考本书配套资源"第 4 章/ 04-09.html"。

```
1    li li {
2      font-weight:bold;
3    }
```

（2）如果设置为下面这段代码，效果将如何？答案参考本书配套资源"第 4 章/ 04-10.html"。

```
1    ul li {
2      font-weight:bold;
3    }
```

（3）如果设置为下面的代码，在最终的效果中，哪些项目将以粗体显示？答案参考本书配套资源"第 4 章/ 04-11.html"。

```
1    ul ul li {
2      font-weight:bold;
3    }
```

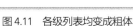 注意

　　并不是所有的属性都会自动传给子元素，有的属性不会继承父元素的属性值。例如针对上面列举的文字颜色 color 属性，子对象会继承父对象的文字颜色属性，但是如果给某个元素设置了一个边框，它的子元素不会自动也加上一个边框，因为边框属性是非继承的。

4.2.3　CSS 的层叠特性

在了解了继承之后，下面讲解 CSS 的层叠特性。CSS 的全名叫作"层叠样式表"，读者有没有考

< 68 >

虑过这里的"层叠"是什么意思？这个词如此重要，以至于要出现在它的名称里。

CSS 的层叠特性确实很重要，但是要注意，千万不要将它和前面介绍的"继承"混淆，二者有着本质的区别。实际上，层叠可以被简单地理解为"冲突"的解决方案。层叠指的是样式的优先级。CSS 样式在针对同一元素配置同一属性时，会依据层叠规则（权重）来处理冲突，即会选择应用权重高的 CSS 选择器所指定的属性，这一操作一般也被描述为权重高的覆盖权重低的，因此称其为"层叠"。

例如下面这段代码，实例文件参见本书配套资源"第 4 章/ 04-12.html"。

```
1    <html>
2    <head>
3        <title>层叠特性</title>
4        <style type="text/css">
5            p{
6                color:green;
7            }
8            .red{
9                color:red;
10           }
11           .purple{
12               color:purple;
13           }
14           #line3{
15               color:blue;
16           }
17       </style>
18   </head>
19   <body>
20       <p >这是第 1 行文本</p>
21       <p class="red">这是第 2 行文本</p>
22       <p id="line3" class="red">这是第 3 行文本</p>
23       <p style="color:orange;" id="line3">这是第 4 行文本</p>
24       <p class="purple red">这是第 5 行文本</p>
25   </body>
26   </html>
```

代码中一共有 5 组<p>标记定义的文本，并在<head>标记中声明了 4 个选择器为不同颜色。下面来确定每一行文本的颜色。

（1）第 1 行文本没有使用类别样式和 ID 样式，因此这行文本显示为标记选择器 p 中定义的绿色。

（2）第 2 行文本使用了类别样式，因此这时已经产生了"冲突"。那么，是按照标记选择器 p 中定义的绿色显示，还是按照类别选择器中定义的红色显示呢？答案是类别选择器的优先级高于标记选择器，因此显示为类别选择器中定义的红色。

（3）第 3 行文本同时使用了类别样式和 ID 样式，这又产生了"冲突"。那么，是按照类别选择器中定义的红色显示，还是按照 ID 选择器中定义的蓝色显示呢？答案是 ID 选择器的优先级高于类别选择器，因此显示为 ID 选择器中定义的蓝色。

（4）第 4 行文本同时使用了行内样式和 ID 样式，那么这时又以哪一个为准呢？答案是行内样式的优先级高于 ID 样式的优先级，因此显示为行内样式定义的橙色。

（5）第 5 行文本中使用了两个类别样式，那么这时应以哪个为准呢？答案是两个类别选择器的优先级相同，此时以前者为准。.purple 定义在.red 的前面，因此显示为.purple 定义的紫色。

综上所述，上面这段代码的显示效果如图 4.13 所示。

< 69 >

图 4.13　层叠特性

✏️ 说明

优先级规则可以表述为：行内样式 > ID 样式 > 类别样式 > 标记样式。

在复杂的页面中，某一个元素有可能会从很多地方获得样式，例如一个网站的某一级标题整体被设置为绿色，而对某个特殊栏目则使用蓝色，这样在该栏目中就需要覆盖通用的样式设置。在简单的页面中，这样的特殊需求实现起来不会很难，但如果网站的结构很复杂，再进行这样的设置就完全有可能使代码变得非常混乱，出现无法找到某一个元素的样式来自哪条规则的情况。因此，必须要充分理解 CSS 中 "层叠" 的原理。

❗ 注意

计算冲突样式的优先级是一个比较复杂的过程，并不是上面这个简单的优先级规则所可以完全描述的。读者可以把握一个大的原则：越特殊的样式，其优先级越高。

例如，行内样式仅对指定的一个元素产生影响，因此它非常特殊；使用了类别样式的某种元素，一定是所有该种元素中的一部分，因此它一定比标记样式特殊；ID 样式是针对某一个元素的，因此它一定比应用于多个元素的类别样式特殊。总之，越特殊的元素，其优先级越高。

最后再次提醒读者，千万不要混淆了层叠与继承，二者完全不同。

4.3 关系选择器

知识点讲解

前面重点讲解了 CSS 中几个简单的选择器。从本节开始，将对 CSS3 中的选择器做一个完整的介绍，这些选择器给程序开发人员提供了极大的便利。

学习高级选择器之前，总结一下已经学过的基本选择器，如表 4.1 所示。

表 4.1　基本选择器

选择器	类型	功能描述
*	通配选择器	选择文档中所有 HTML 元素
E	标记选择器	选择指定类型的 HTML 元素
#id	ID 选择器	选择指定 ID 属性值为 "id" 的任意类型元素
.class	类别选择器	选择指定 class 属性值为 "class" 的任意类型的任意多个元素
.class1.class2	交集选择器	选择 class 属性中同时有 "class1" 和 "class2" 的元素
selector1, selectorN	并集选择器	将每一个选择器匹配的元素集合并

< 70 >

此外，本章的开头介绍了后代选择器，本节将基于其扩充介绍关系选择器。CSS3 中的关系选择器一共有 4 个，如表 4.2 所示。前两个用于"父子"关系，后两个用于"兄弟"关系。

表 4.2　关系选择器

选择器	类型	功能描述
E F	后代选择器	选择匹配的 F 元素，并且匹配的 F 元素被包含在匹配的 E 元素内
E>F	子元素选择器	选择匹配的 F 元素，并且匹配的 F 元素是匹配的 E 元素的子元素
E+F	相邻兄弟选择器	选择匹配的 F 元素，并且匹配的 F 元素紧靠在匹配的 E 元素的后面
E~F	相邻兄弟组选择器	选择位于匹配的 E 元素后的所有匹配的 F 元素

下面通过一个实例来学习这 4 种选择器的用法。先准备一个只设置了 HTML 结构而没有设置任何 CSS 样式的基础网页，代码如下。这里我们用到了一个还没有学习到的\<div\>标记，后面会详细讲解，这里仅需要知道它就像\<p\>标记一样，但没有任何特殊的预设样式，因此看到的效果如图 4.14 所示。可以看到这个网页非常简单，一共有 4 个段落。由于\<div\>标记的存在，它们已经构成了不同的父子兄弟关系。两个嵌套的\<div\>标记组成了父子关系，里面又各自有一个段落，第 3 个和第 4 个段落与外层的\<div\>标记一起构成了兄弟关系。

```
1    <!DOCTYPE html>
2    <html>
3    <head>
4        <style>
5            …… 这里用于设置 CSS 样式 ……
6        </style>
7    </head>
8    <body>
9        <h1>如何构建一个网页</h1>
10       <div class="outer">
11         <div class="inner">
12            <p>1. 自从互联网走进千家万户，人们已经离不开它。</p>
13         </div>
14         <p>2. 构建一个专业的网站需要进行大量的工作，建议您从简单的工作开始。</p>
15       </div>
16       <p>3. 首先需要学习一些关于 HTML 的基本知识。</p>
17       <p>4. 然后再学习一些关于 CSS 的知识。</p>
18   </body>
19   </html>
```

如何构建一个网页

1. 自从互联网走进千家万户，人们已经离不开它。

2. 构建一个专业的网站需要进行大量的工作，建议您从简单的工作开始。

3. 首先需要学习一些关于HTML的基本知识。

4. 然后学习一些关于CSS的知识。

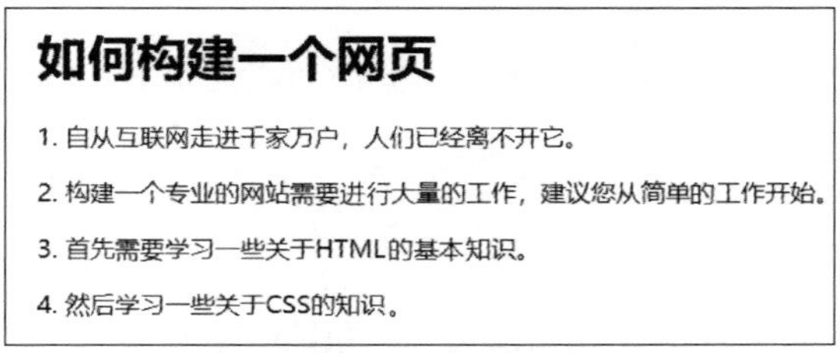

图 4.14　准备的基础网页

下面依次设置不同的 CSS 样式。

4.3.1　后代选择器

例如下面这段代码，实例文件参见本书配套资源"第 4 章/ 04-13.html"。

```
1    div.outer p{
2        background-color: #ccc
3    }
```

上面这段代码使用了后代选择器，这时页面效果如图 4.15 所示。可以看到，外层\<div\>标记里面的两个段落都被选中了，第 2 个段落是 div.outer 的"直接后代"，或者叫作"子元素"；第 1 个段落是 div.outer 的"孙子元素"。二者都属于 div.outer 的"后代"，因此前两个段落都添加了灰色背景。

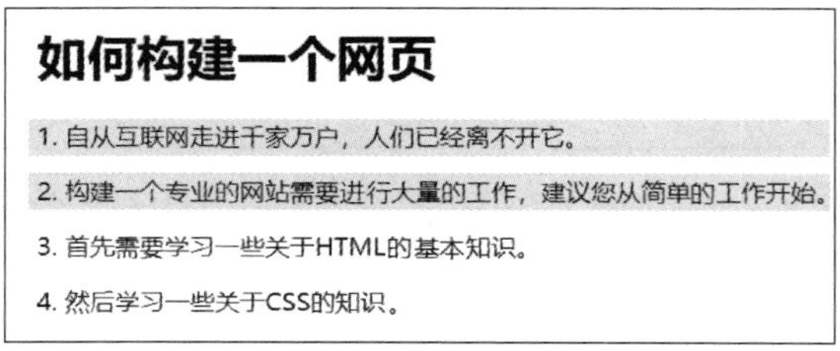

图 4.15　后代选择器

4.3.2　子元素选择器

对 4.3.1 小节的 CSS 样式代码进行如下修改，实例文件参见本书配套资源"第 4 章 / 04-14.html"。

```
1    div>p{
2        background-color: #ccc
3    }
```

效果如图 4.16 所示。可以看到增加了一个">"之后，后代选择器就变成了子元素选择器，即只有 div.outer 的"直接后代"才会被选中，因此只有第 2 个段落被设置成了灰色背景。

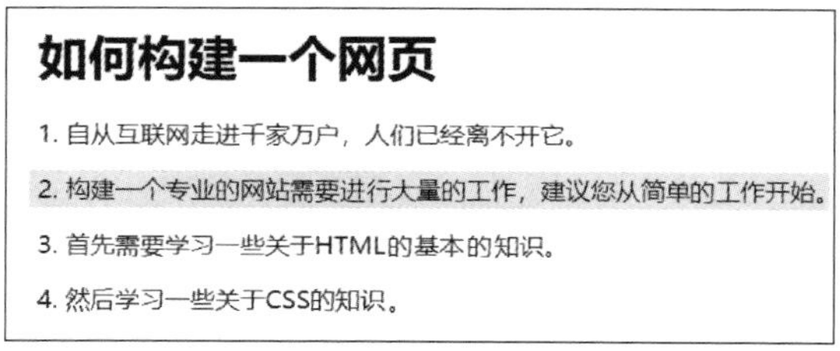

图 4.16　子元素选择器

4.3.3　相邻兄弟选择器

对 4.3.2 小节的 CSS 样式代码进行如下修改，实例文件参见本书配套资源"第 4 章 / 04-15.html"。

```
1    div+p{
2        background-color: #ccc
3    }
```

将">"改为"+"之后，子元素选择器就变成相邻兄弟选择器了，它的含义是"选中前面相邻的元素是\<div\>标记的\<p\>标记"。可以看到，第 2 个和第 3 个段落都满足这个要求，因此它们都会被设置为灰色背景，如图 4.17 所示。注意，这两个段落本身不是"兄弟关系"，但它们前面相邻的都是一个 div 元素。

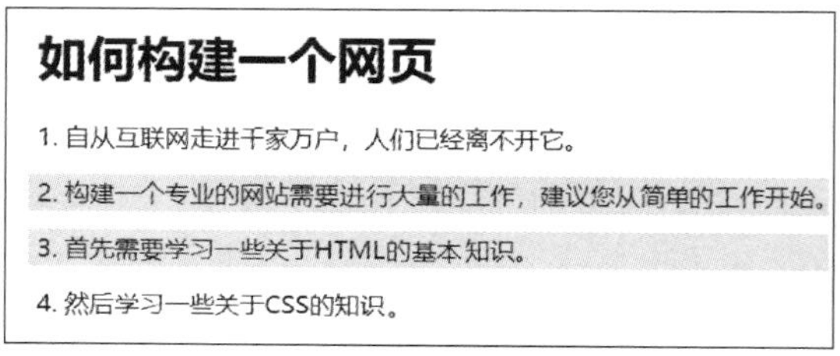

图 4.17　相邻兄弟选择器

4.3.4　相邻兄弟组选择器

对 4.3.3 小节的 CSS 样式代码进行如下修改，实例文件参见本书配套资源"第 4 章/ 04-16.html"。

```
1  div~p{
2      background-color: #ccc
3  }
```

将"+"改为"~"之后，相邻兄弟选择器就变成相邻兄弟组选择器了。它与相邻兄弟选择器的区别是多了一个"组"字，即如果有多个连续的<p>标记，那么会把它们都选中。第 4 个段落紧挨着第 3 个段落，因此它也会被选中，如图 4.18 所示。

如何构建一个网页

1. 自从互联网走进千家万户，人们已经离不开它。

2. 构建一个专业的网站需要进行大量的工作，建议您从简单的工作开始。

3. 首先需要学习一些关于HTML的基本知识。

4. 然后学习一些关于CSS的知识。

图 4.18　相邻兄弟组选择器

> **说明**
>
> "兄弟"们必须连续才会被一起选中，如果中断了，后面的元素就不会被选中。如果第 3 个和第 4 个段落之间插入了一个其他元素，那么第 4 个段落就不会被选中了。

4.4　属性选择器

知识点讲解

接下来介绍另一大类选择器——属性选择器，如表 4.3 所示。

表 4.3　属性选择器

选择器	功能描述
[attribute]	用于选取带有指定属性的元素
[attribute=value]	用于选取带有指定属性及指定属性值的元素
[attribute*=value]	用于选取属性值中包含指定值的元素
[attribute~=value]	用于选取属性值中包含指定值且该值是完整单词的元素
[attribute^=value]	用于选取属性值以指定值开头的元素
[attribute|=value]	用于选取属性值以指定值开头且该值是完整单词的元素
[attribute$=value]	用于选取属性值以指定值结尾的每个元素

下面通过几个简单的实例介绍属性选择器。先准备一个基础网页，网页中一共有 4 个段落，前 3 个段落都设置了 data-description 属性。HTML5 中可以给标记自定义属性，将 data-作为前缀，例如本例中使用 data-description 作为名字，实例文件参见本书配套资源"第 4 章/ 04-17.html"。

```
1  <!DOCTYPE html>
2  <html>
3  <head>
4      <style>
```

< 73 >

```
5        ……这里添加样式……
6      </style>
7    </head>
8
9    <body>
10     <h1>如何构建一个网页</h1>
11     <div class="outer">
12       <div class="inner">
13         <p data-description="first">
14           1. 自从互联网走进千家万户，人们已经离不开它。
15         </p>
16       </div>
17       <p data-description="second paragraph">2. 构建一个专业的网站需要进行大量的工作,
           建议您从简单的工作开始。</p>
18     </div>
19       <p data-description="third paragraph">3. 首先需要学习一些关于 HTML 的基本知识。</p>
20       <p>4. 然后学习一些关于 CSS 的知识。</p>
21   </body>
22   </html>
```

4.4.1 属性存在选择器

为上面的基础页面设置如下的 CSS 规则。

```
1    <style>
2    p[data-description]{
3        background-color:#ccc;
4    }
5    </style>
```

如果某个元素带有方括号，里面指定某个属性名称，则仅选中存在该属性的元素。例如在上面的代码中，只有前 3 个段落有 data-description 属性，因此这 3 段会被设置为灰色背景。

4.4.2 属性等于选择器

为前面的基础页面设置如下的 CSS 规则。

```
1    <style>
2    p[data-description=first]{
3        background-color:#ccc;
4    }
5    </style>
```

如果某个元素带有方括号，里面指定某个属性名称的同时，还用"="连接一个字符串，则仅选中存在该属性且该属性值为"="后面的值的元素。例如在前面的代码中，只有第 1 个段落具有 data-description 属性且属性值等于 first，因此第 1 个段落会被设置为灰色背景。

✏️ 说明

　　如果"="后面指定的属性值中存在空格，就要用引号把属性值引起来，否则可以省略引号。例如下面这段代码。

```
1    <style>
2    p[data-description="second paragraph"]{
3        background-color:#ccc;
```

< 74 >

```
4    }
5    </style>
```

4.4.3 属性包含选择器

为上面的基础页面设置如下的 CSS 规则。

```
1    <style>
2    p[data-description*=fir]{
3        background-color:#ccc;
4    }
5    </style>
```

如果某个元素带有方括号，里面指定某个属性名称的同时，还用"*="连接了一个字符串，则仅选中存在该属性且该属性值包含"*="后面的值的元素。例如在前面的代码中，第 1 个段落具有 data-description 属性且属性值等于 first，它包含 fir，因此第 1 个段落会被设置为灰色背景。

此外，还有一种单词包含选择器，把"*="改为"~="，则包含的对象必须是整个单词才会被选中。例如下面这段代码，将不会选中任何元素。

```
1    <style>
2    p[data-description~=fir]{
3        background-color:#ccc;
4    }
5    </style>
```

而下面这段代码，则会选中第 1 个段落，因为 first 是一个完整的单词。

```
1    <style>
2    p[data-description~=first]{
3        background-color:#ccc;
4    }
5    </style>
```

除了上面介绍的相等、包含之外，还有以字符串开头、结尾的属性选择器，其用法与前面介绍的选择器类似，此处不再赘述。

4.5 结构伪类选择器

知识点讲解

通过使用结构伪类选择器可以根据文档的结构指定元素的样式。这些选择器绝大多数都是 CSS3 新增加的，这给开发人员带来了很大的方便。

"伪类"的意思就是不需要重新定义的类，它们已经被定义好了。我们通常把具有共性的一些常用的结构信息提取出来作为伪类。除了使用指定类名的方法，我们还经常会遇到根据元素在 DOM（document object model，文档对象模型）结构中的顺序关系来选择元素的情况。例如希望选中排在某个特定次序位置的元素等，这时就会用到结构伪类选择器。

下面先进行概括描述，然后通过实际代码具体介绍。结构伪类选择器如表 4.4 所示。

表 4.4　结构伪类选择器

选择器	功能描述
E:first-child	作为父元素的第一个子元素的元素 E，与 E:nth-child(1)等同

< 75 >

选择器	功能描述
E:last-child	作为父元素的最后一个子元素的元素 E，与 E:nth-last-child(1)等同
E:root	选择匹配元素 E 所在文档的根元素。在 HTML 文件中，根元素始终是 html，此时该选择器与 HTML 类型选择器匹配的内容相同
E:nth-child(n)	作为父元素的第 n 个子元素的元素 E。其中 n 可以是整数（1，2，3）、关键字（even, odd）、公式（$2n+1$），而且 n 的起始值为 1，而不是 0
E:nth-last-child(n)	作为父元素的倒数第 n 个子元素的元素 E。此选择器与 E:nth-child(n)选择器的计算顺序刚好相反，但使用方法都是一样的。其中 nth-last-child(1)始终匹配最后一个元素，与 last-child 等同
E:nth-of-type(n)	作为父元素的第 n 个具有指定类型的元素 E
E:nth-last-of-type(n)	作为父元素的倒数第 n 个具有指定类型的元素 E
E:first-of-type	作为父元素的第 1 个具有指定类型的元素 E，与 E:nth-of-type(1)等同
E:last-of-type	作为父元素的最后 1 个具有指定类型的元素 E，与 E:nth-last-of-type(1)等同
E:only-child	选择父元素只包含一个子元素且与该元素相匹配的元素 E
E:only-of-type	选择父元素只包含一个同类型子元素且与该子元素相匹配的元素 E
E:empty	选择没有子元素且不包含任何文本节点的元素 E

下面通过制作一个页面来具体介绍结构伪类选择器的实际用法，实例文件参见本书配套资源"第 4 章/ 04-18.html"。

```
1   <!DOCTYPE html>
2   <html>
3   <head>
4       <style>
5           h1:first-child, p:last-child{
6               background:#ccc;
7           }
8           p:nth-child(2),p:nth-last-child(2) {
9               border:1px solid #000;
10          }
11          p:first-of-type, p:nth-of-type(2){
12              font-weight:bold;
13          }
14      </style>
15  </head>
16  <body>
17      <h1>这是标题</h1>
18      <p>第一个段落。</p>
19      <p>第二个段落。</p>
20      <p>第三个段落。</p>
21      <p>第四个段落。</p>
22  </body>
23  </html>
```

以上代码一共设置了 3 种样式：灰色背景、黑色边框和粗体文字。效果如图 4.19 所示。

可以看到，使用了结构伪类选择器的元素是段落和标题，它们都是 body 元素的子元素，分为 3 条 CSS 语句。

h1:first-child 表示要选中 h1 元素，并且若要将其作为父元素的子元素，则其必须是第 1 个子元素，因此页面中的标题会被选中，从而会被设置为灰色背景。

类似地，p:last-child 表示要选中 p 元素，并且作为父元素的子元素，它必须是最后一个子元素，因

< 76 >

此页面中的最后一个段落也会被选中，从而会被设置为灰色背景。

图 4.19　结构伪类选择器

接下来，p:nth-child(2)和 p:nth-last-child(2)表示要选中 p 元素，并且它们分别是第 2 个子元素和倒数第 2 个子元素，因此"第一个段落。"和"第三个段落。"分别会被选中，从而会被设置为黑色边框。

接下来，p:first-of-type 和 p:nth-of-type(2)表示要选中 p 元素，并且它们分别是在这种类型的元素中的第 1 个和第 2 个，因此"第一个段落。"和"第二个段落。"分别会被选中，从而会被设置为粗体文字。

4.6　伪元素选择器

知识点讲解

伪元素选择器是一种很常用的选择器，在实际工作中会被经常用到。所谓"伪"元素，就是在 DOM 结构中本来不存在，但是通过 CSS 创建出来的元素。本书将在后面的章节中对 DOM 的概念进行详细介绍。为了本节结构的完整，这里提前用到了 DOM 的概念，读者可以在学习了 DOM 之后，再回来学习本节。

最重要的两种伪元素选择器是::before 和::after，它们用于向指定元素的前面或者后面加入特定的内容。由于 CSS 基本上都是在 HTML 文件定义的 DOM 结构上选择对象，然后设置样式，几乎没有办法改变 DOM 结构，因此这两个伪元素选择器为开发人员提供了通过 CSS 来改变内容的一种有效途径。例如下面的代码，实例文件参见本书配套资源"第 4 章/ 04-19.html"。

```
1    <!DOCTYPE html>
2    <html>
3    <head>
4        <style>
5            p:nth-of-type(odd)::before {
6                content:"甲: ";
7            }
8            p:nth-of-type(even)::before {
9                content:"乙: ";
10           }
11       </style>
12   </head>
13   <body>
14       <h1>《正反话》</h1>
15       <p>相声是一门语言艺术。</p>
16       <p>对。</p>
17       <p>
18           相声演员讲究的是说学逗唱，这相声演员啊，最擅长说长笑话、短笑话、俏皮话、反正话。
```

< 77 >

19	</p>
20	<p>这是相声演员的基本功啊。</p>
21	<p>相声演员啊，脑子得聪明。灵机一动，马上通过嘴就要说出来。</p>
22	<p>对对对对。</p>
23	</body>
24	</html>

效果如图 4.20 所示。可以看到在代码中，6 个 p 元素的内容只是台词内容，并没有"甲"和"乙"的人物提示。通过使用伪元素，就在每一个段落的前面自动加入了人物提示。

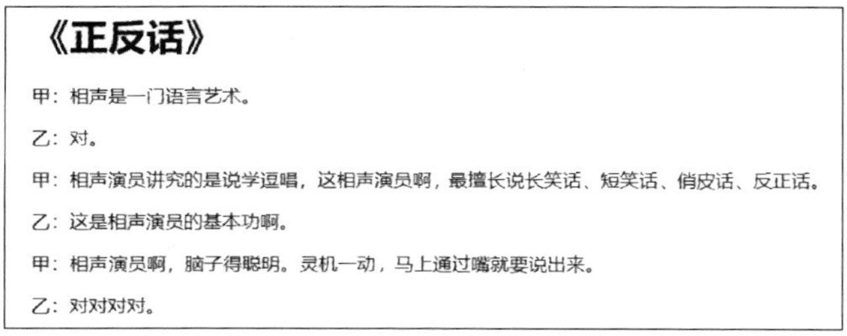

图 4.20　通过::before 伪元素选择器插入文字

具体来说，p:nth-of-type(odd)::before 的作用是先选中单数行的 p 元素，然后指定它前面的伪元素内容。用 content 指定加上"甲:"。同理，后面再在所有双数行前面加上"乙:"，这样就实现了图 4.20 所示的效果。

✏️ 说明

伪元素选择器的标准写法中使用的是双冒号，但目前在实际使用时也支持使用单冒号。

本章小结

选择器是 CSS 中很重要的组成部分。本章首先通过简单的复合选择器讲解了选择器是如何组合使用的；然后重点说明了 CSS 的继承与层叠特性，以及它们的作用；最后较为完整地介绍了各种高级选择器，为后面章节的学习打下基础。作为 CSS 设计的核心和基础，请读者务必掌握本章的内容。

习题 4

一、关键词解释

复合选择器　CSS 继承　CSS 层叠　关系选择器　属性选择器　结构伪类选择器　伪元素选择器

二、描述题

1. 请简单描述一下复合选择器大致分为几种。
2. 请简单描述一下 CSS 选择器的优先级规则。
3. 请简单描述一下关系选择器大致分为几种。
4. 请简单描述一下属性选择器大致分为几种。
5. 请简单描述一下常用的结构伪类选择器大致有哪些。
6. 请简单描述一下伪元素选择器有几种，分别是什么。

三、实操题

使用本章介绍的选择器，实现题图 4.1 所示的效果，可以灵活使用各种选择器。

题图 4.1　单个产品的信息

< 79 >

第二篇

样式篇

第 **5** 章　用 CSS 设置文字样式

本书在讲解 HTML 时，已经对如何在网页中使用文字做了详细的介绍。本章将以 CSS 的样式定义方法来介绍文字的使用。CSS 的文字样式定义更加丰富，实用性更强。通过本章的学习，读者能随心所欲地在网页制作中完成文字的制作。同时，本章还会介绍如何利用 CSS 的样式定义进行版面编排，如何丰富段落的制作样式等。本章的思维导图如下。

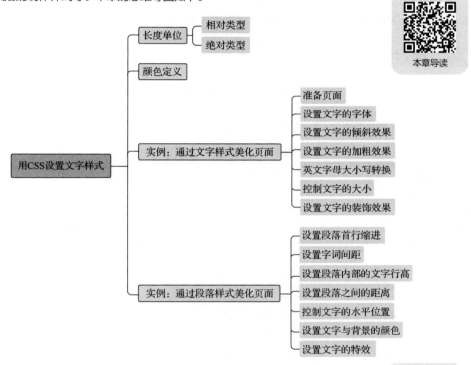

本章导读

5.1　长度单位

知识点讲解

在 HTML 中，无论是文字的大小，还是图片的尺寸，通常会使用像素或百分比来进行设置。在 CSS 中则有更多的选择，可以使用多种长度单位，它们主要分为两种类型：一种是相对类型，另一种是绝对类型。

5.1.1　相对类型

所谓"相对"，就是要有一个参考基础，相对于该参考基础设置尺度单位。相对类型的单位在网页制作中有以下几种。

（1）px。px 又称像素，它属于相对类型单位。例如，在 800px×600px 分辨率的显示器中设置一幅图片的高为 100px，当同样大小的显示器换成 1024px×768px 分辨率时，就会发现图片相对变小了，因为现在的 100px 和前面的 100px 所显示出的长度已经不同了。

（2）em。em 以目前字符的高度为单位。例如 h1 {margin:2em}，就是以目前字符的两倍高度来显示。但要注意一点，em 作为尺度单位时是以 font-size 属性为参考依据的，如果没有 font-size 属性，就以浏览器默认的字符高度作为参考。关于 font-size 属性在后面的章节中将会介绍。使用 em 来设置字符高度并不常用，读者了解即可。

（3）rem。rem 是 root em 的简称，表示设置以网页根元素（html）的字符高度为单位。因此可以只对 html 元素设置字体大小，其他元素用 rem 单位设置百分比大小，例如 h1 {font-size:1.25rem}。一般的浏览器默认的 1rem 是 16px。

（4）vw 和 vh。vw（viewport width）和 vh(viewport height)是基于视图窗口（viewport）的单位，它们是 CSS3 新增的单位。1vw 等于视口宽度的 1%，1vh 等于视口高度的 1%。在后面的章节会详细介绍 viewport，读者在这里可以简单将其理解为网页的可见区域。

5.1.2　绝对类型

所谓"绝对"，就是无论显示设备的分辨率是多少，都代表相同的长度。例如，同一台显示器在 800px×600px 分辨率时设置一幅图片的高为 10cm，当换成 1024px×768px 分辨率时，就会发现图片还是同样的大小。绝对类型的长度单位如表 5.1 所示。

表 5.1　绝对类型的长度单位

长度单位名	说明
in（英寸）	不是国际标准单位，平常极少使用
cm（厘米）	国际标准单位，较少使用
mm（毫米）	国际标准单位，较少使用
pt（点数）	基本的显示单位，较少使用
pc（印刷单位）	应用在印刷行业中，1pc=12pt

以上介绍了好几种长度单位，其实在网页制作中已经默认以像素为单位，这样在交流或制作过程中都较为方便。如果在特殊领域需要用到其他单位，那么在使用时一定要加上单位（数值和单位之间不用加空格），如 10em、5in、6cm 和 20pt 等。如果没有加单位，浏览器就会默认以像素为单位。但这也不是绝对的，对于某些浏览器来说，想以像素为单位时必须要加上 px，否则浏览器无法识别，会以默认的字体大小进行显示。

同时还要注意一个问题，大部分长度设置都要使用正数，只有少数还可以进行负数的设置。在使用负数来设置长度的时候，浏览器也有一个承受限度。当设置的值超过这个承受限度时，浏览器就会选择能承受的极限值来显示。

5.2　颜色定义

知识点讲解

2.4.4 小节简单介绍过颜色的定义方法，本节继续进行一些扩展讲解。

在 HTML 文件中，颜色统一采用 RGB 模式显示，也就是通常人们所说的"红绿蓝"三原色模式。

< 82 >

每种颜色都由不同分量的这 3 种颜色组成，每种颜色的分量范围为 0～255。当红、绿、蓝 3 种颜色的分量都被设置为 255 时就是白色，例如 rgb(100%,100%,100%)和#FFFFFF 都指白色，其中"#FFFFFF"为十六进制的表示方法，前两位为红色分量，中间两位为绿色分量，最后两位为蓝色分量，"FF"即十进制中的 255。当 RGB 的 3 个分量都为 0 时则显示为黑色，例如 rgb(0%,0%,0%)和#000000 都指黑色。同理，当红色、绿色分量都为 255 而蓝色分量为 0 时，则显示为黄色，例如 rgb(100%,100%,0)和#FFFF00 都指黄色。

文字的各种颜色配合其他页面元素组成了五彩缤纷的页面。在 CSS 中，文字颜色是通过 color 属性设置的。下面几种定义方式都是将文字设置为蓝色，它们的效果完全相同。

```
1   h3{ color: blue; }
2   h3{ color: #0000ff; }
3   h3{ color: #00f; }
4   h3{ color: rgb(0,0,255); }
5   h3{ color: rgb(0%,0%,100%); }
```

第 1 种方式使用颜色的英文名称作为属性值。

第 2 种方式是用一个 6 位的十六进制数值进行表示。

第 3 种方式是第 2 种方式的简写形式，形如#aabbcc 的颜色值可以简写为#abc。

第 4 种方式是分别给出红、绿、蓝 3 种颜色分量的十进制数值。

第 5 种方式是分别给出红、绿、蓝 3 种颜色分量的百分比。

在 CSS3 中，关于颜色还增加了新的特性，即支持颜色的不透明度。一种方式是把 RGB 模式扩充为 RGBA 模式，其中第 4 个字母 A 表示的就是不透明度（alpha 通道）。例如下面这两行代码。

```
1   h3{ color: rgb(0,0,255,0.5); }
2   h3{ color: rgb(0%,0%,100%,0.5); }
```

这两行代码表示的都是半透明的蓝色，第 4 个参数 0.5 表示不透明度为 0.5。0 表示完全透明，1 表示完全不透明。

另一种方式是在 CSS3 中引入一个独立的属性 opacity，用于定义某个元素的不透明度。0 表示完全透明，1 表示完全不透明。例如下面的代码。

```
1   h3 {
2       color: #00f;
3       opacity:0.5;
4   }
```

5.3 实例：通过文字样式美化页面

案例讲解

5.3.1　准备页面

文字的版面及样式的设置在 HTML 部分已经向大家做了介绍，这里将采用 CSS 来定义文字的版面和样式。

在学习使用 CSS 对文字进行设置之前，先准备一个基本的网页，如图 5.1 所示。

这个网页由一个标题和两个段落组成，这两个段落分别设置了 ID，以便后面设置样式时使用。代码如下，实例文件参见本书配套资源"第 5 章/ 05-01.html"。

```
1   ……头部代码省略……
2   <body>
```

< 83 >

```
3        <h1>互联网发展的起源</h1>
4        <p id="p1">A very simple ascii map of the first network link on ARPANET between
         UCLA and SRI taken from RFC-4 Network Timetable, by Elmer B. Shapiro, March
         19611……</p>
5        <p id="p2">1969 年，为了保障通信联络，美国国防部高级研究计划署 ARPA 资助建立了世界上第一
         个分组交换试验网 ARPANET，连接美国 4 所大学。ARPANET 的建成标志着计算机网络发展的新纪元。
         ……</p>
6    </body>
7    </html>
```

图 5.1　预备用于设置 CSS 样式的网页文件

5.3.2　设置文字的字体

在 HTML 中，设置文字的字体需要通过<font>标记的 face 属性来完成，而在 CSS 中，则使用的是 font-family 属性。针对"05-01.html"，在样式部分增加对<p>标记的样式设置，代码如下，实例文件参见本书配套资源"第 5 章/ 05-02.html"。

```
1    <style type="text/css">
2        h1{
3            font-family:黑体;
4        }
5        p{
6            font-family: Arial, "Times New Roman";
7        }
8    </style>
```

以上语句声明了 HTML 页面中 h1 标题和文本段落的字体为黑体，并且对段落同时声明了两个字体名称，分别是 Arial 字体和 Times New Roman 字体。其作用是告诉浏览器先在访问者的计算机中寻找 Arial 字体，如果该用户的计算机中没有 Arial 字体，再寻找 Times New Roman 字体，如果这两种字体都没有，则使用浏览器默认的字体显示。

font-family 属性可以同时声明多种字体，字体之间用逗号分隔。另外，一些字体的名称中间会出现空格，例如上面的 Times New Roman，这时需要用双引号将其引起来，使浏览器知道这是一种字体的名称。注意，不要使用中文输入状态下的双引号，而要使用英文输入状态下的双引号。

页面在浏览器中的效果如图 5.2 所示。可以看到，标题和第 1 个段落中的字体都发生了变化，而由于第 2 个段落是中文，因此英文字体对该段落中的中文是无效的，但该段落中的英文字母都变成了 Arial 字体。

图 5.2　设置正文字体

< 84 >

> ⚠ 注意
>
> 很多设计者喜欢使用各种各样的字体来给页面添彩，但这些字体在大多数用户的计算机上都没有安装，因此一定要设置多个备选字体，避免浏览器将文字直接替换成默认的字体。最直接的方式是将使用了生僻字体的部分用图形软件制作成小的图片，然后加载到页面中。

5.3.3　设置文字的倾斜效果

在 CSS 中也可以定义文字是否显示为斜体。倾斜效果看起来很容易理解，但实际上它比想象的要复杂一些。

大多数人对于字体倾斜的认识都来自 Word 等文字处理软件。例如，图 5.3 左侧所示为一个 Time New Roman 字体的字母 a，中间是它常见的倾斜形式，右侧是另一种倾斜形式。

图 5.3　字体对比

请注意，文字的倾斜效果并不是真的通过把文字"拉斜"实现的，倾斜的字体本身就是一种独立存在的字体。例如上面左侧正常的字体无论怎么倾斜，也不会产生中间的字形效果。倾斜的字体是一种独立的字体，对应操作系统中的某一个字库文件。

严格来说，在英文中，字体的倾斜有以下两种。

（1）一种为 italic，即意大利体。我们平常说的倾斜都是指意大利体，这也就是在各种文字处理软件中，字体倾斜的按钮上面大都使用字母"I"来表示的原因。

（2）另一种为 oblique，即真正的倾斜。这就是把一个字母向右边倾斜一定角度所产生的效果，类似于图 5.3 右侧所示的效果。这里说"类似于"，是因为 Windows 操作系统中并没有实现 oblique 方式的字体，而只是找了一个接近它的字体来示意。

CSS 中的 font-style 属性正是用来控制字体倾斜的，它可以被设置为"正常"（normal）、"意大利体"（italic）和"倾斜"（oblique）这 3 种样式，分别如下。

```
1    font-style:normal;
2    font-style:oblique;
3    font-style:italic;
```

然而在 Windows 操作系统中，并不能区分 oblique 和 italic，它们都是按照 italic 方式显示的，这不仅是浏览器的问题，也是操作系统（不够完善）的问题。

对于中文字体来说，并不存在这么多情况。另外，中文字体的倾斜效果并不好看，因此网页上很少使用中文字体的倾斜效果。

尽管上面讲了很多种复杂的情况，但实际上使用起来并不复杂。例如为 5.3.2 小节的网页中的第 1 段正文设置倾斜的字体效果，只须为#p1 设置一条 CSS 规则即可。代码如下，实例文件参见本书配套资源"第 5 章/ 05-03.html"。

```
1    #p1{
2        font-style:italic;
3    }
```

这时的效果如图 5.4 所示。

< 85 >

<p style="text-align:center">图 5.4　设置文字倾斜后的效果</p>

5.3.4　设置文字的加粗效果

在 HTML 中可以通过添加<b>标记或者<strong>标记将文字设置为粗体。在 CSS 中，使用 font-weight 属性控制文字的粗细，可以将文字的粗细进行细致的划分。更重要的是，CSS 还可以将本身是粗体的文字变为正常粗细。

从 CSS 规则来说，font-weight 属性可以设置很多不同的属性值，从而对文字设置不同的粗细，如表 5.2 所示。

<p style="text-align:center">表 5.2　font-weight 属性值</p>

属性值	说明
normal	正常
bold	粗体
bolder	更粗
lighter	细体
100～900	共有 9 个层次（100，200，……，900），数字越大字体越粗

然而遗憾的是，实际上大多数操作系统和浏览器还不能很好地实现非常精细的文字加粗设置，通常只能设置"正常"和"加粗"这两种粗细，分别如下。

```
1    font-weight:normal      /*正常*/
2    font-weight:bold        /*加粗*/
```

> **注意**
>
> 在 HTML 中，<b>标记和<strong>标记表面上效果是相同的，都是使文字以粗体显示，但前者是一个单纯的表现标记，不含语义，因此应该尽量避免使用；而<strong>标记则是具有语义的标记，表示"突出"和"加强"。因此，如果要在一个网页的文本中突出某些文字，就应该用<strong>标记。
>
> 大多数搜索引擎都对网页中的<strong>标记很重视，因此就出现了一种矛盾：一方面，设计者希望把网页上的文字用<strong>标记来进行强调，使搜索引擎能更好地了解这个网页的内容；另一方面，设计者又不希望这些文字在网页中以粗体显示。这时就可以对<strong>标记使用"font-weight:normal"语句，这样既可以让文字恢复为正常的粗细，又不影响语义效果。

< 86 >

> ✏️ **说明**
>
> 　　这里需要补充说明的是，由于西文字母数量很少，因此字母的样式还有很多非常复杂的属性。CSS 2.0 的规则中有很大篇幅是关于字体属性的定义的。对于普通的设计师而言，不必研究得太深，把上面介绍的几点了解清楚就足以胜任日常工作了。

5.3.5　英文字母大小写转换

　　英文字母大小写转换是 CSS 提供的很实用的功能之一。我们只需要设置英文段落的 text-transform 属性，就能很轻松地实现英文字母的大小写转换。

　　例如，通过下面的代码，这 3 个段落分别可以实现单词的首字母大写、所有字母大写和所有字母小写。

```
1    p.one{ text-transform:capitalize; }        /* 单词首字母大写 */
2    p.two{ text-transform:uppercase; }         /* 所以字母大写 */
3    p.three{ text-transform:lowercase; }       /* 所以字母小写 */
```

　　下面用 5.3.4 小节的网页做一个实验。对#p1 和#p2 这两个段落分别做如下设置，实例文件参见本书配套资源"第 5 章/05-04.html"。

```
1    #p1{
2    font-style:italic;
3    text-transform:capitalize;
4    }
5    #p2{
6    text-transform:lowercase;
7    }
```

　　效果如图 5.5 所示。

图 5.5　设置英文字母的大小写

　　可以看出，如果设置"text-transform:capitalize"，则原来是小写的单词会变为首字母大写，而对于本来就是大写的单词，例如第一段中的单词"UCLA"，则其仍会保持全部大写。

5.3.6　控制文字的大小

　　在 CSS 中是通过 font-size 属性来控制文字大小的。该属性值可以使用多种长度单位，这在 5.1 节

< 87 >

中曾经介绍过。

以 "05-04.html" 为基础，增加对 font-size 属性的设置，并将其设置为 12px。代码如下，实例文件参见本书配套资源 "第 5 章/ 05-05.html"。

```
1    p{
2    font-family: Arial, "Times New Roman";
3    font-size: 12px;
4    }
```

在浏览器中的效果如图 5.6 所示。可以看到，此时两个段落中的文字都变小了。

图 5.6　设置正文文字的大小为 12px

在实际工作中，font-size 属性经常使用的单位是 px 和 em。1em 表示的长度是字母 m 的标准宽度。

在排版时，有时会要求第 1 个字母比其他字母大很多，并下沉显示，此时就可以使用 em。在 5.3.5 小节的网页中，把第 1 段文字的第 1 个字母 A 放入<span>标记中，并对其设置一个 CSS 类别 "#firstLetter"，代码如下，实例文件参见本书配套资源 "第 5 章/ 05-06.html"。

```
<p id="p1"><span id="firstLetter">A</span> very ……
```

设置它的样式，将 font-size 设置为 3em，并使其向左浮动，代码如下。

```
1    #firstLetter{
2    font-size:3em;
3    float:left;
4    }
```

浏览器中的效果如图 5.7 所示，第 1 段的首字母变为标准大小的 3 倍，并因设置了向左浮动而实现了下沉显示。这里使用了还没有介绍的<span>标记和 float 属性，读者暂时不必深究，后面还会详细介绍。

图 5.7　设置段首的字母放大并下沉显示

< 88 >

此外，还有一种单位，即百分比单位。例如，font-size:200%表示文字的大小为原来的两倍。

5.3.7　设置文字的装饰效果

在 HTML 文件中，可以使用<u>标记给文字加下画线。在 CSS 中，通过 text-decoration 属性可以实现为文字加下画线、删除线和顶线等多种装饰效果。

text-decoration 属性的属性值介绍如表 5.3 所示。

表 5.3　text-decoration 属性值

属性值	说明
none	正常显示
underline	为文字加下画线
line-through	为文字加删除线
overline	为文字加顶线
blink	文字闪烁，仅部分浏览器支持

这个属性可以同时设置多个属性值，用空格将它们分隔即可。例如，对 5.3.6 小节的网页中的 h1 标题进行如下设置，实例文件参见本书配套资源"第 5 章/ 05-07.html"。

```
1   h1{
2       font-family:黑体;
3       text-decoration: underline overline;
4   }
```

效果如图 5.8 所示，可以看到同时出现了下画线和顶线。

图 5.8　设置文字的装饰效果

案例讲解

5.4　实例：通过段落样式美化页面

5.4.1　设置段落首行缩进

根据中文的排版习惯，每个段落首行的开始处应该缩进两个中文字符。请注意，在英文版式中，通常不会这样设置。

< 89 >

在网页中如何实现段落的首行缩进呢？CSS 中专门有一个 text-indent 属性可以控制段落的首行缩进以及缩进的距离。

text-indent 属性可以是各种长度的属性值。为了缩进两个字符，经常使用的是 2em 这个距离。例如，对网页的 p2 段落进行如下设置，实例文件参见本书配套资源"第 5 章/ 05-08.html"。

```
1   #p2{
2       text-indent:2em;
3   }
```

浏览器中的效果如图 5.9 所示。

图 5.9　设置段落首行缩进

可以看到，除首行缩进了相应的距离外，第 2 行及其后所有行都紧靠左边对齐显示，因此 text-indent 属性只设置第 1 行文字的缩进距离。

这里再举一个不太常用的实例。如果希望首行不是缩进，而是凸出一定的距离，也称为"悬挂缩进"，又该如何设置呢？请看如下代码，实例文件参见本书配套资源"第 5 章/05-09.html"。

```
1   #p2{
2       padding-left:2em;
3       text-indent:-2em;
4   }
```

效果如图 5.10 所示。悬挂缩进的原理是首先通过设置左侧的边界使整个段落向右侧移动 2em 的距离，然后将 text-indent 属性设置为-2em，这样首行就会凸出两个字的距离了。关于 padding 属性这里读者只需要了解即可，后面的章节会深入讲解。

图 5.10　设置段落首行悬挂缩进

< 90 >

5.4.2　设置字词间距

在英文中，文本是由单词构成的，而单词是由字母构成的，因此对于英文文本来说，要控制文本的疏密程度，需要从两个方面考虑，即设置单词内部的字母间距和单词之间的距离。

在 CSS 中，可以通过 letter-spacing 和 word-spacing 这两个属性分别控制字母间距和单词间距。例如下面的代码，实例文件参见本书配套资源"第 5 章/ 05-10.html"。

```
1    #p1{
2        font-style:italic;
3        text-transform:capitalize;
4        word-spacing:10px;
5        letter-spacing:-1px;
6    }
```

效果如图 5.11 所示。将上面英文段落的字母间距设置为-1px，这样单词的字母就比正常情况更紧密地排列在了一起；而如果将单词间距设置为 10px，这样单词之间的距离就大于正常情况的距离了。

图 5.11　设置字词间距

> **！注意**
>
> 对于中文而言，如果要调整汉字之间的距离，则需要设置 letter-spacing 属性，而不是 word-spacing 属性。

5.4.3　设置段落内部的文字行高

如果不使用 CSS，在 HTML 中是无法控制段落中行与行之间的距离的。在 CSS 中，line-height 属性正是用于控制行的高度的，通过它可以调整行与行之间的距离。

line-height 属性的属性值如表 5.4 所示。

表 5.4　line-height 属性的属性值

属性值	说明
长度	数值，可以使用前面介绍的尺度单位
倍数	font-size 属性值的倍数
百分比	相对于 font-size 属性值的百分比

例如设置 line-height:20px 则表示行高为 20px，设置 line-height:1.5 则表示行高为 font-size 的 1.5 倍，设置 line-height:130%则表示行高为 font-size 的 130%。

< 91 >

依然用 5.4.2 小节的实例，对第 2 段文字设置如下，实例文件参见本书配套资源"第 5 章/ 05-11.html"。

```
1   #p2{
2       line-height:2;
3   }
```

效果如图 5.12 所示。

图 5.12　设置段落的行高

可以看到，第 2 段文字的行与行之间的距离比第 1 段文字要大一些。这里需要注意以下两点。

（1）如果不设置行高，那么将由浏览器根据默认的设置决定实际的行高。通常浏览器的默认行高大约是段落文字的 font-size 属性值的 1.2 倍。

（2）这里设置的行高是图中相邻虚线之间的距离，而文字在每一行中会自动垂直居中显示。

5.4.4　设置段落之间的距离

上面介绍了如何设置一个段落内部的行与行之间的疏密程度，那么段落之间的距离又怎么控制呢？

这里先做一个实验，为<p>标记增加一条 CSS 样式，目的是给两个段落分别增加 1px 粗细的红色实线边框，代码如下，实例文件参见本书配套资源"第 5 章/ 05-12.html"。

```
1   p{
2       border:1px red solid;
3   }
```

效果如图 5.13 所示，可以清晰地看出两个段落之间有一定的空白，这就是段落之间的距离，它由 margin 属性确定。如果没有设置 margin 属性，它将由浏览器默认设置。

图 5.13　为段落增加边框

< 92 >

因此，如果要调整段落之间的距离，设置 margin 属性即可。margin 又被称为外边距。例如，在<p>标记的 CSS 样式中进行如下设置。

```
1  p{
2      border:1px red solid;
3      margin:5px 0px;
4  }
```

这里为 margin 属性设置了两个属性值，前者确定上下距离为 5px，后者确定左右距离为 0px，效果如图 5.14 所示，可以看出段落间距小于原来浏览器默认的间距。

图 5.14　调整段落间距后的效果

> **注意**
>
> 　　如果将 p 段落的上下 margin 属性值设置为 5px，那么相邻的两个段落之间的距离则为 5+5＝10px，因为上下两个段落分别存在一个 5px 的外边距。但是这里的实际距离并不是将上下两个外边距相加，而是取二者中较大的一个。又因为这里上下外边距都是 5px，所以结果就是 5px，而不是 10px。在本书后面的章节中，还会专门对此进行深入细致的讲解。

5.4.5　控制文字的水平位置

使用 text-align 属性可以方便地设置文字的水平位置。text-align 属性的属性值如表 5.5 所示。

表 5.5　text-align 属性的属性值

属性值	说明
left	左对齐，浏览器默认设置
right	右对齐
center	居中对齐
justify	两端对齐

表中前 3 项都很好理解，这里需要解释的是 justify，即两端对齐这种方式。先看一下本章前面的各个页面的效果，可以看到在左对齐方式下，每一行的右端是不整齐的。如果希望右端也能整齐，则可以设置 text-align:justify。

例如，图 5.15 所示的是 h1 标题居中对齐，段落两端对齐的效果，实例文件参见本书配套资源“第 5 章/ 05-13.html”。

< 93 >

图 5.15　标题居中对齐

5.4.6　设置文字与背景的颜色

在 CSS 中，除了可以设置文字的颜色，还可以设置背景的颜色。二者分别使用属性 color 和 background-color 来设置。例如基于 5.4.5 小节的实例，设置 h1 标题的样式，代码如下，实例文件参见本书配套资源"第 5 章/ 05-14.html"。

```
1    h1{
2        background:#678;
3        color:white;
4    }
```

将背景色设置为#678，也就相当于#667788，再将文字颜色设置为白色，效果如图 5.16 所示。

图 5.16　设置标题背景颜色和文字颜色

5.4.7　设置文字的特效

在 CSS 中可以给文字增加阴影效果，从而实现一定的特效。这种效果通常在标题上使用，以吸引用户的注意。给文字加上 text-shadow 属性能实现相应的效果。text-shadow 属性需要设置 4 个值，分别是 x 轴的偏移尺寸、y 轴的偏移尺寸、阴影半径、阴影颜色。例如，对 5.4.6 小节实例的 h1 标题进行如下设置，实例文件参见本书配套资源"第 5 章/ 05-15.html"。

```
1    h1{font-family:黑体;
2        text-shadow: 6px 6px 3px #ccc;
3    }
```

效果如图 5.17 所示。

< 94 >

图 5.17   标题阴影效果

x 轴是横轴，正值表示往右偏移，负值表示往左偏移，0 表示不偏移。y 轴是纵轴，正值表示往下偏移，负值表示往上偏移，0 表示不偏移。text-shadow 属性还可以设置多重阴影，每组属性值之间用逗号分隔。例如，将 h1 标题改为如下样式，实例文件参见本书配套资源"第 5 章 / 05-16.html"。

```
1    h1{font-family:黑体;
2      text-shadow: 1px 1px 2px #888,
3               2px 2px 2px #999,
4               3px 3px 2px #aaa,
5               4px 4px 2px #bbb,
6               6px 6px 2px #ccc;
7    }
```

效果如图 5.18 所示。

图 5.18   标题多重阴影效果

本章小结

本章介绍了使用 CSS 设置文本相关的各种样式的方法。读者可以发现，这些属性主要分为两类：一类是以"font-"开头的属性，例如 font-size、font-family 等都是与字体相关的属性；另一类是以"text-"开头的属性，例如 text-indent、text-align 等都是与文本排版格式相关的属性。此外还有一些单独的属性，如设置颜色的 color 属性、设置行高的 line-height 属性等。根据这个规律，读者就可以更方便地记住这些属性了。

< 95 >

习题 5

一、关键词解释

长度单位　像素　字体　颜色定义　行高

二、描述题

1. 请简单描述一下长度单位分为几种类型，分别是什么。
2. 请简单描述一下定义颜色的几种方式。
3. 请简单描述一下文字都可以设置为哪些样式。
4. 请简单描述一下段落都可以设置为哪些样式。

三、实操题

使用第 2 章的文字和图片资源，通过 CSS 设置页面效果，如题图 5.1 所示，具体要求如下。

- 将"天安门"设为一级标题，设置多重阴影效果并居中显示。
- 将"（北京市的第一批全国重点文物保护单位）"设置为加粗并居中显示。
- 将"结构形制"设置为三级标题。
- 正文第一行的"北京城"设置下画线。
- 将"城楼"和"城台"的文字背景颜色设置为蓝色，文字颜色设置为白色并加粗显示。
- 段落正文首行缩进两个字符。
- 图片在左侧显示，文字在右侧环绕显示。
- 页面整体设置字间距为固定值。

题图 5.1　页面效果

< 96 >

第 6 章

用 CSS 设置图片效果

图片是网页中不可缺少的内容，它能使页面更加丰富多彩，能让人更直观地感受网页传达的信息。本章将详细介绍用 CSS 设置图片风格样式的方法，包括设置图片的边框、对齐方式和图文混排等，并会通过实例介绍文字和图片的各种运用。

图片的很多属性可以直接在 HTML 中进行调整，并通过 CSS 统一管理。这样不但可以更加精确地调整图片的各种属性，还可以实现很多特殊的效果。本章主要讲解用 CSS 设置图片基本属性的方法，为进一步深入探讨相关知识打下基础。本章的思维导图如下。

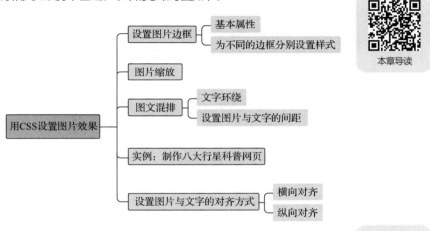

本章导读

6.1 设置图片边框

知识点讲解

在 HTML 中，可以直接通过<img>标记的 border 属性为图片添加边框，border 属性值为边框的粗细，以 px 为单位。若设置该属性值为"0"，则显示没有边框。代码如下。

```
1    <img src="img.jpg" border="0">
2    <img src="img.jpg" border="2">
```

使用这种方法存在很大的限制，即所有的边框都只能是黑色，而且风格十分单一，都是实线，且只能在边框粗细上做调整。如果希望更换边框的颜色，或者将其换成虚线边框，仅依靠 HTML 是无法实现的。

6.1.1 基本属性

在 CSS 中，可以通过边框属性为图片添加各式各样的边框。border-style 属性用来定义边框的线型，如虚线、实线或点画线等。

在 CSS 中，一个边框由以下 3 个属性组成。

（1）border-width（粗细）：可以使用 CSS 中的各种长度单位，最常用的是 px。

（2）border-color（颜色）：可以使用各种合法的颜色。

（3）border-style（线型）：可以在一些预先定义好的线型中选择。

边框线型的各种风格，在后面的章节中还会详细介绍。读者可以先自行尝试不同的风格，选择自己喜爱的线型。另外，还可以通过 border-color 属性定义边框的颜色，通过 border-width 属性定义边框的粗细。

下面举例说明使用 CSS 设置边框的方法。实例文件参见本书配套资源"第 6 章/ 06-01.html"。

```
1   <style type="text/css">
2   .test1{
3       border-style:dotted;          /* 点画线 */
4       border-color:#996600;         /* 边框颜色 */
5       border-width:4px;             /* 边框粗细 */
6   }
7   .test2{
8       border-style:dashed;          /* 虚线 */
9       border-color:blue;            /* 边框颜色 */
10      border-width:2px;             /* 边框粗细 */
11  }
12  </style>
13
14  <body>
15  <img src="cup.jpg" class="test1">
16  <img src="cup.jpg" class="test2">
17  </body>
```

效果如图 6.1 所示，第 1 幅图片设置的是金黄色、4px 宽的点画线，第 2 幅图片设置的是蓝色、2px 宽的虚线。

图6.1　设置各种图片边框

✎ 说明

从本章起，在给出实例代码的时候仅给出 CSS 样式布局和相关的 HTML 代码，每个页面中相同且固定不变的代码（例如<! DOCTYPE>声明等内容）就不再给出了。如果读者对此还不是十分清楚，一方面请仔细阅读本书前面的讲解，把网页的基本代码结构搞清楚再继续深入学习，另一方面可以参考本书配套资源中的源代码。

另外，这里使用的类别选择器与前面使用过的 ID 选择器类似，但二者又是有区别的。一个类别选择器定义的样式可以应用于多个网页元素，而一个 ID 选择器定义的样式仅能应用于一个网页元素。

< 98 >

6.1.2　为不同的边框分别设置样式

6.1.1 小节的设置方法会对一个图片的 4 条边框同时产生作用。如果希望分别为 4 条边框设置不同的样式，在 CSS 中也是可以实现的。只需要分别设置 border-left、border-right、border-top、border-bottom 属性即可，它们依次对应左、右、上、下 4 条边框。

在使用时，依然是每条边框分别设置粗细、颜色和线型这 3 项。例如，要设置右边框的颜色，相应的属性就是 border-right-color，因此这样的属性共有 4×3＝12 个。

这里给出一个演示实例，实例文件参见本书配套资源"第 6 章/ 06-02.html"。

```
1    <style>
2    img{
3        border-left-style:dotted;        /* 左点画线 */
4        border-left-color:#FF9900;       /* 左边框颜色 */
5        border-left-width:3px;           /* 左边框粗细 */
6        border-right-style:dashed;
7        border-right-color:#33CC33;
8        border-right-width:2px;
9        border-top-style:solid;          /* 上实线 */
10       border-top-color:#CC44FF;        /* 上边框颜色 */
11       border-top-width:2px;            /* 上边框粗细 */
12       border-bottom-style:groove;
13       border-bottom-color:#66cc66;
14       border-bottom-width:3px;
15   }
16   </style>
17
18   <body>
19       <img src="cup.jpg">
20   </body>
```

效果如图 6.2 所示，可以看到图片的 4 条边框被分别设置了不同的风格样式。

图 6.2　分别设置 4 条边框

这样将 12 个属性依次设置固然是可以的，但是比较烦琐。事实上，在绝大多数情况下，各条边框的样式基本上是相同的，仅有个别样式不一样，这时就可以先进行统一设置，再针对个别的边框进行特殊设置。例如下面的设置方法，实例文件参见本书配套资源"第 6 章/ 06-03.html"。

```
1    img{
2        border-style:dashed;
3        border-width:2px;
4        border-color:red;
5
6        border-left-style:solid;
```

< 99 >

```
7       border-top-width:4px;
8       border-right-color:blue;
9    }
```

效果如图 6.3 所示。这里先对 4 条边框进行了统一的设置，然后分别对上边框的粗细、右边框的颜色和左边框的线型进行了特殊设置。

图6.3　边框效果

在熟练上述方法后，还可以将 border 属性的各个属性值写到同一条语句中，用空格分离，这样可以大大简化 CSS 代码的长度。例如下面的代码。

```
1    img{
2       border-style:dashed;
3       border-width:2px;
4       border-color:red;
5    }
```

上面的代码可简化为下面的代码。

```
1    img{
2       border:2px red dashed;
3    }
```

这两段代码是完全等价的，但后者写起来要简单得多：把 3 个属性值依次排列，用空格分隔即可。这种方式适用于对边框同时设置属性的情况。

6.2 图片缩放

知识点讲解

用 CSS 控制图片大小的方法与用 HTML 一样，也是通过 width 和 height 两个属性来实现的。不同的是 CSS 中可以使用更多的属性值，如相对值和绝对值等。例如，当设置 width 属性值为 50%时，图片的宽度将被调整为父元素宽度的一半，代码如下。

```
1    <html>
2    <head>
3    <title>图片缩放</title>
4    <style>
5    img.test1{
6       width:50%;          /* 相对宽度 */
7    }
8    </style>
9    </head>
```

< 100 >

```
10    <body>
11       <img src="cup.jpg" class="test1">
12    </body>
13    </html>
```

因为设置的是相对大小（相对于 body 的宽度），所以当拖动浏览器窗口以改变其宽度时，图片的大小也会相应地发生变化。

这里需要指出的是，当只设置了图片的 width 属性，而没有设置 height 属性时，图片本身会自动等比例缩放，如果只设置 height 属性也是一样的道理。只有同时设置 width 和 height 属性时才会不等比例缩放，代码如下。

```
1     <html>
2     <head>
3     <title>不等比例缩放</title>
4     <style>
5     img.test1{
6         width:70%;          /* 相对宽度 */
7         height:110px;       /* 绝对高度 */
8     }
9     </style>
10    </head>
11    <body>
12       <img src="cup.jpg" class="test1">
13    </body>
14    </html>
```

知识点讲解

6.3 图文混排

在 Word 中进行文字与图片的排版有多种方式，在网页中同样可以通过 CSS 实现各种图文混排的效果。本节将在文字排版和图片对齐等知识的基础上，介绍 CSS 图文混排的具体方法。

6.3.1 文字环绕

文字环绕的方式在实际页面中应用的非常广泛，如果再配合内容、背景等的设置，便可以实现各种绚丽的效果。在 CSS 中主要是通过给图片设置 float 属性来实现文字环绕的，如下例所示。代码如下，实例文件参见本书配套资源"第 6 章 / 06-04.html"。

```
1     <html>
2     <head>
3     <title>图文混排</title>
4     <style type="text/css">
5     body{
6         background-color:#EAECDF;     /* 页面背景颜色 */
7         margin:0px;
8         padding:0px;
9     }
10    img{
11        float:right;                  /* 文字环绕图片 */
12    }
13    p{
14        color:#000000;                /* 文字颜色 */
```

< 101 >

```
15          margin:0px;
16          padding-top:10px;
17          padding-left:5px;
18          padding-right:5px;
19      }
20      p::first-letter{
21          float:left;                    /* 首字放大 */
22          font-size:60px;
23          font-family:黑体;
24          margin:0px;
25          padding-right:5px;
26      }
27      </style>
28      </head>
29      <body>
30          <img src="einstein.jpg" border="0">
31          <p>阿尔伯特·爱因斯坦（Albert Einstein, 1879 年 3 月 14 日－1955 年 4 月 18 日）是出生于
            德国、拥有瑞士和美国国籍的犹太裔理论物理学家，他创立了现代物理学的两大支柱之一的相对论，也
            是质能等价公式的提出者。他在科学、哲学领域颇具影响力。因为对理论物理的贡献，特别是发现了光
            电效应的原理，他荣获 1921 年度的诺贝尔物理学奖（1922 年颁发）。这一发现为量子理论的建立奠定
            了关键性的基础。</p>
            </body>
32      </html>
```

在上面的实例中，我们对图片使用了 float:right，使它位于页面左侧，文字对它环绕排版。此外，也对第一个"阿"字运用了 float:left，使文字环绕图片，还运用了首字放大的方法。可以看到，图片环绕与首字放大的设置方式几乎是完全相同的，只不过对象分别是图片和文字，效果如图 6.4 所示。

如果对 img 设置 float 属性为 left，则图片将会移动至页面右侧，从而实现文字在左边环绕，如图 6.5 所示。可以看到，这样的排版方式确实非常灵活，可以给设计师很大的创作空间。

图 6.4　文字环绕效果　　　　　　　　　　　　图 6.5　修改后的文字环绕效果

6.3.2　设置图片与文字的间距

如果希望图片与环绕的文字有一定的距离，只需要给<img>标记添加 margin 或者 padding 属性即可，代码如下。至于 margin 和 padding 属性的详细用法，后面的章节还会深入介绍，它们是 CSS 网页布局的核心属性。

```
1   img{
2       float:right;                    /* 文字环绕图片 */
3       margin:10px;
4   }
```

< 102 >

那文字将会移动到图片上方，读者可以自行试验。

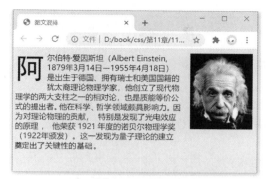

图 6.6　使图片与文字有一定距离

6.4 实例：制作八大行星科普网页

案例讲解

众所周知，只有把理论知识同具体实际相结合，才能正确回答实践提出的问题，扎实提升读者的理论水平与实战能力。

本节将通过具体实例，进一步讲解图文混排方法，并把该方法运用到实际的网站制作中。本例以介绍太阳系的八大行星为题材，充分利用 CSS 图文混排的方法实现页面效果。实例的最终效果如图 6.7 所示，实例文件参见本书配套资源"第 6 章/ 06-05.html"。

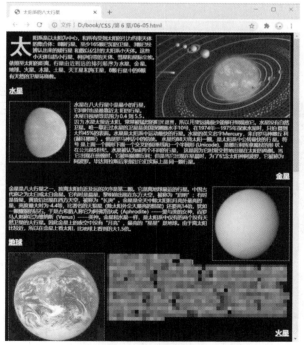

图 6.7　八大行星页面

（1）首先选取一些相关的图片和文字介绍，将总体描述和图片放在页面最上端，采用首字放大的方法设置首字效果。

< 103 >

方法设置首字效果。

```
1    <img src="baall.jpg" class="pic2">
2    <p><span class="first">太</span>阳系是以太阳为中心，和所有受到太阳的引力约束天体的集合体：
     8 颗行星、至少165 颗已知的卫星、3 颗已经辨认出来的矮行星和数以亿计的太阳系小天体。这些小天体包
     括小行星、柯伊伯带的天体、彗星和星际尘埃。依照至太阳的距离，行星由近到远的排列顺序为水星、金星、
     地球、火星、木星、土星、天王星和海王星，8 颗行星中的 6 颗有天然的卫星环绕着。</p>
```

（2）为整个页面选取一个合适的背景色。为了表现广袤的星空，这里用黑色作为整个页面的背景色。用图文混排的方式将图片靠右，并适当调整文字与图片的距离，将正文文字设置为白色。CSS 部分的代码如下。

```
1    body{
2        background-color:black;          /* 页面背景色 */
3    }
4    p{
5        font-size:13px;                  /* 段落文字大小 */
6        color:white;
7    }
8    img{
9        border:1px #999 dashed;          /* 图片边框 */
10   }
11   span.first{                          /* 首字放大 */
12       font-size:60px;
13       font-family:黑体;
14       float:left;
15       font-weight:bold;
16       color:#CCC;                      /* 首字颜色 */
17   }
```

效果如图 6.8 所示。

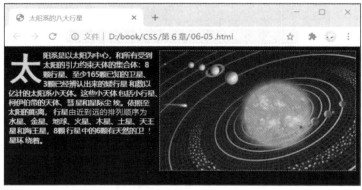

图6.8　首字放大且图片靠右

（3）考虑到排版效果，这里采用一左一右的方式，并且全部采用图文混排。因此，图文混排的 CSS 分左右两段，分别定义为 img.pic1 和 img.pic2。.pic1 和.pic2 都采用图文混排，不同之处在于一个用于图片在左侧的情况，另一个用于图片在右侧的情况，可以交替使用。具体代码如下。

```
1    img.pic1{
2        float:left;                      /* 左侧图文混排 */
3        margin-right:10px;               /* 图片右端与文字的距离 */
4        margin-bottom:5px;
5    }
```

< 104 >

```
6    img.pic2{
7        float:right;                      /* 右侧图文混排 */
8        margin-left:10px;                 /* 图片左端与文字的距离 */
9        margin-bottom:5px;
10   }
```

（4）当图片分别处于左右两侧后，正文的文字并不需要做太大的调整，但每一小段的标题需要根据图片的位置做相应的变化。因此行星名称的小标题也需要定义两个 CSS 标记，分别为 p.title1 和 p.title2，而段落不用区分左右，统一定义为 p.content。具体代码如下。

```
1    p.title1{                             /* 左侧标题 */
2        text-decoration:underline;        /* 下画线 */
3        font-size:18px;
4        font-weight:bold;                 /* 粗体*/
5        text-align:left;                  /* 左对齐 */
6    }
7    p.title2{                             /* 右侧标题 */
8        text-decoration:underline;
9        font-size:18px;
10       font-weight:bold;
11       text-align:right;
12   }
13   p.content{                            /* 正文内容 */
14       line-height:1.2em;                /* 正文行间距 */
15       margin:0px;
16   }
```

从上述代码中可以看到，两段标题代码的主要不同之处在于文字的对齐方式。当图片使用 img.pic1 而位于左侧时，标题使用 p.title1，并且也在左侧。同样的道理，当图片使用 img.pic2 而位于右侧时，标题使用 p.title2，并且也移动到了右侧。

（5）对于整个页面中分别介绍八大行星的部分，文字和图片都一一交错地使用两种不同的对齐和混排方式，分别采用两组不同的 CSS 类型标记，进而得到了一左一右的显示效果。HTML 部分的代码如下。

```
1    ……
2        <p class="title1">水星</p>
3        <img src="ba1.jpg" class="pic1">
4        <p class="content">
5        水星在八大行星中是最小的行星，它同时也是最靠近太阳的行星。水星目视星等范围为 0.4 到 5.5。
         因为水星太接近太阳，常常被猛烈的阳光遮盖，所以用望远镜很少能够仔细观察它。水星没有自然卫星。
         唯一靠近过水星的卫星是美国探测器水手 10 号，其在 1974 年–1975 年探索水星时，只拍摄到大约
         45%的表面。水星是太阳系中运动最快的行星。……</p>
6
7        <p class="title2">金星</p>
8        <img src="ba2.jpg" class="pic2">
9        <p class="content">金星是八大行星之一，按离太阳由近及远的次序是第二颗。它是离地球最近
         的行星。中国古代称之为太白或太白金星。它有时是晨星，黎明前出现在东方天空，称为"启明"；有
         时是昏星，黄昏后出现在西方天空，称为"长庚"。……</p>
10   ……
```

通过图文混排后，文字能够很好地被展示，就像在 Word 中使用图文混排一样，十分方便、美观。本例剩余页面的截图如图 6.9 所示，充分体现出了 CSS 图文混排的效果和作用。

< 105 >

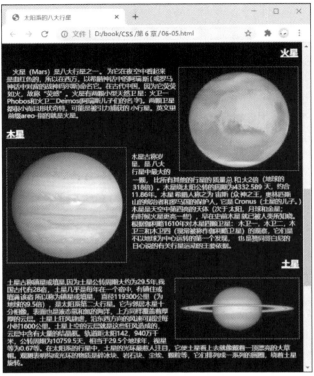

图 6.9　图文混排

最终的所有代码这里不再罗列，读者可参考本书配套资源"第 6 章/06-05.html"。本例主要通过图文混排的技巧将文字和图片融为一体，并结合第 5 章中设置文字的各种方法，制作出常见的介绍性页面。这种方法在实际中使用很广，读者可以参考这种方法来设计页面。

6.5　设置图片与文字的对齐方式

知识点讲解

当图片与文字同时出现在页面上时，图片的对齐方式就显得很重要了。合理地将图片对齐到理想的位置，是使页面整体协调、统一的重要因素。本节从图片横向对齐和纵向对齐两种情况出发，介绍 CSS 设置图片对齐方式的方法。

6.5.1　横向对齐

图片横向对齐的方法与第 5 章中文字水平对齐的方法基本相同，分为左、中、右 3 种。不同的是图片的横向对齐通常不能直接通过设置图片的 text-align 属性实现，而是要通过设置其父元素的该属性来实现，如下例所示。实例文件参见本书配套资源"第 6 章/ 06-06.html"。

```
1    <html>
2    <head>
3    <title>水平对齐</title>
4    </head>
5    <body>
6    <table width="100%" border="1">
7        <p style="text-align:left;"><img src="cup.jpg"></p>
```

< 106 >

```
8        <p style="text-align:center;"><img src="cup.jpg"></p>
9        <p style="text-align:right;"><img src="cup.jpg"></p>
10   </table>
11   </body>
12   </html>
```

效果如图 6.10 所示，可以看到图片在段落中分别以左、中、右的方式对齐。如果直接在图片上设置横向对齐方式，则达不到想要的效果，关于这一点读者可以自己试验一下。

图 6.10　横向对齐

对文本段落设置它的 text-align 属性，目的是确定该段落中的内容在水平方向如何对齐。可以看到，它不仅对普通的文本起作用，也对图片起相同的作用。

6.5.2　纵向对齐

图片纵向对齐方式主要体现在图片与文字搭配的情况下，尤其当图片的高度与文字本身不一致时，在 CSS 中同样是通过 vertical-align 属性来实现搭配的。这个属性是一个比较复杂的属性，下面选择一些重点的内容进行讲解。

例如下面这段代码。

```
<p><img src="demo.jpg">lpsum </p>
```

没有进行任何设置时的默认效果如图 6.11 所示。

从图 6.11 中可能看不出这个方形和旁边的文字是如何对齐的，这时如果在图中画出一条横线，就可以看得很清楚了，如图 6.12 所示。

图 6.11　默认的纵向对齐方式

图 6.12　图片与文字基线对齐

< 107 >

可以看到，大多数英文字母的下端是在同一水平线上的。对于 p、j 等字母，它们的最下端则低于这条水平线。这条水平线被称为"基线"（baseline），同一行中的英文字母都以此为基准进行排列。

由此可以得出结论，在默认情况下，行内的图片的最下端将与同行的文字的基线对齐。

要改变这种对齐方式，需要使用 vertical-align 属性。例如将上面的代码修改为如下形式。

```
<p><img src="demo.jpg" style="vertical-align:text-bottom;">lpsum </p>
```

效果如图 6.13 所示，可以看到，如果将 vertical-align 属性设置为 text-bottom，则图片的下端将不再按照默认的方式与基线对齐，而是会与文字的最下端所在的水平线对齐。

此外，还可以将 vertical-align 属性设置为 text-top，此时图片的上端会与文字的最上端所在的水平线对齐，如图 6.14 所示。

图 6.13　图片与文字底端对齐

图 6.14　图片与文字顶端对齐

此外，经常用到的应该是居中对齐。可以将 vertical-align 属性设置为 middle，以实现居中对齐。这个属性值的严格定义是图像的"竖直中点"与文字的基线加上文字高度的一半所在的水平线对齐，如图 6.15 所示。

图 6.15　图片与文字居中对齐

上面介绍了 4 种对齐方式——基线、文字底端、文字顶端、居中。vertical-align 属性还可以被设置为很多种属性值，这里不再一一介绍。

本章小结

本章介绍了关于使用图片的一些相关设置方法。可以看到，使用 CSS 对图片进行设置，无论是边框的样式、图片与周围文字的间隔，还是图片与旁边文字的对齐方式等，都可以实现非常精确、灵活的设置，这些是使用 HTML 中<img>标记所无法实现的。

习题6

一、关键词解释

图片缩放　图文混排　横向对齐　纵向对齐

二、描述题

1. 请简单描述一下设置边框的 3 个要素。
2. 请简单描述一下为不同边框设置样式的属性有哪些。
3. 请简单描述一下文章中介绍的设置文字环绕的方式。
4. 请简单描述一下图片和文字的对齐方式有哪几种。

< 108 >

三、实操题

题图 6.1 所示是一个活动奖励页面效果，请使用所学知识制作一个类似的页面。

题图 6.1　活动奖励页面效果

< 109 >

第 7 章 盒子模型

　　盒子模型是使用 CSS 控制页面时的一个很重要的概念。只有很好地掌握了盒子模型及其中每个元素的用法，才能真正地控制好页面中的各个元素。本章主要介绍盒子模型的基本概念，以及 CSS 定位的基本方法。

　　所有页面中的元素都可以被看成一个盒子，占据一定的页面空间。一般来说，这些被占据的空间往往都要比单纯的内容大。换句话说，可以通过调整盒子的边框和距离等参数来调整盒子的位置和大小。

　　一个页面由很多这样的盒子组成，这些盒子之间会互相影响，因此掌握盒子模型需要从两方面来理解：一方面是理解一个孤立的盒子的内部结构；另一方面是理解多个盒子之间的相互关系。

　　本章将首先讲解独立盒子的相关性质，然后介绍在普通情况下盒子的排列关系。第 8 章会更深入地讲解浮动和定位的相关内容。本章的思维导图如下。

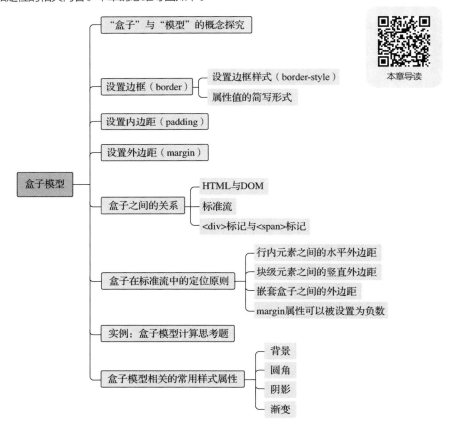

本章导读

7.1 "盒子"与"模型"的概念探究

在学习盒子模型之前，先来看一个实例。假设在墙上整齐地排列着 4 幅画，如图 7.1 所示。每幅画都有一个边框，英文为 border；每个画框中，画和边框通常会有一定的距离，这个距离被称为"内边距"，英文为 padding；各幅画之间通常也不会紧贴着，它们之间的距离被称为"外边距"，英文为 margin。

图 7.1　画框示意图

这些距离实际上存在于生活中的各个地方，如电视机、显示器和窗户等。因此，"padding-border-margin"模型是一个极其通用的描述矩形对象布局形式的方法。这些矩形对象可以统称为"盒子"，英文为 box。

了解了盒子之后，还需要理解"模型"这个概念。所谓"模型"，就是对某种事物的本质特性的抽象。

模型的种类有很多，例如物理上有物理模型。爱因斯坦提出了著名的 $E=mc^2$ 公式，就是对物理学中质量和能量转换规律的本质特性进行抽象后的精确描述。这样一个看起来十分简单的公式，却有着巨大的作用，这就是模型的重要价值。同样，在网页布局中，为了能够合理地组织纷繁复杂的各个部分，一些有识之士对它的本质进行了充分研究后，总结出了一套完整的、行之有效的规则，即盒子模型。

在 CSS 中，一个独立的盒子模型由 content（内容）、border（边框）、padding（内边距）和 margin（外边距）4 个部分组成，如图 7.2 所示。

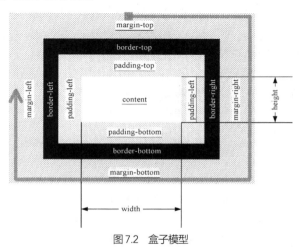

图 7.2　盒子模型

< 111 >

可以看到，盒子模型与图 7.1 非常相似。盒子的概念是非常容易理解的，但是如果需要进行精确的排版，有的时候 1 个 px 都不能差，这就需要非常准确地理解其中的计算方法。

一个盒子实际所占的宽度（或高度）是由"内容+内边距+边框+外边距"组成的。在 CSS 中，可以通过设置 width 和 height 来控制内容所占的矩形的大小，并且对于任何一个盒子，都可以分别设置其 4 条边各自的边框、内边距和外边距。因此只要利用好这些属性，就能够实现各种各样的排版效果。

> ⚠ 注意
>
> 并不是用 div 定义的网页元素才是盒子，事实上，所有网页元素在本质上都是以盒子的形式存在的。在人的眼中，网页上有各种内容，如文本、图片等；而在浏览器看来，它们就是许多盒子排列在一起或者相互嵌套着。

图 7.2 中有一个从上面开始顺时针旋转的箭头，它表示需要读者牢记的一条规则：当使用 CSS 设置这些部分的宽度时，是按照顺时针方向来确定对应关系的。

当然还有很多具体的特殊情况，并不能用很简单的规则覆盖全部的计算方法，因此接下来我们将深入盒子模型的内部，把一般规则和特殊情况都尽可能地阐述清楚。

7.2 设置边框（border）

知识点讲解

边框一般用于分隔不同的元素，其外围就是元素的最外围，因此计算元素实际的宽和高时，就要将边框也计算在内。换句话说，边框会占据空间，所以在计算精细的版面时，一定要把边框的影响考虑进去，如图 7.3 所示，黑色的粗实线框即 border。

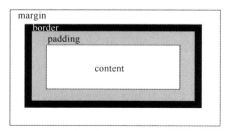

图 7.3　margin、border、padding、content 示意图

边框的属性主要有 3 个，分别是 color（颜色）、width（粗细）和 style（样式）。在设置边框时常常需要将这 3 个属性很好地配合，才能得到良好的效果。在使用 CSS 设置边框的时候，可以分别使用 border-color、border-width 和 border-style 来设置它们。

（1）border-color 用来指定边框的颜色，它的设置方法与文字的 color 属性完全一样。通常情况下会将其设置为十六进制的值，例如红色为#FF0000。

> 📋 经验
>
> 对于#336699 这样的十六进制值，可以将其缩写为#369，当然也可以使用颜色的名称，如 red、green 等。

（2）border-width 用来指定边框的粗细程度，可以设置为 thin（细）、medium（适中）、thick（粗）和<length>。其中<length>表示具体的数值，如 5px 和 0.1in 等。width 的默认值为 medium，一般的浏览器都会将其解析为 2px。

（3）这里需要重点讲解的是 border-style 属性，它可以设置为 none、hidden、dotted、dashed、solid、

< 112 >

double、groove、ridge、inset、outset。它们分别表示"无""隐藏""点线""虚线""实线""双线""凹槽""突脊""内陷""外凸"。其中，设置为 none 和 hidden 时都不显示边框，二者效果完全相同，只是运用在表格中时，设置为 hidden 可以用来解决边框冲突的问题。

7.2.1　设置边框样式（border-style）

为了了解各种边框样式的具体表现形式，可参考如下代码，实例文件参见本书配套资源"第 7 章/07-01.html"。

```
1    <html>
2    <head>
3    <title>border-style</title>
4    <style type="text/css">
5    div{
6        border-width:6px;
7        border-color:#000000;
8        margin:20px; padding:5px;
9        background-color:#FFFFCC;
10   }
11   </style>
12   </head>
13
14   <body>
15       <div style="border-style:dashed">The border-style of dashed.</div>
16       <div style="border-style:dotted">The border-style of dotted.</div>
17       <div style="border-style:double">The border-style of double.</div>
18       <div style="border-style:groove">The border-style of groove.</div>
19       <div style="border-style:inset">The border-style of inset.</div>
20       <div style="border-style:outset">The border-style of outset.</div>
21       <div style="border-style:ridge">The border-style of ridge.</div>
22       <div style="border-style:solid">The border-style of solid.</div>
23   </body>
24   </html>
```

7.2.2　属性值的简写形式

在 CSS 中，可以用简单的方式确定边框的属性值。

1．对不同的边框设置不同的属性值

在 7.2.1 小节的代码中，分别设置了 border-color、border-width 和 border-style 这 3 个属性，其效果是对上、下、左、右 4 个边框同时产生作用。在实际使用 CSS 时，除了采用这种方法，还可以分别对 4 条边框设置不同的属性值。

方法是按照规定的顺序给出 2 个、3 个或者 4 个属性值，它们的含义会有所区别，具体含义如下。

（1）如果给出 2 个属性值，那么前者表示上、下边框的属性值，后者表示左、右边框的属性值。

（2）如果给出 3 个属性值，那么前者表示上边框的属性值，中间的数值表示左、右边框的属性值，后者表示下边框的属性值。

（3）如果给出 4 个属性值，那么依次表示上、右、下、左边框的属性值，即顺时针排序。

例如下面这段代码。

```
1    border-color: red green
2    border-width:1px 2px 3px;
3    border-style: dotted、dashed、solid、double;
```

< 113 >

其含义是上、下边框为红色，左、右边框为绿色；上边框宽度为 1px，左右边框宽度为 2px，下边框宽度为 3px；从上边框开始，按顺时针方向，4 个边框的样式分别为点线、虚线、实线和双线。

2．在一行中同时设置边框的宽度、颜色和样式

要把 border-width、border-color 和 border-style 这 3 个属性合在一起，还可以用 border 属性来简写，示例如下。

```
border: 2px green dashed
```

这表示将 4 条边框都设置为 2px 的绿色虚线，这样就比分为 3 条代码来写方便多了。

3．对一条边框设置与其他边框不同的属性

在 CSS 中，还可以单独对某一条边框设置属性，示例如下。

```
1    border: 2px green dashed;
2    border-left: 1px red solid
```

第 1 行表示将 4 条边框设置为 2px 的绿色虚线，第 2 行表示将左边框设置为 1px 的红色实线。最终的效果就是除了左侧边框之外的 3 条边框都是 2px 的绿色虚线，而左侧边框为 1px 的红色实线。这样就不需要使用 4 条 CSS 代码来分别设置 4 条边框的样式了，仅使用 2 条代码即可。

4．同时设置一条边框的一种属性

有时，还需要对某一条边框的某一个属性进行设置，例如仅希望设置左边框的颜色为红色，则可以将代码写为如下形式。

```
border-left-color:red
```

类似地，如果希望设置上边框的宽度为 2px，则可以将代码写为如下形式。

```
border-top-width:2px
```

> **注意**
>
> 当有多条代码作用于同一个边框时，会产生冲突，后面的设置会覆盖前面的设置。

5．动手实践

在上面讲解的基础上，请读者来做一个练习。对照属性缩写形式的规则，分析执行下面这段代码以后，4 条边框最终的宽度、颜色和样式。实例文件参见本书配套资源"第 7 章/ 07-02.html"。

```
1    <html>
2    <head>
3    <style type="text/css">
4    #outerBox{
5        width:200px;
6        height:100px;
7        border:2px black solid;
8        border-left:4px green dashed;
9        border-color:red gray orange blue;  /*上  右  下  左*/
10       border-right-color:purple;
11   }
12   </style>
13   </head>
14   <body>
15       <div id="outerBox">
16       </div>
```

< 114 >

17　　`</body>`

在这个实例关于边框的 4 条 CSS 代码中，首先把 4 条边框设置成了 2px 的黑色实线，然后把左边框设置成了 4px 的绿色虚线，接着又依次设置了边框的颜色，最后把右边框的颜色设置成了紫色。最终的效果如图 7.4 所示。

图 7.4　设置边框属性

知识点讲解

7.3　设置内边距（padding）

内边距又被称为 "padding"，用于控制内容与边框之间的距离，如图 7.5 所示，边框和内容之间的空白区域就是 padding。

padding

图 7.5　padding 示意图

和前面介绍的边框类似，内边距属性可以设置 1、2、3 或 4 个属性值，分别如下。

（1）设置 1 个属性值时，表示上、下、左、右 4 个内边距均为该属性值。

（2）设置 2 个属性值时，前者为上、下内边距的属性值，后者为左、右内边距的属性值。

（3）设置 3 个属性值时，第 1 个为上内边距的属性值，第 2 个为左、右内边距的属性值，第 3 个为下内边距的属性值。

（4）设置 4 个属性值时，按照顺时针方向，依次为上、右、下、左内边距的属性值。

如果需要专门设置某一个方向的内边距，则可以使用 padding-left、padding-right、padding-top 或者 padding-bottom 来设置。例如下面这段代码，实例文件参见本书配套资源 "第 7 章 / 07-03.html"。

```
1   <style type="text/css">
2   #box{
3       width:128px;
4       height:128px;
5       padding:0 20px 10px;    /*上    右    下与左*/
6       padding-left:10px;
7       border:10px gray dashed;
8   }
9
10  #box img{
11      border:1px blue solid;
```

< 115 >

```
12    }
13    </style>
14
15    <body>
16        <div id="box"><img src="cup.gif"></img></div>
17    </body>
```

结果是上侧的内边距为 0，右侧的内边距为 20px，下侧和左侧的内边距为 10px，如图 7.6 所示。

图 7.6　设置内边距后的效果

> 📋 **经验**
>
> 当给一个盒子设置了背景图片后，默认情况下背景图片覆盖的范围是内边距和内容所组成的范围，且其会以内边距的左上角为基准点进行平铺。

7.4 设置外边距（margin）

知识点讲解

外边距指的是元素与元素之间的距离。观察图 7.6，可以看到边框在默认情况下会定位于浏览器窗口的左上角，但是并没有紧贴着浏览器窗口的边框。这是因为 body 本身也是一个盒子，在默认情况下，body 会有一个若干像素的外边距，具体数值因各个浏览器而不尽相同。因此在 body 中的其他盒子就不会紧贴着浏览器窗口的边框了。为了验证这一点，可以给 body 这个盒子也加一个边框，代码如下，实例文件参见本书配套资源"第 7 章/ 07-04.html"。

```
1    body{
2        border:1px black solid;
3        background:#cc0;
4    }
```

当 body 设置了边框和背景色以后，效果如图 7.7 所示。可以看到，细黑线外面的部分就是 body 的外边距。

图 7.7　外边距的效果

< 116 >

> **注意**
>
> body 是一个特殊的盒子，它的背景色会延伸到外边距的部分，而其他盒子的背景色仅会覆盖"内边距+内容"部分（在 IE 浏览器中），或者"边框+内边距+内容"部分（在 Chrome 浏览器中）。

下面再给 div 盒子的外边距增加 20px，效果如图 7.8 所示。可以看到，div 盒子的粗边框与 body 的细边框之间即外边距的范围。右侧的距离很大，这是因为目前 body 这个盒子的宽度不是由其内部的内容所决定的，而是由浏览器窗口决定的，相关的原理后面还会深入分析。

图 7.8 外边距的范围

外边距属性值的设置方法与内边距一样，也可以设置为不同的属性值来代表相应的含义，这里就不再赘述了。

直观来讲，外边距用于控制块与块之间的距离。倘若将盒子模型比作展览馆里展出的一幅幅画，那么内容就是画本身，内边距就是画与画框之间的留白，边框就是画框，而外边距就是画与画之间的距离。

7.5 盒子之间的关系

知识点讲解

读者要理解前几节的内容并不困难，因为都只涉及一个盒子内部的关系。但实际网页往往是很复杂的。一个网页中可能存在着大量的盒子，并且它们会以各种关系相互影响着。

为了能够方便地组织各种盒子，有序地进行排列和布局，CSS 规则的制定者进行了深入、细致的思考，使得这种方式既有足够的灵活性，能够适应各种排版要求，又有足够的便捷性，能使规则尽可能简单，让浏览器的程序开发人员和设计师都能够相对容易地完成工作。

CSS 规则的思路是：先确定一种标准的排版模式，这样可以保证设置的简单化；然后各种网页元素构成的盒子按照这种标准的方式排列布局。这种方式就是接下来要详细介绍的"标准流"方式。

仅通过标准流方式，很多版式是无法实现的，其限制了布局的灵活性。因此 CSS 规则中又给出了另外若干种对盒子进行布局的方式，包括浮动属性和定位属性等。这些内容将在后面的章节中详细介绍。

> **注意**
>
> CSS 的这些不同的布局方式设计得非常精巧，环环相扣。后面的所有章节都是以这些基本的方法和原理为基础的。因此即使是对 CSS 有一些了解的读者，也应该尽可能仔细地阅读本节和下一节的内容，亲自动手调试一下所有实例，这对于读者深刻理解其中的原理大有益处。

< 117 >

7.5.1 HTML 与 DOM

这里先介绍 DOM 的概念。DOM 是 document object model 的缩写，即"文档对象模型"。一个网页的所有元素组织在一起，就构成了一棵 DOM 树。

1. 树

读者可能会有疑问，一个 HTML 文件就是一个普通的文本文件，怎么会和"树"有关系呢？这里的树表示的是一种具有层次关系的结构。例如读者都很熟悉的家谱就是很典型的树形结构，家谱也可以被称为"家族树"（family Tree）。

图 7.9 所示的就是一棵"家族树"，最上面表示 Tom Sr. 和 Alice 结婚，生育了 5 个孩子，其中有一个孩子叫 Mickey，他和 Maggie 结婚后，生育了两个孩子。以此类推，从 Tom Sr. 和 Alice 开始，就产生了一个不断分叉的树形结构。最上面的 Tom Sr. 和 Alice 就是"树根"，每一个孩子（包括其配偶一起）构成了一个"节点"，节点之间存在着层次关系。例如 Tom Sr. 是 Mickey 的"父节点"，相应地 Mickey 是 Tom Sr. 的"子节点"。同时，Mickey 又是 Sarah 的"父节点"，而 Sarah 又是 Melissa 的"兄弟节点"。

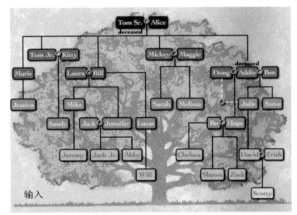

图 7.9　家族树

> ✏️ **说明**
>
> 从对家族树的研究，我们可以看出，科学研究实际上也是来源于生活的。科学研究的过程就是对生活中的常识和直觉进行系统严格的试验或理论推导而获知其本质的过程。只有对一个事物的本质有了深入的把握，才能真正理解它。

2. DOM 树

搞清楚了什么是"树"，下面就来讨论什么是 HTML 的"DOM 树"。

假设有一个 HTML 文件，其中的 CSS 样式部分省略了，这里只关心它的 HTML 结构。这个网页的结构非常简单，代码如下，实例文件参见本书配套资源"第 7 章 / 07-05.html"。

```
1    <!DOCTYPE html>
2    <html>
3    <head>
4    <title>盒子模型的演示</title>
5        <style type="text/css">
6            ……省略……
7        </style>
8    </head>
```

< 118 >

```
9
10    <body>
11      <ul>
12        <li>第 1 个列表的第 1 个项目内容</li>
13        <li class="withborder">第 1 个列表的第 2 个项目内容，内容更长一些，目的是演示自动折行
          的效果。</li>
14      </ul>
15      <ul>
16        <li>第 2 个列表的第 1 个项目内容</li>
17        <li class="withborder">第 2 个列表的第 2 个项目内容，内容更长一些，目的是演示自动折行
          的效果。</li>
18      </ul>
19    </body>
20  </html>
```

效果如图 7.10 所示。

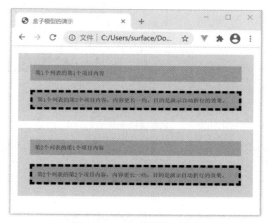

图 7.10　DOM 树的显示效果

为了使读者能够直观地理解什么是"DOM 树"，请读者使用 Chrome 浏览器打开这个网页，然后按快捷键"Ctrl+Shift+I"打开开发者工具，如图 7.11 所示。

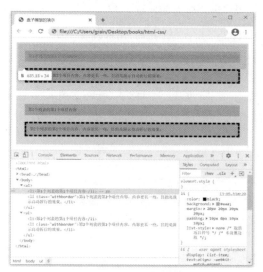

图 7.11　打开开发者工具

< 119 >

在开发者工具中的"Elements"选项卡中可以查看 HTML 的源代码，单击标记左侧的小三角可以展开节点。每一个节点都可以打开它的下级节点，直到该节点本身没有下级节点为止。

3．DOM 树与盒子模型的联系

图 7.11 所示为节点打开后的效果。这里使用了一棵树的形式把一个 HTML 文件的内容组织起来，形成了严格的层次结构。例如在实例中，body 是浏览器窗口中显示的所有对象的根节点，即 ul、li 等对象都是 body 的下级节点，同理，li 又是 ul 的下级节点。这棵"DOM 树"上的各个节点都对应网页上的一个区域，例如在 DOM 查看器上单击某一 li 节点，立即就可以在浏览器窗口中看到一个红色的矩形框闪烁若干次，该框就是该节点在浏览器窗口中所占的区域，这正是前面所说的 CSS "盒子"。到这里，我们已经和 CSS "盒子" 联系起来了，如图 7.12 所示。

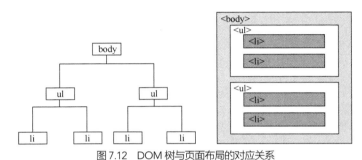

图 7.12　DOM 树与页面布局的对应关系

图 7.12 左侧就是层次结构的树形表示，右侧则是浏览器中以嵌套的盒子的形式表示的层次结构。它们是相互对应的，也就是说，任意一个 HTML 结构都唯一地与一棵 DOM 树对应，而该 DOM 树的节点如何在浏览器中表现就需要由 CSS 参与确定了。

> **注意**
>
> 读者务必要理解，一个 HTML 文件并不是一个简单的文本文件，而是一个具有层次结构的逻辑文件，每一个 HTML 元素（如 p、ul、li 等）都作为这个层次结构中的一个节点存在。各节点反映在浏览器中会有不同的表现形式，具体的表现形式正是由 CSS 来确定的。
>
> 这里又印证了几乎所有 CSS 资料中都会提及的一句话——"CSS 的目的是使网页的表现形式与内容结构分离，CSS 控制网页的表现形式，HTML 控制网页的内容结构"，现在读者应该可以更深刻地理解这个原则了。

接下来介绍 CSS 如何为各种处于层次结构中的元素设置表现形式。

7.5.2　标准流

知识点讲解

这里又出现了一个新的概念——标准流，全称为"标准文档流"（normal document stream）。所谓"标准流"，是指在不使用其他与排列和定位相关的特殊 CSS 规则时各种元素的排列规则。

> **注意**
>
> 如果和现实中的实例进行一个对比，网页布局就像长江从源头向东到海。其中东流的过程中不断会有支流汇入。在没有人力干预的时候，它们都会自然而然地依据地势形成河流的形状。人类出现以后，就开始不断地人为干预，如修建三峡大坝，这样就会人为地改变河流的流向。因此，河流的最终走向就是自然地势和人力共同决定的。
>
> 网页布局也与此类似，不使用特定的定位和布局手段时，网页会有它自己默认的布局方式，这就是标准流的效果。本书后面的章节还会介绍如何进行人为干预（就像修建大坝一样），以改变布局的默认形式。

< 120 >

以 7.5.1 小节的网页为例，只观察从 body 开始的这一部分，其内容是 body 中有两个列表 ul，每个列表中各有两个列表项目 li。一共有 4 层结构：顶层为 body，第 2 层为 ul，第 3 层为 li，第 4 层为 li 中的文字。这 4 种元素又可以分为以下两类。

1．块级元素（block level）

li 占据着一个矩形的区域，并且和相邻的 li 依次竖直排列，而不会排在同一行中。ul 也具有同样的性质，占据着一个矩形的区域，并且和相邻的 ul 依次竖直排列，而不会排在同一行中。这类元素被称为"块级元素"，它们总是以一个块的形式表现出来，并且跟同级的兄弟块依次竖直排列，左右撑满。

2．行内元素（inline）

文字这类元素的各个字母之间横向排列，到最右端会自动折行。它们属于另一类元素，被称为"行内元素"。

如<strong>标记就是一个典型的行内元素，这个标记本身不占有独立的区域，仅是在其他元素的基础上指出了一定的范围。又如常用的<a>标记也是一个行内元素。

> **注意**
>
> 　行内元素在 DOM 树中同样是一个节点。从 DOM 树的角度来看，块级元素和行内元素是没有区别的，都是树上的一个节点。从 CSS 的角度来看，二者有很大的区别，块级元素拥有自己的区域，行内元素则没有。

标准流就是 CSS 规定的默认的块级元素和行内元素的排列方式。那么它们具体是如何排列的呢？读者不妨把自己想象成是一名浏览器的程序开发人员，来考虑在下面这段 HTML 中应该如何放置这些内容。

```
1   <body>
2      <ul>
3        <li>第 1 个列表的第 1 个项目内容</li>
4        <li class="withborder">第 1 个列表的第 2 个项目内容，内容更长一些，目的是演示自动折行
           的效果。</li>
5      </ul>
6      <ul>
7        <li>第 2 个列表的第 1 个项目内容</li>
8        <li class="withborder">第 2 个列表的第 2 个项目内容，内容更长一些，目的是演示自动折行
           的效果。</li>
9      </ul>
10  </body>
```

（1）从<body>标记开始，body 元素就是一个最大的块级元素，其应该包含所有的子元素。依次把其中的子元素放到适当的位置。例如上面这段代码中，body 包含了两个 ul，那么就把这两个块级元素竖直排列。

（2）分别进入每一个 ul 中查看它的下级元素，这里是两个 li，因此又为它们分别分配了一定的矩形区域。

（3）进入 li 内部，里面是一行文字，因此按照行内元素的方式排列这行文字。

如果一个 HTML 更复杂，层次更多，那么不断地重复这个过程，直至所有的元素都被检查一遍，该分配区域的分配区域，该设置颜色的设置颜色。通过这个过程，样式也就被赋给了每个元素。

在这个过程中，一个个盒子自然地形成一个序列。同级别的兄弟盒子依次排列在父级盒子中，同级别的父级盒子又依次排列在它们的父级盒子中，就像一条河流有干流和支流一样，这就是"流"的含义。

< 121 >

当然，实际的浏览器程序的计算过程要复杂得多，但是大致的过程就是这样的。因为我们并不打算自己开发一个浏览器，所以不必掌握所有的细节，但是一定要深入理解这些概念。

知识点讲解

7.5.3 <div>标记与<span>标记

为了能够更好地理解块级元素和行内元素，这里重点介绍在 CSS 排版的页面中经常使用的<div>标记和<span>标记。利用这两个标记，加上 CSS 对其样式的控制，可以很方便地实现各种效果。本小节将从二者的基本概念出发介绍这两个标记，并且深入探讨两种元素的区别。

1．<div>标记和<span>标记的概念

<div>标记早在 HTML 4.0 时代就已经出现，但那时并不常用，直到 CSS 普及，它才逐渐发挥出优势。<span>标记在 HTML 4.0 时代才被引入，它是专门针对样式表设计的标记。

<div>（division）是一个区块容器标记，即<div>标记相当于一个容器，可以容纳段落、标题、表格、图片，乃至章节、摘要和备注等各种 HTML 元素。可以把<div>标记中的内容视为一个独立的对象，用于 CSS 控制。声明时只需要对<div>标记进行相应的控制，其中的各标记元素都会随之改变。

一个 ul 是一个块级元素，同样 div 也是一个块级元素，二者的不同在于 ul 是一个具有特殊含义的块级元素，具有一定的逻辑语义；而 div 是一个通用的块级元素，用它可以容纳各种元素，从而方便排版。

下面举一个简单的实例，实例文件参见本书配套资源"第 7 章/ 07-06.html"。

```
1   <html>
2   <head>
3   <title>div 标记范例</title>
4   <style type="text/css">
5   div{
6       font-size:18px;            /* 字号大小 */
7       font-weight:bold;          /* 字体粗细 */
8       font-family:Arial;         /* 字体 */
9       color:#FFFF00;             /* 颜色 */
10      background-color:#0000FF;   /* 背景颜色 */
11      text-align:center;         /* 对齐方式 */
12      width:300px;               /* 块宽度 */
13      height:100px;              /* 块高度 */
14  }
15  </style>
16  </head>
17  <body>
18      <div>
19      这是一个div标记
20      </div>
21  </body>
22  </html>
```

通过 CSS 对<div>标记的控制，我们制作了一个宽 300px、高 100px 的蓝色区块，并进行了文字效果的设置，效果如图 7.13 所示。

<span>标记与<div>标记一样，作为容器标记而被广泛应用在 HTML 中。<span>标记中同样可以容纳各种 HTML 元素，从而形成独立的对象。如果把<div>替换成<span>，样式表中

图 7.13 <div>标记效果

< 122 >

把 div 替换成 span，并且将 span 默认的 display:inline-block;改为 display:block;，执行后会发现效果完全一样。可以说<div>与<span>这两个标记所起到的作用都是独立出各个区块。在这个意义上二者没有不同。

2．<div>标记和<span>标记的区别

　　<div>标记与<span>标记的区别在于，<div>标记是一个块级元素，它包含的元素会自动换行；而<span>标记仅是一个行内元素，在它的前后不会换行。<span>标记没有结构上的意义，纯粹是应用样式，当其他行内元素都不合适时，就可以使用<span>标记。

　　例如下面这段代码，实例文件参见本书配套资源"第 7 章/ 07-07.html"。

```
1    <html>
2    <head>
3    <title>div 与 span 的区别</title>
4    </head>
5    <body>
6        <p>div 标记不同行：</p>
7        <div><img src="cup.gif" border="0"></div>
8        <div><img src="cup.gif" border="0"></div>
9        <div><img src="cup.gif" border="0"></div>
10       <p>span 标记同一行：</p>
11       <span><img src="cup.gif" border="0"></span>
12       <span><img src="cup.gif" border="0"></span>
13       <span><img src="cup.gif" border="0"></span>
14   </body>
15   </html>
```

　　效果如图 7.14 所示。<div>标记的 3 幅图片换行排列，而<span>标记的图片没有换行。

图 7.14　<div>与<span>标记的区别

　　另外，<span>标记可以被包含于<div>标记中，成为它的子元素，而反过来则不成立，即<span>标记不能包含<div>标记。

　　明白了<div>和<span>标记的区别和联系，就可以更深刻地理解块级元素和行内元素的区别了。每个 HTML 标记都会被预先确定是行内元素还是块级元素，例如<span>、<em>标记等都是行内元素，而

< 123 >

<div>、<p>、<ul>标记等都是块级元素。那么如果在某些特定的时候需要转换某个元素的表现方式，例如使某个行内元素表现为一个块级元素，该怎么办呢？

这时就可以使用 display 属性。每个 HTML 元素都有一个 display 属性，实际上每个元素正是通过这个属性的预设值来确定默认的显示方式的。

display 属性最常用的 3 个属性值就是 inline、block 和 none。当 display 属性被设置为 inline 时，它就会按照行内元素的方式显示；当 display 属性被设置为 block 时，它就会按照块级元素的方式来显示；而如果被设置为 none，这个元素就不会被显示出来（相当于网页中没有这个元素）。

需要注意的是，display 是一个相对来说比较复杂的属性，其可以使用的属性值也不仅包括 inline 和 block。使用的时候要慎重，如果 display 属性设置错误，那么整个页面的效果可能会和预想的相差巨大。因为一个页面中所有的元素间具有复杂的嵌套关系，在显示时存在相互约束，如果不恰当地改变了 display 属性，可能就会导致无法正确显示页面。

7.6 盒子在标准流中的定位原则

问题是时代的声音，回答并指导解决问题是理论的根本任务。了解了标准流的基本原理后，接下来具体制作一些实例，以掌握盒子在标准流中的定位原则。

如果要精确地控制盒子的位置，就必须对外边距有更深入的了解。内边距只存在于一个盒子的内部，通常它不会涉及与其他盒子之间的关系和相互影响的问题。外边距则用于调整不同的盒子之间的位置关系，因此必须对外边距在不同情况下的性质有非常深入的了解。

7.6.1 行内元素之间的水平外边距

这里来看两个块并排的情况，如图 7.15 所示。

图 7.15 行内元素之间的外边距

当两个行内元素紧邻时，它们之间的距离为第 1 个元素的 margin-right 加上第 2 个元素的 margin-left。代码如下，实例文件参见本书配套资源"第 7 章 / 07-08.html"。

```
1    <html>
2    <head>
3    <title>两个行内元素的margin</title>
4    <style type="text/css">
5    span{
6        background-color:#a2d2ff;
7        text-align:center;
8        font-family:Arial, Helvetica, sans-serif;
9        font-size:12px;
10       padding:10px;
11   }
12   span.left{
13       margin-right:30px;
14       background-color:#a9d6ff;
15   }
16   span.right{
```

< 124 >

```
17        margin-left:40px;
18        background-color:#eeb0b0;
19    }
20    </style>
21    </head>
22    <body>
23        <span class="left">行内元素 1</span><span class="right">行内元素 2</span>
24    </body>
25    </html>
```

效果如图 7.16 所示，可以看到两个块之间的距离为 30px + 40px = 70px。

图 7.16　两个行内元素之间的水平外边距

7.6.2　块级元素之间的竖直外边距

通过 7.6.1 小节的实验我们了解了行内元素的情况，但如果不是行内元素而是竖直排列的块级元素，情况就会有所不同。两个块级元素之间的距离不是 margin-bottom 与 margin-top 的总和，而是两者中的较大者，如图 7.17 所示。这个现象被称为外边距的"塌陷"（或"合并"）现象，意思是较小的外边距塌陷（合并）到了较大的外边距中。

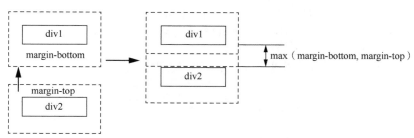

图 7.17　块级元素之间的外边距

这里看一个实例，代码如下，实例文件参见本书配套资源"第 7 章 / 07-09.html"。

```
1     <html>
2     <head>
3     <title>两个块级元素的 margin</title>
4     <style type="text/css">
5     div{
6         background-color:#a2d2ff;
7         text-align:center;
8         font-family:Arial, Helvetica, sans-serif;
9         font-size:12px;
10        padding:10px;
11    }
12    </style>
13    </head>
14    <body>
15        <div style="margin-bottom:50px;">块级元素 1</div>
16        <div style="margin-top:30px;">块级元素 2</div>
```

< 125 >

```
17    </body>
18    </html>
```

效果如图 7.18 所示。倘若将块级元素 2 的 margin-top 修改为 40px，就会发现效果没有任何变化。若再修改其值为 60px，就会发现块级元素 2 向下移动了 10px。

图 7.18　两个块级元素之间的竖直外边距

✏️ **说明**

margin-top 和 margin-bottom 的这些特点在实际制作网页时要特别注意，否则常常会被增大了 margin-top 或者 margin-bottom 值却发现块没有移动的假象所迷惑。

7.6.3　嵌套盒子之间的外边距

除了上面提到的行内元素间隔和块级元素间隔这两种关系外，还有一种位置关系的 margin 值对 CSS 排版也有重要的作用，这就是"父子"关系。当一个 div 块包含在另一个 div 块中时，便形成了典型的"父子"关系。其中子块的外边距将以父块的内容为参考，如图 7.19 所示。

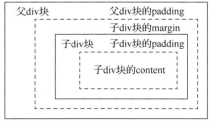

图 7.19　嵌套盒子之间的外边距

读者务必记住，在标准流中，一个块级元素的盒子的水平方向的宽度会自动延伸，直至上一级盒子的限制位置。

这里有一个实例，代码如下，实例文件参见本书配套资源"第 7 章 / 07-10.html"。

```
1    <head>
2    <title>父子块的 margin</title>
3    <style type="text/css">
4    div.father{                        /* 父 div */
5        background-color:#fffebb;
6        text-align:center;
7        font-family:Arial, Helvetica, sans-serif;
8        font-size:12px;
9        padding:10px;
10       border:1px solid #000000;
```

< 126 >

```
11    }
12    div.son{                              /* 子 div */
13        background-color:#a2d2ff;
14        margin-top:30px;
15        margin-bottom:0px;
16        padding:15px;
17        border:1px dashed #004993;
18    }
19    </style>
20    </head>
21    <body>
22        <div class="father">
23            <div class="son">子 div</div>
24        </div>
25    </body>
```

效果如图 7.20 所示。外层的盒子的宽度会自动延伸，直至浏览器窗口的边界为止，而里面的子 div 块的宽度也会自动延伸，但它以父 div 块的内容部分为边界。

图 7.20　父子块的外边距

可以看到，子 div 块距离父 div 块上边框 40px（30px 外边距+10px 内边距），其余 3 个方向的距离都是父 div 块的内边距（即 10px）。

> **注意**
>
> ① 上面说的自动延伸是指宽度。对于高度，div 块都是以里面的内容的高度来确定的，也就是说其会自动收缩到能够包容下内容的最小高度。
>
> ② 宽度方向自动延伸，高度方向自动收缩，这些都是在没有设置 width 和 height 属性的情况下的表现。
>
> ③ 如果明确设置了 width 和 height 属性，盒子的实际宽度和高度就会按照 width 和 height 属性值来确定，也就是前面说的盒子的实际大小是 width（height）+padding+border+margin。

7.6.4　margin 属性可以被设置为负数

上面提及 margin 属性的时候，它的值都是正数。其实 margin 属性值也可以被设置为负数，而且相关的巧妙用法也非常多，后面的章节中会陆续介绍。这里先分析将 margin 属性值设置为负数时产生的排版效果。

当将 margin 属性值设置为负数时，会使被设置为负数的块向相反的方向移动，甚至覆盖在另外的块上。在前面实例的基础上，编写如下代码，实例文件参见本书配套资源"第 7 章/ 07-11.html"。

```
1    <head>
2    <title>margin 设置为负数</title>
3    <style type="text/css">
4    span{
5        text-align:center;
```

< 127 >

```
6          font-family:Arial, Helvetica, sans-serif;
7          font-size:12px;
8          padding:10px;
9          border:1px dashed #000000;
10    }
11    span.left{
12          margin-right:30px;
13          background-color:#a9d6ff;
14    }
15    span.right{
16          margin-left:-53px;              /* 设置为负数 */
17          background-color:#eeb0b0;
18    }
19    </style>
20    </head>
21    <body>
22          <span class="left">行内元素 1</span><span class="right">行内元素 2</span>
23    </body>
```

效果如图 7.21 所示，右边的块移动到了左边块的上方，形成了重叠的位置关系。

图 7.21　将 margin 属性值设置为负数

当块之间是"父子"关系时，通过设置子块的 margin 属性值为负数，可以将子块从父块中"分离"出来，如图 7.22 所示。关于它的应用在后面的章节中还会有更详细的介绍。

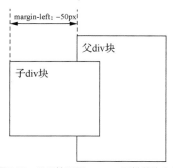

图 7.22　父子块设置 margin 属性值为负数

7.7　实例：盒子模型计算思考题

案例讲解

经过前面的学习，我们对标准流中盒子的排列方式已经很清楚了。下面来做一个思考题。假设有一个网页，其显示结果如图 7.23 所示，现在请问从字母 a 到 p 对应的宽度是多少像素？习题文件参见本书配套资源"第 7 章/ 07-12.html"。

< 128 >

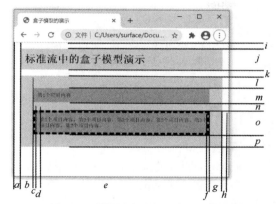

图 7.23 计算图中各个字母代表的宽度/高度

完整代码如下。

```
1    <!DOCTYPE html>
2    <html>
3    <head>
4    <title>盒子模型的演示</title>
5    <style type="text/css">
6    body{
7        margin:0;
8        font-family:宋体;
9    }
10   ul {
11       background: #ddd;
12       margin:15px;
13       padding:10px;
14       font-size:12px;
15       line-height:14px;
16   }
17   h1 {
18       background: #ddd;
19       margin: 15px;
20       padding: 10px;
21       height:30px;
22       font-size:25px;
23   }
24   p,li {
25       color: black;                  /* 黑色文本 */
26       background: #aaa;              /* 浅灰色背景 */
27       margin: 20px 20px 20px 20px;  /* 外边距为20px*/
28       padding: 10px 0px 10px 10px;  /* 右侧内边距为 0，其余为 10px */
29       list-style: none;             /* 取消项目符号 */
30   }
31   .withborder {
32       border-style: dashed;
33       border-width: 5px;            /* 设置边框宽为 5px */
34       border-color: black;
35       margin-top:20px;
36   }
37   </style>
38   </head>
39     <body>
40       <h1>标准流中的盒子模型演示</h1>
```

< 129 >

41	`<ul>`
42	`<li>`第 1 个项目内容`</li>`
43	`<li class="withborder">`第 2 个项目内容，第 2 个项目内容，第 2 个项目内容，第 2 个项目内容，第 2 个项目内容，第 2 个项目内容。`</li>`
44	`</ul>`
45	`</body>`
46	`</html>`

下面是具体的计算过程。

首先计算水平方向的宽度，计算过程如下。

（1）a：由于 body 的外边距设置为 0，因此 a 的值为 ul 的左外边距（与 h1 的左外边距相同），即 15px。

（2）b：ul 的左内边距加 li 的左外边距，即 30px。

（3）c：第 2 个 li 的边框宽，即 5px。

（4）d：li 的左内边距，即 10px。

（5）e：计算完其他项目后再计算这个宽度，注意这里的文字和右边框之间没有间隔，因为右内边距为 0。

（6）f：第 2 个 li 的边框宽，即 5px。

（7）g：ul 的右内边距加上 li 的右外边距，即 30px。

（8）h：ul 的右外边距，即 15px。

现在来计算 e 的宽度。把水平方向除 e 之外的各项加起来，等于 110px，因此 e 的宽度为浏览器窗口的宽度减去 110px。

然后计算竖直方向的宽度，计算过程如下。

（1）i：由于 body 的外边距设置为 0，因此 i 的值为 h1 的上外边距，即 15px。

（2）j：h1 的上、下内边距加上高度（即 h1 的 height 属性值），即 50px。

（3）k：h1 和 ul 相邻，因此上面的 h1 的下外边距和下面的 ul 的上外边距相遇，会发生"塌陷"现象，即 k 的值为二者中的较大者，又因为二者现在相同，所以 k 的值为 15px。

（4）l：ul 的上内边距加上第 1 个 li 的上外边距，即 30px。

（5）m：li 的上、下内边距加上 1 行文字的高度，即 34px。

（6）n：上、下两个 li 相邻，因此这里的高度是 20px。

（7）o：li 的上、下边框宽加上上、下内边距，再加上 2 行文字的高度，即 58px；也可能是 1 行或者 3 行文字的高度，具体几行是由浏览器窗口的宽度决定的。

（8）p：ul 的下内边距加上第 2 个 li 的下外边距，即 30px。

⚠ 注意

对于盒子的宽度再强调说明一下，上面的这个实例中所有的盒子都没有设置 width 属性。在没有设置 width 属性时，盒子会自动向右伸展，直到不能伸展为止。如果某个盒子设置了 width 属性，那么其宽度就会以该属性值为准。盒子实际占据的宽度为 width+padding+border+margin，如图 7.24 所示。

图 7.24　盒子的宽度

< 130 >

7.8　盒子模型相关的常用样式属性

前面介绍了盒子模型相关的基本的影响布局的几个属性，它们决定了元素的大小、位置等属性。接下来介绍一些常用的样式属性，它们更多地与外观样式相关。

7.8.1　背景

各种元素在页面中都会占据一定的空间，因此往往需要设置某种样式的背景，其可以是某种颜色，也可以是某个图片。

1. 背景颜色

在 CSS 中，元素的背景颜色使用 background-color 属性来设置，属性值为某种颜色。颜色值的表示方法和前面介绍的文字颜色的表示方法相同。

例如下面这段代码，实例文件参见本书配套资源"第 7 章/07-13.html"。代码中的 color 属性用于设置标题文字的颜色，background-color 属性用于设置标题背景的颜色。此外，background-color 属性还可以用于设置各种网页元素。下面的实例演示了给一个 div 块设置背景色的方法。注意区分 color 和 background-color 这两个属性，前者设置的是文字颜色，后者设置的是背景颜色。

```
1   <!DOCTYPE html>
2   <html>
3   <head>
4   <style type="text/css">
5   #grade {
6       width:300px;
7       height:200px;
8       background-color:#ccc;
9       color:#000;
10      line-height:200px;
11      text-align:center;
12      font-size:20px;
13      margin:20px;
14  }
15  </style>
16  </head>
17  <body>
18  <div id="grade">设置背景颜色</div>
19  </body>
20  </html>
```

效果如图 7.25 所示。

设置背景颜色

图 7.25　设置背景颜色

如果要给整个页面设置背景颜色，则只需要对<body>标记设置该属性即可，代码如下。

< 131 >

```
1    body{
2        background-color:#0FC;
3    }
```

> **注意**
>
> 在 CSS 中可以使用 3 个字母的颜色表达方式。例如#0FC等于#00FFCC，这种 3 个字母的表达方式仅用在 CSS 中。

2. 背景图片

背景不仅可以被设置为某种颜色，在 CSS 中还可以被设置为图片，而且该方法用途极为广泛。在本书后面的章节中，读者将会看到使用背景图片的实例。

设置背景图片可以使用 background-image 属性实现。例如在第 5 章实例的基础上建立如下页面，实例文件参见本书配套资源"第 7 章/ 07-14.html"。

```
1    <!DOCTYPE html>
2    <html>
3    <head>
4    <title>体验 CSS</title>
5    <style type="text/css">
6        body{
7          background-image:url(bg.gif);
8        }
9        h1{
10         font-family:黑体;
11         background-color: blue;
12         color:#FFF
13       }
14       p{
15         font-family: Arial, "Times New Roman";
16       }
17     </style>
18   </head>
19
20   <body>
21   <h1>互联网发展的起源</h1>
22
23   <p id="p1">A very simple ascii map of the first network link on ARPANET between
     UCLA and SRI taken from RFC-4 Network Timetable, by Elmer B. Shapiro, March 1969.</p>
24   <p id="p2">1969 年，为了保障通信联络，美国国防部高级研究计划署 ARPA 资助建立了世界上第一个分
     组交换试验网 ARPANET，连接美国 4 所大学。ARPANET 的建成标志着计算机网络发展的新纪元。</p>
25   </body>
26   </html>
```

可以看到，body 元素使用了一个图片文件，如图 7.26 所示。这个图片中有 4 条斜线，长和宽都是 10px。读者也可以自己随意使用一个图片文件。

页面效果如图 7.27 所示，可以看到背景图片会铺满整个页面。也就是说，用这种方式设置背景图片以后，图片会自动沿着水平和竖直两个方向平铺。

在默认情况下，图片会自动向水平和竖直两个方向平铺。如果不希望平铺，或者只希望沿着一个方向平铺，则可以使用 background-repeat 属性来控制。该属性可以设置以下 4 个属性值。

图 7.26　准备一个背景图片

< 132 >

图 7.27　页面的 body 元素设置了背景图片后的效果

（1）repeat：沿水平和竖直两个方向平铺，这也是默认值。

（2）no-repeat：不平铺，即只显示一次。

（3）repeat-x：只沿水平方向平铺。

（4）repeat-y：只沿竖直方向平铺。

例如下面这段代码将背景图片设置为只沿水平方向平铺。

```
1  body{
2      background-image:url(bg-g.jpg);
3      background-repeat:repeat-x;
4  }
```

这是在 CSS3 没有普及之前常用的实现背景渐变色的方法，即先在专门的图像处理软件中制作渐变色的图片，如图 7.28 所示。

图 7.28　准备好的渐变色背景图片

假设这时有一个页面，我们希望页面的标题部分具有渐变色的背景，则可以让这个图片只沿着水平方向平铺，实现图 7.29 所示的效果。在 CSS3 普及以后，其已经具备了设置渐变色的能力，因此就不用依赖于这种方法了。

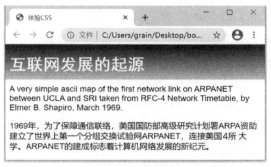

图 7.29　沿水平方向平铺背景图片的效果

在 CSS 中还可以同时设置背景图片和背景颜色，这样背景图片覆盖的地方就显示背景图片，背景图片没有覆盖的地方就按照设置的背景颜色显示。例如，在上面的 body 元素的 CSS 设置中，将代码做如下修改。

```
1  body{
2      background-image:url(bg-g.jpg);
```

< 133 >

```
3        background-repeat:repeat-x;
4        background-color:#D2D2D2;
5    }
```

效果如图 7.30 所示，顶部的渐变色是通过背景图片制作出来的，而下面的灰色则是通过背景颜色设置的。

图 7.30　同时设置背景图像和背景颜色

此外，与 font、border 等属性在 CSS 中可以简写一样，背景样式的 CSS 属性也可以简写。例如下面这段代码，使用了 3 条 CSS 规则。

```
1    body{
2        background-image:url(bg-grad.gif);
3        background-repeat:repeat-x;
4        background-color:#3399FF;
5    }
```

它完全等价于下面这条 CSS 规则。

```
1    body{
2        background: #3399FF url(bg-grad.gif) repeat-x;
3    }
```

需要注意的是，属性之间应该用空格分隔。

3. 设置背景图片的位置

当需要设置一个背景图片的位置时，要用到 background-position 属性。例如下面这段代码，实例文件参见本书配套资源"第 7 章/ 07-15.html"。

```
1    body{
2        background-image:url(cup.gif);
3        background-repeat:no-repeat;
4        background-position:right bottom;
5    }
```

cup.gif 这个图片不会平铺，而且通过 background-position:right bottom 指定了这个图片的位置是在右下角，效果如图 7.31 所示。

图 7.31　将背景图片放在右下角

< 134 >

background-position 属性可以设置两个值。

（1）第 1 个值用于设置水平方向的位置，可以选择 left（左）、center（中）或 right（右）。

（2）第 2 个值用于设置竖直方向的位置，可以选择 top（上）、center（中）或 bottom（下）。

此外，也可以使用具体的数值来精确地确定背景图片的位置，例如将上面的代码修改为如下形式。

```
1  body{
2      background-image:url(cup.gif);
3      background-repeat:no-repeat;
4      background-position:200px 100px;
5  }
```

效果如图 7.32 所示，图片距离上边缘为 100px，距离左边缘为 200px。

图 7.32　用数值设置背景图片的位置

也可以使用百分比的方式设置背景图片的位置，但需要理解它的计算方法。例如将上面的代码修改为如下形式。

```
1  body{
2      background-image:url(cup.gif);
3      background-repeat:no-repeat;
4      background-position:30% 60%;
5  }
```

前面的 30%表示：在水平方向上，背景图片的水平 30%的位置与整个元素（这里是 body）的水平 30%的位置对齐，如图 7.33 所示。竖直方向与此类似，读者可以参见本书配套资源"第 7 章/ 07-16.html"。

图 7.33　用百分比设置背景图片的位置

下面总结一下 background-position 属性的设置方法。background-position 属性的设置是非常灵活的，可使用长度直接设置，相关的属性值如表 7.1 所示。

< 135 >

表 7.1 background-position 属性值的数值设置法

属性值	说明
X（数值）	设置网页的横向位置，其单位可以是任一尺度单位
Y（数值）	设置网页的纵向位置，其单位可以是任一尺度单位

也可以使用百分比来设置，相关属性值如表 7.2 所示。

表 7.2 background-position 属性值的百分比设置法

属性值	说明
0% 0%	左上位置
50% 0%	靠上居中位置
100% 0%	右上位置
0% 50%	靠左居中位置
50% 50%	正中位置
100% 50%	靠右居中位置
0% 100%	左下位置
50% 100%	靠下居中位置
100% 100%	右下位置

还可以使用关键字来设置，相关属性值如表 7.3 所示。

表 7.3 background-position 属性值的关键字设置法

属性值	说明
top left	左上位置
top center	靠上居中位置
top right	右上位置
left center	靠左居中位置
center center	正中位置
right center	靠右居中位置
bottom left	左下位置
bottom center	靠下居中位置
bottom right	右下位置

background-position 属性可以设置为以上属性值，同时也可以混合设置，例如 background-position：200px 50%。在进行混合设置时，只要将横向值和纵向值以空格隔开即可。

7.8.2 圆角

先制作一个圆角的 div 块。如果一个 div 块的 4 个角具有相同的圆角半径，则给 border-radius 属性设置一个值即可。代码如下，实例文件参见本书配套资源"第 7 章/ 07-17.html"。

```
1    <!DOCTYPE html>
2    <html>
3    <head>
4    <style>
```

< 136 >

```
5    .round {
6        border-radius: 20px;
7        background-color:#ccc;
8        padding: 20px;
9        width: 300px;
10       height: 100px;
11   }
12
13   </style>
14   </head>
15   <body>
16       <div class="round"></div>
17   </body>
18   </html>
```

效果如图 7.34 所示。

图 7.34　统一设置圆角

如果各个角的圆角半径不同，则可以先设置一个统一的值，然后对特殊的角进行单独设置，或者直接对 4 个角分别设置圆角半径。代码如下，实例文件参见本书配套资源“第 7 章/ 07-18.html”。

```
1    <!DOCTYPE html>
2    <html>
3    <head>
4    <style>
5    .round {
6        background: #ccc;
7        width: 300px;
8        height: 100px;
9        margin:20px;
10   }
11
12   .round-up {
13       border-radius: 10px;
14       border-top-right-radius:40px;
15   }
16
17   .round-down {
18       border-radius: 10px 20px 40px 60px;
19   }
20
21   </style>
22   </head>
23   <body>
24       <div class="round round-up"></div>
25       <div class="round round-down"></div>
26   </body>
27   </html>
```

效果如图 7.35 所示。上面 div 块的 4 个角被统一设置为 10px，然后单独把右上角设为了 40px。单独设置某个角的圆角半径的属性是 border-*-*-radius，例如 border-top-right-radius:40px;，上、下方向在前，左、右方向在后。

< 137 >

图 7.35　单独设置圆角

如果是单独设置各个角的圆角半径，并且仍然使用 border-radius 属性，则规则如下。

（1）4 个值：第 1 个值为左上角，第 2 个值为右上角，第 3 个值为右下角，第 4 个值为左下角。

（2）3 个值：第 1 个值为左上角，第 2 个值为右上角和左下角，第 3 个值为右下角。

（3）2 个值：第 1 个值为左上角与右下角，第 2 个值为右上角与左下角。

（4）1 个值：4 个圆角值相同。

另外，对于一个圆角，还可以使其产生椭圆的效果，甚至可以用这种方式制作椭圆形，而且制作起来也非常方便。代码如下，实例文件参见本书配套资源"第 7 章 / 07-19.html"。

```
1   <!DOCTYPE html>
2   <html>
3   <head>
4   <style>
5   .round {
6       border-radius: 150px/50px;
7       background: #ccc;
8       width: 300px;
9       height: 100px;
10      margin:20px;
11  }
12
13  </style>
14  </head>
15  <body>
16      <div class="round"></div>
17  </body>
18  </html>
```

效果如图 7.36 所示，border-radius: 150px/50px 表示水平方向的半径为 150px，这里正好是整个 div 块宽度的一半。竖直方向的半径为 50px，正好也是 div 块高度的一半，这样就可以得到一个长宽比为 3:1 的椭圆形。由此可见，使用 CSS3 来制作（圆形或者）椭圆形是非常方便的。

图 7.36　通过圆角实现椭圆形

border-radius 属性也可以使用百分比进行设置，其表示圆角半径与边长的比例。例如在上例中设置 border-radius：50%可以得到和图 7.36 完全相同的效果。

7.8.3　阴影

通过 CSS3 还可以给各种元素添加阴影，设置的属性和我们在一些图像处理软件中制作阴影效果时用到的属性很相似，语法如下。

< 138 >

```
box-shadow: h-shadow v-shadow blur spread color outset/inset;
```

以上各属性值的含义如下。

（1）h-shadow（水平）：指定阴影的水平偏移量，为正值（如5px）时阴影向右，而为负值（如-10px）时阴影向左。

（2）v-shadow（垂直）：指定阴影的竖直偏移量，正值（如5px）会使阴影在框的底部，而负值（即-10px）会使它偏向上。

（3）blur（模糊）：设置阴影的柔化半径，默认值为0，意味着没有模糊效果。

（4）spread：阴影的扩展尺寸，0px代表阴影和当前的实体一样大，大于0则表示阴影的大小比默认值增加相应的量，负值表示缩小相应的量。

（5）color（颜色）：颜色值，用于设置阴影颜色。

（6）outset/inset：选择是外部阴影（outset）还是内部阴影（inset）。

除了前两个是必选属性值外，其他都是可选属性值。例如下面的代码实现了给一个div块设置阴影的效果，实例文件参见本书配套资源"第7章/07-20.html"。

```
1   <!DOCTYPE html>
2   <html>
3   <head>
4   <style type="text/css">
5   #shadow {
6       box-shadow: 10px 10px 12px #888; /*向右10px，向下10px，柔化12px，颜色#888*/
7       width:500px;
8       height:100px;
9       line-height:100px;
10      padding:5px;
11      text-align:center;
12      font-size:20px;
13      background:#21759b;
14      margin:20px;
15      color:#ffffff;
16  }
17  </style>
18  </head>
19  <body>
20  <div id="shadow">给一个div块添加阴影</div>
21  </body>
22  </html>
```

效果如图7.37所示。

图7.37　阴影效果

7.8.4　渐变

CSS3中增了颜色的渐变（gradients）能力，可以实现在两个或多个指定的颜色之间平稳过渡。此前必须使用图片才能实现的效果，现在可以使用CSS3非常方便地制作出来了。在CSS3中，渐变是作为背景图片出现的，其一共定义了两种类型的渐变。

（1）线性渐变（linear gradients）：向下、向上、向左、向右、对角方向。

< 139 >

（2）径向渐变（radial gradients）：颜色由渐变的中心向周围变化。

设置线性渐变的语法如下。

```
background-image: linear-gradient(渐变方向，渐变颜色节点);
```

先定义线性渐变的方向，如果正好水平或竖直，则可以用 to top、to bottom、to left、to right 指定渐变方向。例如 to bottom 表示从上到下的渐变。如果是其他方向，就要指定角度值了。角度值如图 7.38所示。

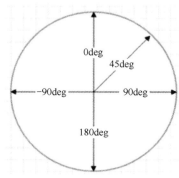

图 7.38　渐变方向角度值示意图

下面的代码实现了一个渐变效果，实例文件参见本书配套资源 "第 7 章/ 07-21.html"。

```
1   <!DOCTYPE html>
2   <html>
3   <head>
4   <style type="text/css">
5   #grad {
6       width:500px;
7       height:100px;
8       line-height:100px;
9       padding:5px;
10      text-align:center;
11      font-size:20px;
12      margin:20px;
13      color:#ffffff;
14      background-image: linear-gradient(to bottom, #555, #bbb);
15  }
16  </style>
17  </head>
18  <body>
19  <div id="grad">给一个 div 块添加渐变背景</div>
20  </body>
21  </html>
```

效果如图 7.39 所示，背景色是从深灰色（#555）到浅灰色的渐变（#bbb）。如果将 to bottom 改为 180deg，即 background-image: linear-gradient(180deg, #555, #bbb);，则得到的效果完全相同。

图 7.39　从上到下的渐变效果

实现一个渐变最少需要两种颜色，也可以增加更多的颜色，例如将代码改为如下形式。

```
background-image: linear-gradient(180deg, #bbb, #555, #bbb);
```

< 140 >

效果如图 7.40 所示，从浅灰变为深灰，然后再变为浅灰。

图 7.40 设置多颜色的渐变效果

最后看一个径向渐变的实例，实例文件参见本书配套资源"第 7 章/ 07-22.html"。

```
1    <!DOCTYPE html>
2    <html>
3    <head>
4    <style type="text/css">
5    #grad {
6        width:300px;
7        height:300px;
8        border-radius:50%;
9        line-height:300px;
10       text-align:center;
11       font-size:20px;
12       margin:20px;
13       color:#ffffff;
14       background-image: radial-gradient(circle, #bbb, #555);
15    }
16    </style>
17    </head>
18    <body>
19    <div id="grad">径向渐变</div>
20    </body>
21    </html>
```

效果如图 7.41 所示，radial-gradient 方式可以实现径向渐变，即从中心向外颜色逐渐加深。

图 7.41 径向渐变

径向渐变还有很多属性值可以设置，这里就不再深入讲解了，读者用到的时候可以查看相关资料。

本章小结

盒子模型是 CSS 控制页面的基础。学完本章之后，读者应该能够清楚"盒子"的含义是什么，以及盒子是怎么组成的。

< 141 >

此外，读者应该理解 DOM 的基本概念，以及 DOM 树是如何与一个 HTML 文件对应的，在此基础上还要充分理解"标准流"的概念。只有先弄明白"标准流"中盒子的布局行为，在后面的章节中学习浮动和定位等相关知识时才能更容易理解它们。

习题 7

一、关键词解释
盒子模型　边框样式　内边距　外边距　DOM 树　文档流　块级元素　行内元素

二、描述题
1. 请简单描述一下一个独立的盒子模型是由哪几部分组成的。
2. 请简单描述一下边框的属性主要有哪几个。
3. 请简单描述一下内边距的属性值有几种设置方式。
4. 请简单描述一下 DOM 树和盒子模型的联系。
5. 请简单描述一下行内元素和块级元素的区别，以及两者之间如何转换。
6. 请简单描述一下盒子在标准流中的定位原则。
7. 请简单描述一下盒子模型相关的常用样式属性有哪些。

三、实操题
模仿京东首页的"逛好店"（样式使用引入链接方式）效果如题图 7.1 所示，其中标题右侧的箭头的交互效果为：默认显示空心红箭头，鼠标移入后变为红色背景白箭头。

题图 7.1　京东首页的"逛好店"页面效果

< 142 >

第 8 章　用 CSS 设置链接与导航菜单

在一个网站中，所有页面都会通过超链接相互链接在一起，这样才会形成一个有机的整体。因此在各种网站中，导航都是网页重要的组成部分。本章的思维导图如下。

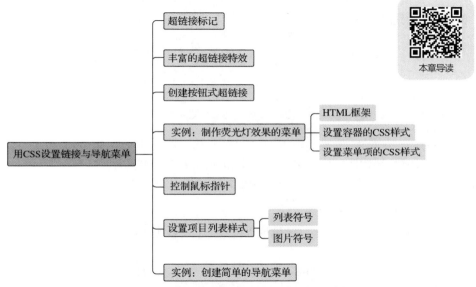

本章导读

互联网上有各式各样非常美观、实用性很强的导航样式，图 8.1 所示的是微软关于 Office 的网站，其采用了下拉菜单式的导航条。

图 8.2 所示的是亚马逊网站，它的导航使用的是左侧弹出式菜单。对于一些内容非常多的大型网站，导航就显得更重要了。本章将通过几个实例，讲解使用 CSS 对网站的导航链接进行样式设置的方法。

图 8.1　Office 网站导航风格

图 8.2　亚马逊网站导航风格

知识点讲解

8.1 超链接标记

在介绍如何制作导航和链接效果之前，我们先介绍 HTML 中的超链接标记。建立超链接所使用的 HTML 标记为<a>标记。超链接有两个要素：设置为超链接的文本内容和超链接所指向的目标地址。基本的超链接结构如图 8.3 所示。

图 8.3 基本的超链接结构

例如下面的代码。

```
1    <html>
2      <head>
3        <title>超链接</title>
4      </head>
5      <body>
6        单击<a href=1.html>这里</a>链接到一个图片网页
7      </body>
8    </html>
```

<a>标记中的内容就是在网页中被设置为超链接的内容。href 属性是必要属性，用来放置超链接的目标地址，其可以是本网站内部的某个 HTML 文件，也可以是外部网站某个网页的 URL。

1. URL 的格式

每个文档在互联网上都有唯一的地址，该地址的全称为"统一资源定位符"（uniform resource locator，URL）。

URL 由 4 部分构成：协议、主机名、文件夹名和文件名，如图 8.4 所示。

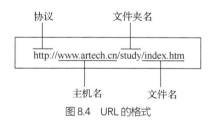

图 8.4 URL 的格式

互联网的应用种类繁多，网页只是其中之一。协议是用来标示应用的种类的。通常通过浏览器浏览网页的协议都是 HTTP（hyper text transfer protocol，超文本传输协议），因此通常网页的地址都以 http:// 开头。

www.artech.cn 为主机名，表示文件存在于哪台服务器上主机名可以通过 IP（internet protocol，互联网协议）地址或者域名来表示。

确定主机名以后，还需要说明文件存在于这台服务器的哪个文件夹中。这里，文件夹可以分为多个层级。

最后就是确定目标文件的文件名，网页文件通常以.htm 或者.html 为扩展名。

< 144 >

2．URL 的类型

2.5.3 小节已经介绍了路径的概念。对于超链接来说，路径的概念同样存在。读者如果对路径这个概念还不熟悉，请复习一下相关的章节。

超链接的 URL 可以分为两种类型：外部 URL 和内部 URL。

外部 URL 就是如图 8.4 所示的那样，包含文件的所有信息，就像我们在浏览器中访问一个网站中的某个页面时所需的网址。

内部 URL 指向相对于原文件的同一网站或者同一文件夹中的文件。内部 URL 通常仅包含文件夹名和文件名，有时甚至仅有文件名。内部 URL 又可以分为两种。

（1）相对于文件的 URL，这种 URL 以链接的原文件为起点。

（2）相对于网站根目录的 URL，这种 URL 以网站的根目录为起点。

在下面的实例中，第 1 个超链接使用的是外部 URL；第 2 个超链接使用的是相对于网站根目录的 URL，也就是链接到了原文件所在网站的根目录下的 02.html；第 3 个超链接使用的是相对于文件（即原文件所在文件夹的父文件夹下面的 sub 文件夹中的 03.html 文件）的 URL。

```
1    <html>
2      <head>
3        <title>超链接</title>
4      </head>
5      <body>
6        单击<a href= "http://www.artech.cn/01.html">链接 01</a>链接到第 1 个网页。
7        单击<a href= "/02.html">链接 02</a>链接接到第 2 个网页。
8        单击<a href= "../sub/03.html">链接 03</a>链接到第 3 个网页。
9      </body>
10   </html>
```

3．设置图片的超链接

图片的超链接的建立和文字的超链接的建立基本类似，也是通过<a>标记来实现的，只需要把原来的链接文字换成相应的图片即可。

请看下面的实例。

```
1    <html>
2      <head>
3        <title>图片的超链接</title>
4      </head>
5      <body>
6        <a href=1.html><img src=pic.jpg></a><br>
7        单击该图片放大
8      </body>
9    </html>
```

4．设置以新窗口显示链接页面

在默认情况下，当单击链接的时候，目标页面还是在同一个窗口中显示。如果要在单击某个链接以后打开一个新的浏览器窗口，并在这个新窗口中显示目标页面，就需要在<a>标记中设置 target 属性。

将 target 属性设置为"_blank"，就会自动打开一个新窗口来显示目标页面。例如下面的代码。

```
1    <html>
2      <head>
3        <title>以新窗口方式打开</title>
4      </head>
5      <body>
```

< 145 >

```
6        以<a href="1.html" target="_blank">新窗口</a>方式打一个网页
7    </body>
8  </html>
```

8.2 丰富的超链接特效

知识点讲解

超链接是网页上最常见的元素之一，通过超链接能够实现页面的跳转、功能的激活等。超链接也是与用户打交道最多的元素之一。8.1 节介绍了超链接的基本结构，下面介绍超链接的各种效果，包括超链接的各种状态、伪类别和按钮特效等。

在浏览器默认的浏览方式下，超链接统一为蓝色并且带有下画线。被单击过的超链接为紫色，也有下画线，如图 8.5 所示。

图 8.5 普通超链接

显然，这种传统的超链接样式无法满足广大用户的需求。通过 CSS 可以设置超链接的各种属性，包括字体、颜色和背景等，而且通过伪类别还可以制作很多动态效果。下面用最简单的方法去掉超链接的下画线，代码如下。

```
1  a{                              /* 超链接的样式 */
2      text-decoration:none;       /* 去掉下画线 */
3  }
```

效果如图 8.6 所示，无论是超链接本身，还是单击过的超链接，它们的下画线都被去掉了。除了颜色以外，它们与普通的文字没有多大区别。

图 8.6 没有下画线的超链接

仅通过设置<a>标记的样式来改变超链接并没有太多动态的效果。下面介绍利用 CSS 的伪类别（anchor pseudo classes）制作动态效果的方法，具体属性介绍如表 8.1 所示。

表 8.1 可制作动态效果的 CSS 伪类别属性

属性	说明
a:link	超链接的普通样式，即正常浏览状态的样式
a:visited	被单击过的超链接的样式
a:hover	鼠标指针经过超链接时超链接的样式
a:active	在超链接上单击时（即"当前激活"时）超链接的样式

< 146 >

请看如下实例代码，实例文件参见本书配套资源"第 8 章/ 08-01.html"。

```
1    <style>
2    body{
3    background-color:#99CCFF;
4    }
5
6    a{
7    font-size:14px;
8    font-family:Arial, Helvetica, sans-serif;
9    }
10
11   a:link{                          /* 超链接正常状态下的样式 */
12       color:red;                   /* 红色 */
13       text-decoration:none;        /* 无下画线 */
14   }
15   a:visited{                       /* 被单击过的超链接 */
16       color:black;                 /* 黑色 */
17       text-decoration:none;        /* 无下画线 */
18   }
19   a:hover{                         /* 鼠标指针经过时的超链接 */
20       color:yellow;                /* 黄色 */
21       text-decoration:underline;   /* 下画线 */
22       background-color:blue;
23   }
24   </style>
25
26   <body>
27   <a href="home.htm">Home</a>
28   <a href="east.htm">East</a>
29   <a href="west.htm">West</a>
30   <a href="north.htm">North</a>
31   <a href="south.htm">South</a>
32   </body>
33   </html>
```

从图 8.7 所示的效果可以看出，超链接本身都变成了红色，并且没有下画线，而被单击过的超链接变成了黑色，同样没有下画线。当鼠标指针经过时，超链接则变成了黄色，而且出现了下画线。

图 8.7　超链接的各种状态

从上述代码中可以看到，每一个被链接的元素都可以通过 4 种伪类别设置 4 种状态的 CSS 样式。请注意以下几点。

（1）不仅是上面代码中涉及的与文字相关的 CSS 样式，其他各种背景、边框和排版的 CSS 样式都可以随意加入超链接的几个伪类别的样式规则中，从而得到各式各样的超链接效果。

（2）当前激活状态 a:active 一般被显示的情况较少，因此很少使用。因为当用户单击一个超链接之后，关注的焦点很容易就从这个超链接上转移至其他地方，例如新打开的窗口等，此时该超链接就不再是"当前激活"状态了。

< 147 >

（3）在设置一个 a 元素的 4 种伪类别时要注意顺序，即要按照 a:link、a:visited、a:hover、a:active 的顺序进行设置。一个帮助记忆的口诀是"LoVe HaTe"。

（4）伪类别的冒号前面的选择器之间不要有空格，要连续书写，例如 a.classname:hover 表示类别为.classname 的 a 元素在鼠标指针经过时的样式。

了解了上面这些知识，就可以开始实践了。下面举几个实例，演示如何使用 CSS 让原本普通的超链接样式实现丰富多彩的效果。

8.3 创建按钮式超链接

知识点讲解

很多网页上的超链接都会制作成各种按钮的效果，这些效果大都采用了各种图片。本节仅通过 CSS 的普通属性来模拟按钮的效果，如图 8.8 所示。实例文件参见本书配套资源"第 8 章/ 08-02.html"。

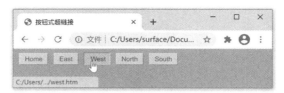

图 8.8　按钮式超链接

先建立简单的菜单结构，本实例使用和"08-01.html"相同的 HTML 结构，代码如下。

```
1  <body>
2     <a href="home.htm">Home</a>
3     <a href="east.htm">East</a>
4     <a href="west.htm">West</a>
5     <a href="north.htm">North</a>
6     <a href="south.htm">South</a>
7  </body>
```

效果如图 8.9 所示，可以看到仅有几个普通的超链接。

图 8.9　几个普通的超链接

下面对<a>标记进行整体控制，同时加入 CSS 的 3 个伪类别属性。对于普通超链接和被单击过的超链接采用同样的样式，并且利用边框的样式来模拟按钮效果。对于鼠标指针经过时的超链接，相应地改变其文字颜色、背景色、位置和边框，从而模拟出按钮按下去的效果，代码如下。

```
1  <style>
2  a{                                      /* 统一设置所有样式 */
3     font-family: Arial;
4     font-size: 0.8em;
5     text-align:center;
6     margin:3px;
7  }
8  a:link, a:visited{                      /* 超链接正常状态, 被单击过的样式 */
```

< 148 >

```
9        color: #A62020;
10       padding:4px 10px 4px 10px;
11       background-color: #DDD;
12       text-decoration: none;
13       border-top: 1px solid #EEEEEE;          /* 边框实现阴影效果 */
14       border-left: 1px solid #EEEEEE;
15       border-bottom: 1px solid #717171;
16       border-right: 1px solid #717171;
17   }
18   a:hover{                                    /* 鼠标指针经过时的超链接 */
19       color:#821818;                          /* 改变文字颜色 */
20       padding:5px 8px 3px 12px;               /* 改变文字位置 */
21       background-color:#CCC;                   /* 改变背景色 */
22       border-top: 1px solid #717171;          /* 边框变换，实现按下去的效果 */
23       border-left: 1px solid #717171;
24       border-bottom: 1px solid #EEEEEE;
25       border-right: 1px solid #EEEEEE;
26   }
27   </style>
```

以上代码中首先设置了 a 属性的整体样式，即超链接所有状态下通用的样式，然后通过对 3 个伪类别属性的颜色、背景色和边框的修改，模拟了按钮的特效，最终效果如图 8.10 所示。

图 8.10　最终效果

8.4 实例：制作荧光灯效果的菜单

案例讲解

本例制作一个简单的竖直排列的菜单。在每个菜单项的上边有一条深绿色的横线，当鼠标指针滑过时，横线由深绿色变成浅绿色，就好像一个荧光灯点亮后的效果，同时菜单文字变为黄色，以更明显的方式提示浏览者滑到了哪个菜单项目，效果如图 8.11 所示。实例文件参见本书配套资源"第 8 章/ 08-03.html"。

图 8.11　荧光灯效果的菜单

8.4.1　HTML 框架

从编写基本的 HTML 文件开始，搭建出这个菜单的基本框架，代码如下。

< 149 >

```
1    <html>
2    <body>
3       <div id="menu">
4          <a href="#"> Home </a>
5          <a href="#"> Contact Us</a>
6          <a href="#"> Web Dev</a>
7          <a href="#"> Web Design</a>
8          <a href="#"> Map </a>
9       </div>
10   </body>
11   </html>
```

可以看到，<body>标记中的内容非常简单，5 个文字的超链接被放置到一个 id 为 menu 的 div 容器中。此时在浏览器中观察效果，只有最普通的文字超链接样式，如图 8.12 所示。

图 8.12　没有任何 CSS 设置时的效果

> 📝 说明
>
> 由于这个 div 块包括所有的链接，也就是各个菜单项，因此将这个 div 块称为 "容器"。

8.4.2　设置容器的 CSS 样式

（1）现在设置菜单 div 容器的整体区域样式，即设置菜单的宽度、背景色，以及文字的字体、大小等。在 HTML 文件的<head>标记中增加如下代码。

```
1    <style type="text/css">
2       #menu {
3          font-family:Arial;
4          font-size:14px;
5          font-weight:bold;
6          width:120px;
7          background:#000;
8          border:1px solid #ccc;
9       }
10   </style>
```

效果如图 8.13 所示。可以看到，文字链接都被限制在了#menu 容器中。

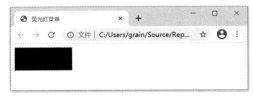

图 8.13　设置了#menu 容器后的效果

（2）对菜单进行定位，在#menu 部分增加如下两行代码。

```
1    padding:8px;              /*设置内边距*/
2    margin:0 auto;           /*设置水平居中*/
```

< 150 >

这时，这个菜单在浏览器窗口中就水平居中显示了，并且文字和边界之间有 8px 的距离，如图 8.14 所示。

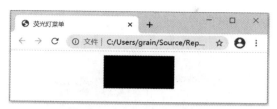

图 8.14　设置内、外边距后的效果

8.4.3　设置菜单项的 CSS 样式

（1）现在需要设置文字链接。为了使 5 个文字链接依次竖直排列，需要将它们从"行内元素"变为"块级元素"。此外还应该为它们设置背景色和内边距，以使菜单文字之间不要过于紧凑。具体代码如下。

```
1    #menu a, #menu a:visited {
2      display:block;
3      padding:4px 8px;
4    }
```

效果如图 8.15 所示，斜线部分就是用 padding 属性设置的内边距。

图 8.15　内边距效果

（2）接下来设置文字的样式，取消下画线，并将文字设置为灰色，代码如下。

```
1    color:#ccc;
2    text-decoration:none;
```

（3）此外还需要在每个菜单项的上面增加一个荧光灯，这可以通过设置上边框来实现，代码如下。

```
border-top:8px solid #060;
```

效果如图 8.16 所示。

图 8.16　荧光灯效果

< 151 >

（4）设置鼠标指针经过时的效果，代码如下。

```
1  #menu a:hover {
2    color:#FF0;
3    border-top:8px solid #0E0;
4  }
```

效果如图 8.17 所示。

图 8.17　荧光灯菜单

至此，这个实例就全部完成了，代码如下。

```
1  <style>
2    /*对 menu 层设置*/
3    #menu {
4      font-family:Arial;
5      font-size:14px;
6      font-weight:bold;
7      width:120px;
8      padding:8px;
9      background:#000;
10     margin:0 auto;
11     border:1px solid #ccc;
12   }
13
14   /*设置菜单选项*/
15   #menu a, #menu a:visited {
16     display:block;
17     padding:4px 8px;
18     color:#ccc;
19     text-decoration:none;
20     border-top:8px solid #060;
21   }
22   #menu a:hover {
23     color:#FF0;
24     border-top:8px solid #0E0;
25   }
26 </style>
```

8.5　控制鼠标指针

知识点讲解

在浏览网页时，我们看到的鼠标指针的形状有箭头、手形和 I 字形等，而在 Windows 环境下我们实际可以看到的鼠标指针的种类要比这些多得多。CSS 弥补了 HTML 在这方面的不足，即通过 cursor 属性可以设置各式各样的鼠标指针样式。

< 152 >

cursor 属性可以在任何标记里使用，从而改变各种页面元素的鼠标指针效果，代码如下。

```
1  body{
2      cursor:pointer;
3  }
```

pointer 是一个特殊的鼠标指针属性值，它表示将鼠标指针设置为被激活的状态，即鼠标指针经过超链接时，该浏览器默认的鼠标指针样式在 Windows 中通常显示为手的形状。如果在一个网页中添加了以上代码，页面中任何位置的鼠标指针都将呈现手的形状。除了 pointer 之外，cursor 属性还有很多定制的鼠标指针效果，如表 8.2 所示。

表 8.2　cursor 属性定制的鼠标指针效果

属性值	指针效果	属性值	指针效果
auto	浏览器的默认值	nw-resize	↖
crosshair	＋	se-resize	↘
default	↖	s-resize	↕
e-resize	↔	sw-resize	↙
help	↖?	text	I
move	✛	wait	⌛
ne-resize	↗	w-resize	↔
n-resize	↕	hand	☝
all-scroll	✥	col-resize	‖
no-drop	🚫	not-allowed	⊘
progress	↖⌛	row-resize	‡
vertical-text	⊢⊣		

✏️ 说明

表 8.2 中的鼠标指针样式，在不同的计算机或者操作系统中显示时可能存在差异，读者可以根据需要选用。在很多时候，浏览器调用的是操作系统的鼠标指针效果，因此同一浏览器之间的差别很小，但不同操作系统之间还是存在差异的。

8.6 设置项目列表样式

知识点讲解

传统的 HTML 提供了项目列表的基本功能，包括顺序式列表的\<ol\>标记和无顺序列表的\<ul\>标记等。引入 CSS 后，项目列表被赋予了很多新的属性，甚至超越了它最初设计的功能。本节主要围绕项目列表的基本 CSS 属性进行介绍，包括项目列表的编号、缩进和位置等。

8.6.1　列表符号

通常的项目列表主要采用\<ul\>或者\<ol\>标记，然后会配合\<li\>标记罗列各个项目。简单的列表代码如下，效果如图 8.18 所示。实例文件参见本书配套资源"第 8 章/04/list.html"。

```
1    <html>
2    <head>
3    <title>项目列表</title>
4    <style>
5    ul{
6        font-size:0.9em;
7        color:#00458c;
8    }
9    </style>
10   </head>
11   <body>
12   <ul>
13       <li>Home</li>
14       <li>Contact us</li>
15       <li>Web Dev</li>
16       <li>Web Design</li>
17       <li>Map</li>
18   </ul>
19   </body>
20   </html>
```

图 8.18　简单项目列表

在 CSS 中，项目列表的编号是通过 list-style-type 属性来修改的。无论是<ul>标记还是<ol>标记，它们都可以使用相同的属性值，而且效果完全相同。例如修改<ul>标记的样式为如下形式。

```
1    ul{
2        font-size:0.9em;
3        color:#00458c;
4        list-style-type:decimal;          /* 项目编号 */
5    }
```

此时项目列表将按照十进制编号显示，这本身是<ol>标记的功能。换句话说，在 CSS 中，<ul>标记与<ol>标记的区别并不明显，只要利用 list-style-type 属性，二者就可以通用，显示效果如图 8.19所示。

图 8.19　项目编号

当给<ul>或者<ol>标记设置 list-style-type 属性时，其中的所有<li>标记都将采用该设置。如果对<li>标记单独设置 list-style-type 属性，则其只作用在该条项目上，代码如下。

< 154 >

```
1   <style>
2   ul{
3       font-size:0.9em;
4       color:#00458c;
5       list-style-type:decimal;          /* 项目编号 */
6   }
7   li.special{
8       list-style-type:circle;           /* 单独设置 */
9   }
10  </style>
11  </head>
12  <body>
13  <ul>
14      <li>Home</li>
15      <li>Contact us</li>
16      <li class="special">Web Dev</li>
17      <li>Web Design</li>
18      <li>Map</li>
19  </ul>
20  </body>
```

此时的效果如图 8.20 所示，可以看到第 3 项的项目编号变成了空心圆，但其并没有影响其他编号。

图 8.20　单独设置<li>标记

list-style-type 属性值除了上面看到的十进制编号和空心圆以外还有很多，常用的如表 8.3 所示。

表 8.3　list-style-type 属性值及其显示效果

属性值	显示效果
disc	实心圆
circle	空心圆
square	正方形
decimal	1，2，3，4，5，6…
upper-alpha	A，B，C，D，E，F…
lower-alpha	a，b，c，d，e，f…
upper-roman	Ⅰ，Ⅱ，Ⅲ，Ⅳ，Ⅴ，Ⅵ，Ⅶ…
lower-roman	ⅰ，ⅱ，ⅲ，ⅳ，ⅴ，ⅵ，ⅶ…
none	不显示任何符号

8.6.2　图片符号

除了传统的各种项目符号外，CSS 还提供 list-style-image 属性，即可以将项目符号显示为任意图片。例如下面这段代码。

< 155 >

```
1    <html>
2    <head>
3    <title>项目列表</title>
4    <style>
5    ul{
6        font-size:0.9em;
7        color:#00458c;
8        list-style-image: url(icon1.jpg);          /* 项目符号 */
9    }
10   </style>
11   </head>
12   <body>
13   <ul>
14       <li>Home</li>
15       <li>Contact us</li>
16       <li>Web Dev</li>
17       <li>Web Design</li>
18       <li>Map</li>
19   </ul>
20   </body>
21   </html>
```

效果如图 8.21 所示，每个项目的符号都会显示成一个小图标，即 icon1.jpg。

图 8.21   图片符号显示效果 1

这种方式在不同浏览器中的效果可能会不一致，因此不推荐这种设置图片符号的方法。如果希望项目符号采用图片，建议通过将 list-style-type 属性值设置为 none，然后修改<li>标记的背景属性 background 来实现。例如下面这段代码，实例文件参见本书配套资源 "第 8 章/04/icon-style.html"。

```
1    <html>
2    <head>
3    <title>项目列表</title>
4    <style>
5    ul{
6        font-size:0.9em;
7        color:#00458c;
8        list-style-type:none;                      /* 不显示项目符号 */
9    }
10   li{
11       background:url(icon1.jpg) no-repeat;        /* 添加背景图片 */
12       padding-left:25px;                          /* 设置图标与文字的间隔 */
13   }
14   </style>
15   </head>
16   <body>
17   <ul>
18       <li>Home</li>
19       <li>Contact us</li>
```

< 156 >

```
20      <li>Web Dev</li>
21      <li>Web Design</li>
22      <li>Map</li>
23  </ul>
24  </body>
25  </html>
```

这样通过隐藏<ul>标记中的项目列表,然后设置<li>标记的样式,统一定制文字与图标之间的距离,就可以让各个浏览器中的显示效果一致,如图 8.22 所示。

图 8.22 图片符号显示效果 2

8.7 实例: 创建简单的导航菜单

案例讲解

作为一个成功的网站,导航菜单是不可缺少的。导航菜单的风格往往决定了整个网站的风格,因此很多设计者都会投入很多的时间和精力来制作各式各样的导航菜单,从而体现网站的整体架构。

在传统方式下,制作导航菜单是很麻烦的工作,需要使用表格、设置复杂的属性,还需要使用 JavaScript 实现与鼠标指针经过或单击时相对应的动作。而如果使用 CSS 来制作导航菜单,实现起来就非常简单了。

当项目列表的 list-style-type 属性值为 none 时,制作各式各样的导航菜单便成了项目列表的最大用处之一。通过各种 CSS 属性变幻可以得到很多意想不到的导航效果。先看一个实例,其效果如图 8.23 所示。实例文件参见本书配套资源"第 8 章/05/vertical.html"。

图 8.23 无需表格的菜单

(1)建立 HTML 结构,将菜单的各个项目用项目列表<ul>标记表示,同时设置页面的背景色,代码如下。

```
1  <body>
2  <div id="navigation">
3      <ul>
```

< 157 >

```
4          <li><a href="#">Home</a></li>
5          <li><a href="#">Contact us</a></li>
6          <li><a href="#">Web Dev</a></li>
7          <li><a href="#">Web Design</a></li>
8          <li><a href="#">Map</a></li>
9      </ul>
10  </div>
11  </body>
```

（2）设置 CSS 样式。先把页面的背景色设置为浅色，代码如下。

```
1   body{
2       background-color:#dee0ff;
3   }
```

效果如图 8.24 所示，这只是最普通的项目列表。

图 8.24　最普通的项目列表

（3）设置整个 div 块的宽度为固定值 150px，并设置文字的字体。设置项目列表 ul 的属性，并将项目符号设置为不显示。

```
1   #navigation {
2       width:150px;
3       font-family:Arial;
4       font-size:14px;
5       text-align:right
6   }
7   #navigation ul {
8       list-style-type:none;            /* 不显示项目符号 */
9       margin:0px;
10      padding:0px;
11  }
```

进行以上设置后，项目列表便显示为普通的超链接列表，如图 8.25 所示。

图 8.25　超链接列表

（4）为<li>标记添加下边线，以分割各个超链接，并对超链接<a>标记进行整体设置，代码如下。

< 158 >

```
1    #navigation li {
2        border-bottom:1px solid #9F9FED;      /* 添加下边线 */
3    }
4    #navigation li a{
5        display:block;
6        height:1em;
7        padding:5px 5px 5px 0.5em;
8        text-decoration:none;
9        border-left:12px solid #151571;       /* 左边的粗边 */
10       border-right:1px solid #151571;       /* 右侧阴影 */
11   }
```

以上代码中需要特别说明的是 display:block;语句。通过该语句，超链接被设置成了块元素。鼠标指针当进入该块的任何部分时都会被激活，而不是仅在文字上方时才会被激活。效果如图 8.26 所示。

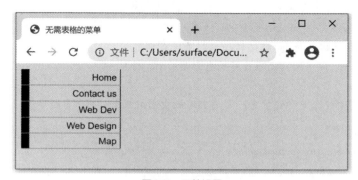

图 8.26　区块设置

（5）设置超链接的样式，以实现动态菜单效果，代码如下。

```
1    #navigation li a:link, #navigation li a:visited{
2        background-color:#1136c1;
3        color:#FFFFFF;
4    }
5    #navigation li a:hover{                            /* 鼠标指针经过 */
6        background-color:#002099;                      /* 改变背景色 */
7        color:#ffff00;                                 /* 改变文字颜色 */
8        border-left:12px solid yellow;
9    }
```

代码的具体含义都在注释中进行了说明，这里不再重复讲解。至此，导航菜单就制作完成了，最终的效果如图 8.27 所示。

图 8.27　导航菜单

< 159 >

本章小结

本章主要介绍了超链接文本的样式设计，以及列表的样式设计。对于超链接，读者应重点掌握 4 种类别的含义和用法；对于列表，读者需要了解其基本的设置方法。二者都是非常重要和常用的元素，因此读者一定要熟练掌握相关的要点，为后面制作复杂的实例打好基础。

习题 8

一、关键词解释

超链接　鼠标指针　项目列表

二、描述题

1. 请简单描述一下超链接<a>标记的伪类别属性有哪几个。
2. 请简单描述一下常用的列表项目符号有哪些。

三、实操题

将图片作为菜单项被选中时的标志，需要实现的页面效果如题图 8.1 所示。

题图 8.1　页面效果

< 160 >

第9章

用 CSS 设置表格样式

表格是网页上最常见的元素之一。在传统的网页设计中，表格除了被用来显示数据外，还常常被用来作为整个页面布局的手段。在 Web 标准逐渐深入设计领域以后，表格逐渐不再承担布局的任务，但是表格仍然在网页设计中发挥着重要的作用。本章将继续挖掘 CSS 的强大功能，让普通的表格也表现出精彩的一面。本章的思维导图如下。

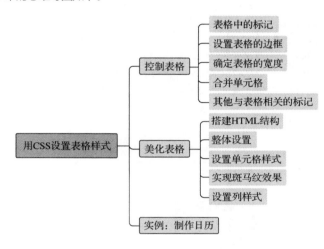

本章导读

9.1 控制表格

知识点讲解

表格作为传统的 HTML 元素一直受到网页设计者们的青睐。使用表格来表示数据、制作调查表等应用，在网络中屡见不鲜。本节主要介绍 CSS 控制表格的方法，包括表格的颜色、标题、边框和背景等。

9.1.1 表格中的标记

在最初设计 HTML 时，表格（<table>标记）仅用于存放各种数据。如收支表、成绩单等都适合用表格来表现。表格有很多与数据相关的标记，使用起来十分方便。

常用的 3 个与表格相关的标记是<table>、<tr>和<td>。其中，<table>定义整个表格，<tr>定义一行，<td>定义一个单元格。此外，还有以下两个标记也比较常用，尤其在使用 CSS 可以灵活设置表格样式之后，这两个标记就更常用到了，介绍如下。

（1）<caption>标记，用于定义表格的大标题。该标记可以出现在<table>标记中的任意位置，不过通常习惯将它放在表格的第 1 行，即紧接着<table>标记。

（2）<th>标记（即表头）在表格中主要用于设置行或者列的名称。行和列都可以使用各自的名称。实际上，<th>标记和<td>标记很相似，我们可以分别对它们进行样式设置。

下面先准备一个基本的表格，例如"期中考试成绩单"，其中用到了上面介绍的 5 个标记，代码如下。实例文件参见本书配套资源"第 9 章/01/begin.html"。

```
1   <!DOCTYPE html>
2   <html>
3   <head>
4   <title>奖牌榜</title>
5   </head>
6   <body>
7   <table border="2" cellpadding="2" cellspacing="2" bgcolor="#eeeeee">
8       <caption>期中考试成绩单</caption>
9       <tr>
10          <th>姓名</th> <th>物理</th> <th>化学</th> <th>数学</th> <th>总分</th>
11      </tr>
12      <tr><th>牛小顿</th> <td>32</td> <td>17</td> <td>14</td> <td>63</td></tr>
13      <tr><th>伽小略</th> <td>28</td> <td>16</td> <td>15</td><td >59</td></tr>
14      <tr><th>薛小谔</th> <td>26</td> <td>22</td> <td>12</td> <td>60</td></tr>
15      <tr><th>海小堡</th> <td>16</td> <td>22</td> <td>16</td> <td>54</td></tr>
16      <tr><th>波小尔</th> <td>25</td> <td>11</td> <td>12</td><td >48</td></tr>
17      <tr><th>狄小克</th> <td>15</td> <td>8</td> <td>9</td> <td>32</td></tr>
18  </table>
19  </body>
```

效果如图 9.1 所示。

图 9.1　基本的表格样式

在这个实例中，没有使用任何 CSS 样式，而使用了 HTML 中规定的设置表格的一些属性，例如在上面的代码中有如下一行。

```
<table border="2" cellpadding="2" cellspacing="2" bgcolor="#eeeeee">
```

这里的 border 属性用于设置表格边框，bgcolor 用于设置背景色，cellpadding 和 cellspacing 属性的作用如图 9.2 所示。

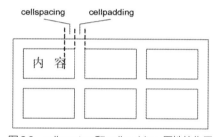

图 9.2　cellspacing 和 cellpadding 属性的作用

< 162 >

在 CSS 被广泛使用之前，大都使用上述属性来设置表格的样式，其控制能力非常弱；而使用 CSS 以后，就可以更精确、灵活地控制表格的外观了。

9.1.2　设置表格的边框

本实例仍然使用 9.1.1 小节的数据，通过 CSS 来对表格样式进行设置。首先在原来的代码中删除使用的 HTML 属性，然后为 table 设置一个类别.record，并进行如下设置。实例文件参见本书配套资源"第 9 章/01/record.html"。

```
1   <style type="text/css">
2   .record{
3       font: 14px 宋体;
4       border:2px #777 solid;
5       text-align:center;
6   }
7
8   .record td{
9       border:1px #777 dashed;
10  }
11  .record th{
12      border:1px #777 solid;
13  }
14  </style>
```

效果如图 9.3 所示，最外面的粗线框是整个表格的边框，里面每个单元格又都有自己的边框。通过 th 和 td 可以分别设置各自的边框样式，例如这里 th 为 1px 的实线，td 为 1px 的虚线。

可以看到每个单元格之间都有一个的空隙，那么有没有办法消除这个空隙，并设置 1px 宽的分割线呢？先来试验一下，使表格边框线最细的方法就是设置边框线的粗细为 1px，并设置 cellspacing 属性为 0，这样设置的效果如图 9.4 所示。实例文件参见本书配套资源"第 9 章/01/record-2px.html"。

图 9.3　设置表格的框线

图 9.4　cellspacing 属性被设置为 0 的效果

图中单元格之间的边框线的粗细是多少呢？答案应该是 2px，因为每个单元格都有自己的边框，相邻边框线紧贴在一起，因此一共是 2px。

如果使用 HTML 的属性，单元格之间的边框线最细就是 2px 了。如果使用 CSS 属性，则可以制作边框线宽度为 1px 的表格，但需要使用一个新的属性 border-collapse。

1．设置单元格的边框

通过 border-collapse 属性，CSS 提供了两种完全不同的方法来设置单元格的边框：一种适用于在独立的单元格中设置分离的边框，另一种适用于设置从表格一端到另一端的连续边框。默认情况下使用前一种方法，可实现相邻的单元格有各自的边框。

如果在上面的实例中（在.record 的设置中）增加如下属性设置。

< 163 >

```
border-collapse: collapse;
```

其他不做任何改变，效果将变成图 9.5 所示的样子。可以看到，相邻单元格之间原来相邻的两条框线重合为一条框线了，而且这条框线的粗细正是 1px。实例文件参见本书配套资源"第 9 章/01/record-collapse.html"。

图9.5 表格框线的重合模式

> ✎说明
>
> （1）border-collapse 属性可以设置的属性值除了 collapse（合并）之外，还有 separate（分离），默认值为 separate。
>
> （2）如果将表格的 border-collapse 属性设置为 collapse，则 HTML 中设置的 cellspacing 属性值就无效了。

2．相邻边框的合并规则

观察图 9.5，我们又会发现一个问题：每个单元格都可以设置各自的边框颜色、样式和宽度等属性，那么相邻边框在合并时将以谁的为准呢？例如在上面的实例中可以看到，在 th 的实线和 td 的虚线合并的时候，浏览器选择了 th 的实线。那么这里的规则是什么样的呢？

CSS 2.0 的规则如下。

（1）如果将边框的 border-style 属性设置为 hidden，那么它的优先级就高于任何其他相冲突的边框。任何边框只要有该设置，其他边框的设置都将无效。

（2）如果边框的属性中有 none，那么它的优先级就是最低的。只有在该边重合的所有元素的边框属性都是 none 时，该边框才会被省略。

（3）如果重合的边框中没有被设置为 hidden 的，并且至少有一个不是 none，那么重合的边框中粗的优先于细的。如果几个边框的 border-width 属性相同，那么样式的优先顺序由高到低依次为 double、solid、dashed、dotted、ridge、outset、groove、inset。

（4）如果边框样式的其他设置均相同，只是颜色上有区别，那么单元格的样式优先，然后依次是行、行组、列、列组的样式，最后是表格的样式。

下面的代码来自 CSS 2.0 规则，实例文件参见本书配套资源"第 9 章/01/record-rules.html"。

```
1   <HTML>
2   <HEAD>
3   <STYLE>
4    TABLE{border-collapse: collapse;
5         border: 5px solid yellow; }
6    *#col1 { border: 3px solid black; }
7    TD   { border: 1px solid red;
8         padding: 1em;
9    }
10   TD.solid-blue { border: 5px dashed blue; }
```

< 164 >

```
11    TD.solid-green { border: 5px solid green; }
12  </STYLE>
13  </HEAD>
14  <BODY>
15  <TABLE>
16  <COL id="col1"><COL id="col2"><COL id="col3">
17  <TR id="row1">
18      <TD> 1 </TD>
19      <TD> 2 </TD>
20      <TD> 3 </TD>
21  </TR>
22  <TR id="row2">
23      <TD> 4 </TD>
24      <TD class="solid-blue"> 5 </TD>
25      <TD class="solid-green"> 6 </TD>
26  </TR>
27  <TR id="row3">
28      <TD> 7 </TD>
29      <TD> 8 </TD>
30      <TD> 9 </TD>
31  </TR>
32  <TR id="row4">
33      <TD> 10 </TD>
34      <TD> 11 </TD>
35      <TD> 12 </TD>
36  </TR>
37  <TR id="row5">
38      <TD> 13 </TD>
39      <TD> 14 </TD>
40      <TD> 15 </TD>
41  </TR>
42  </TABLE>
43  </BODY>
44  </HTML>
```

在图 9.6 中，左侧为 CSS 2.0 规则中给出的正确显示效果，右侧为浏览器中的实际显示效果，可以看到两者是一致的。

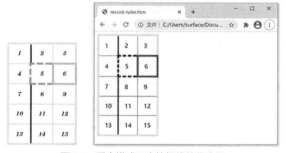

图 9.6 重合模式下表格框线的优先级

3．边框的分离

讲完边框的合并之后，下面补充说明边框的分离问题。在使用 HTML 属性格式化表格时可以通过使用 cellpadding 属性来设置单元格内容和边框之间的距离，以及使用 cellspacing 属性设置相邻单元格边框之间的距离。

要用 CSS 实现 cellpadding 属性的效果，只要对 td 使用 padding 属性就可以了。但要用 CSS 实现 cellspacing 属性的效果，对单元格使用 margin 属性是无效的，此时需要对 table 使用另一个专门的属性

< 165 >

border-spacing 来代 cellspacing，并且要确保没有将 border-collapse 属性设置为 collapse。例如，在上面的代码中（在.record 中）增加如下一条样式设置。

```
border-spacing:10px;
```

效果如图 9.7 所示，实例文件参见本书配套资源"第 9 章/01/record-separate.html"。

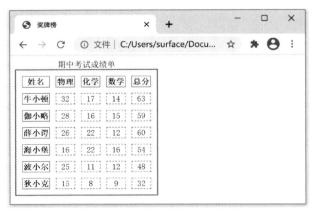

图 9.7　框线分离模式下设置边框之间的距离

!注意

遗憾的是，IE 6 和 IE 7 都不支持这个属性。因此如果希望精确地控制相邻边框之间的距离，且其能够适用于各种浏览器，目前还是只能使用 HTML 的 cellspacing 属性来实现。它是目前关于表格的所有 HTML 属性中唯一不得不用到的属性，其他关于表格的 HTML 属性都可以使用 CSS 的属性代替。

9.1.3　确定表格的宽度

CSS 提供了两种确定表格及表格内部单元格宽度的方式。一种与表格内部的内容相关，被称为"自动方式"；另一种与内容无关，被称为"固定方式"。

使用自动方式时，实际宽度可能并不是 width 属性的设置值，因为它会根据单元格中的内容多少进行调整。在固定方式下，表格的水平布局不依赖于单元格的内容，而明确地由 width 属性指定。如果其取值为"auto"，就意味着会使用"自动方式"进行表格的布局。

在两种模式下，各自如何计算布局宽度是一个比较复杂的逻辑过程。对于一般用户来说，不需要精确地掌握它，但是知道有这两种方式是很有用的。

在无论各列中的内容有多少，都要严格保证按照指定的宽度显示时，可以使用"固定方式"。例如在后面的"日历"排版中，就用到了固定方式。反之，在对各列宽度没有严格要求时，用"自动方式"可以更有效地利用页面空间。

如果要使用固定方式，就需要对表格设置它的 table-layout 属性。将它设置为 fixed 时为固定方式，设置为 auto 时为自动方式。浏览器默认使用自动方式。

9.1.4　合并单元格

并非所有的表格都是规规矩矩的只有几行几列，因为有时候用户会"合并单元格"，以使表格符合某种内容上的需要。在 HTML 中合并单元格的方向有两种，一种是上下合并，另一种是左右合并。这两种合并方式各有不同的属性设置方法。

< 166 >

1．用 colspan 属性左右合并单元格

针对左右单元格的合并，例如将 A2 和 A3 这两个单元格合并为 1 个单元格，实例文件参见本书配套资源"第 9 章/09-02.html"，代码如下。

```
1   <table border="1">
2      <tr>
3         <td> A1</td> <td colspan="2">A2A3</td> <td>A4</td>
4      </tr>
5      <tr>
6         <td>B1</td> <td>B2</td><td>B3</td> <td>B4</td>
7      </tr>
8      <tr>
9         <td>C1</td> <td>C2</td><td>C3</td> <td>C4</td>
10     </tr>
11  </table>
```

效果如图 9.8 所示，可以看到在<td>标记中，将 colspan 属性设置为"2"，这个单元格就会横跨两列。这样，它后面的 A4 单元格仍然在原来的位置。

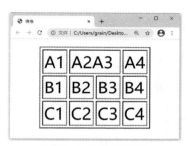

图9.8　左右合并单元格

注意，当合并单元格以后，相应的单元格标记就会减少，例如原来的 A3 单元格的<td>和</td>标记就要被去掉了。

2．用 rowspan 属性上下合并单元格

除了左右相邻的单元格可以合并外，上下相邻的单元格也可以合并，例如将 09-02.html 代码稍加修改，实例文件参见本书配套资源"第 9 章/09-03.html"，代码如下。

```
1   <table border="1">
2      <tr>
3         <td> A1</td> <td rowspan="2">A2<br>B2</td> <td>A3</td> <td>A4</td>
4      </tr>
5      <tr>
6         <td>B1</td> <td>B3</td> <td>B4</td>
7      </tr>
8      <tr>
9         <td>C1</td> <td>C2</td><td>C3</td> <td>C4</td>
10     </tr>
11  </table>
```

效果如图 9.9 所示，可以看到 A2 和 B2 单元格已经合并成一个单元格了。

要合并单元格就一定会有一些单元格被"牺牲"掉。本例将 A2 与 B2 单元格合并，那么被"牺牲"的就是 B2 单元格。A2 单元格的<td>标记中则设置了 rowspan 属性，这里 rowspan="2"的意思就是这个单元格上下跨了两格。

如果希望得到图 9.10 所示的效果，又该如何设置呢？

< 167 >

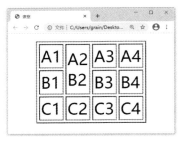

图 9.9　上下合并单元格

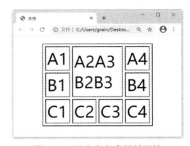

图 9.10　两个方向合并单元格

图 9.10 中的表格同时合并了左右和上下两个方向的单元格，代码如下，实例文件参见本书配套资源"第 9 章/09-04.html"。

```
1   <table border="1">
2     <tr>
3       <td> A1</td> <td rowspan="2" colspan="2">A2A3<br>B2B3</td><td>A4</td>
4     </tr>
5     <tr>
6       <td>B1</td> <td>B4</td>
7     </tr>
8     <tr>
9       <td>C1</td> <td>C2</td><td>C3</td> <td>C4</td>
10    </tr>
11  </table>
```

9.1.5　其他与表格相关的标记

HTML 中还有 3 个标记<thead>、<tbody>和<tfoot>，它们用来定义表格的不同部分，被称为"行组"，如图 9.11 所示。

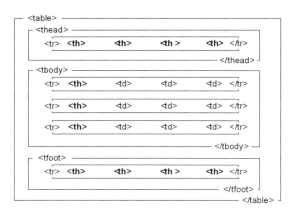

图 9.11　行组

在使用 CSS 设置表格的格式时，通过这 3 个标记可以更方便地选择要设置样式的单元格。例如，对<thead>、<tbody>和<tfoot>标记中的<th>标记设置不同的样式，如果使用下面的代码，则其只会对<tbody>标记中的内容产生作用，这样就不用再额外声明类别了。

```
tbody th{……}
```

在 HTML 中，单元格是存在于"行"中的，因此如果要对整列设置样式，就不像设置行那么方便，这时可以使用<col>标记。

< 168 >

例如，针对一个 3 行 3 列的表格，若要将其第 3 列的背景色设置为灰色，则可以使用如下代码。

```
1   <table >
2   <col></col><col></col><col class="special"></col>
3       <tr>
4           <td>11</td>
5           <td>12</td>
6           <td>13</td>
7       </tr>
8   ……以下省略……
```

每一对<col>标记对应表格中的一列，对需要单独设置的列设置一个类别，然后设置该类别的 CSS 即可实现相关设置。

> **注意**
>
> 　　由于一个单元格既属于某一行，又属于某一列，因此很可能行和列各自的 CSS 设置都会涉及该单元格，这时要根据 CSS 的优先级来确定以谁的设置为准。如果有些规则非常复杂，则在制作的时候就要实际试验一下。在进行这类设置时读者需要特别谨慎。

9.2　美化表格

知识点讲解

本实例中，我们将对一个简单的表格进行设置，使它看起来更精致。另外，当表格的行和列都很多并且数据量很大的时候，为避免单元格采用相同的背景色而使浏览者感到混乱，进而发生看错行的情况，可以为表格设置隔行变色的效果，使奇数行和偶数行的背景颜色不一样。实例的最终效果如图 9.12 所示，实例文件参见本书配套资源"第 9 章/02/table-0.html"。

图 9.12　交替变色的表格样式

后面还会以此为基础，再进行一些有趣的设置，希望能给读者带来更多的启发。

9.2.1　搭建 HTML 结构

先确定表格的 HTML 结构，代码如下。

```
1   <body>
2   <table cellspacing="0">
```

< 169 >

```
3      <caption>Product List</caption>
4      <thead>
5        <tr>
6            <th >product</th>
7            <th >ID</th>
8            <th >Country</th>
9            <th >Price</th>
10           <th >Color</th>
11           <th >weight</th>
12       </tr>
13     </thead>
14     <tbody>
15       <tr >
16           <th >Computer</th>
17           <td>C184645</td>
18           <td>China</td>
19           <td>$3200.00</td>
20           <td>Black</td>
21           <td>5.20kg</td>
22       </tr>
23       ……这里省略 5 行……
24     <tfoot>
25       <tr>
26           <th >Total</th>
27           <th colspan="5">6 products</th>
28       </tr>
29     </tfoot>
30   </table>
31   </body>
```

在这个表格中，使用的标记从上到下依次为<caption>、<thead>、<tbody>和<tfoot>，在浏览器中的效果如图 9.13 所示。

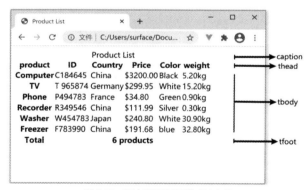

图 9.13　没有设置任何样式的表格

9.2.2　整体设置

对表格的整体及其标题进行设置，代码如下。

```
1    table {
2        border: 1px #333 solid;
3        font: 12px arial;
4        width: 500px
5    }
6
7    table caption {
```

< 170 >

```
8        font-size: 24px;
9        line-height: 36px;
10       color: white;
11       background: #777;
12   }
```

效果如图 9.14 所示，可以看到整体的文字样式和标题的样式已经被设置好了。

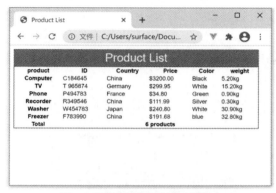

图 9.14　设置了部分属性的表格样式

9.2.3　设置单元格样式

要设置单元格的样式，应先分别设置 tbody 以及 thead 与 tfoot 部分的行背景色，代码如下。

```
1    tbody tr{
2        background-color: #CCC;
3    }
4
5    thead tr,tfoot tr{
6        background:white;
7    }
```

然后设置单元格的内边距和边框属性，以实现立体效果，代码如下。

```
1    td,th{
2        padding: 5px;
3        border: 2px solid #EEE;
4        border-bottom-color: #666;
5        border-right-color:  #666;
6    }
```

效果如图 9.15 所示。

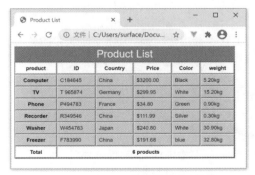

图 9.15　设置单元格样式

< 171 >

9.2.4 实现斑马纹效果

为使显示效果更明显，可以设置数据内容的背景色为深浅交替，以实现隔行变色。这种效果又被称为"斑马纹效果"。在 CSS 中实现隔行变色的方法十分简单，只要使用结构伪类选择器，给偶数行的<tr>标记添加相应的 CSS 设置即可，代码如下，实例文件参见本书配套资源"第 9 章/02/table-0.html"。

```
1    tbody tr:nth-child(even) {
2        background-color: #AAA;
3    }
```

效果如图 9.16 所示，这里交替的两种颜色可以使表格更美观，更重要的是当表格的行列很多的时候，可以使浏览者不易看错行。

图 9.16 斑马纹效果

9.2.5 设置列样式

下面对列做一些细节设置。例如，在 Price 列和 weight 列中的数据是数值，如果能够使它们右对齐，则更便于浏览者理解。接下来要使这两列中的数据右对齐，其他列都使用居中对齐的方式。

先将所有列都设置为居中对齐，然后使用选择器选中 Price 列和 weight 列，使它们的数据分别右对齐，代码如下，实例文件参见本书配套资源"第 9 章/02/table-1.html"。

```
1    tr {
2        text-align: center;
3    }
4    tr td:nth-child(4), tr td:nth-child(6) {
5        text-align: right;
6    }
```

效果如图 9.17 所示。

图 9.17 设置列对齐方式

可以看到，这些列确实按照希望的方式对齐了。

< 172 >

9.3 实例：制作日历

日历是日常生活中随处可见的工具。计算机出现后，随之产生了很多供人们记录日程安排的备忘录软件。随着互联网的普及，将日历存储在互联网上十分方便，无论走到哪里，只要能够登录互联网，就可以随时查询和登记各种日程信息。

本节来实现一个日历的页面，效果如图 9.18 所示。实例文件参见本书配套资源"第 9 章/03/calendar.html"。

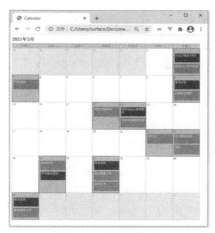

图 9.18　日历页面效果

9.3.1 搭建 HTML 结构

（1）按照传统的方法建立简单的表格，包括用<caption>标记建立表格的标题，以及用<th>标记表示星期一到星期日，并给表格定义 CSS 类别，代码如下。

```
1   <body>
2   <table class="month">
3       <caption>2021 年 3 月</caption>
4       <tr>
5           <th>星期一</th>
6           <th>星期二</th>
7           <th>星期三</th>
8           <th>星期四</th>
9           <th>星期五</th>
10          <th>星期六</th>
11          <th>星期日</th>
12      </tr>
```

（2）将各天的日程放在具体的单元格中，并定义各种 CSS 类名。在 td 中设置"previous"和"next"分别表示上个月和下个月的日期，设置灰色背景和灰色日期文字以和当月的日期区分开。"active"用来表示有具体安排的日子，对于重要的日程安排，在 li 中设置"important"类别，以便后期用 CSS 做特殊样式。代码如下。

```
1   <tr>
2       <td class="previous">31</td>
```

< 173 >

```
3        <td>1</td>
4        <td class="active">2
5        <ul>
6            <li class="important">完成书稿第 3 部分</li>
7            <li>查 jQuery 相关资料</li>
8        </ul>
9        </td>
10       <td>3</td>
11       <td>4</td>
12       <td>5</td>
13       <td>6</td>
14    </tr>
```

上面的代码中，表格每行包含 7 个单元格。对于没有安排的单元格，仅输入一个日期数字即可；对于有安排的单元格，用 ul 列表排列各项日程安排。

（3）依次建立好整个日历表格后，就可以开始加入 CSS 属性来控制其样式风格了。还没有加入 CSS 属性的日历如图 9.19 所示。

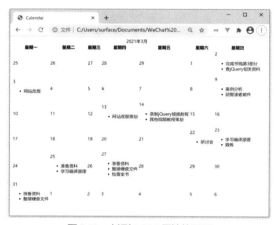

图 9.19　未添加 CSS 属性的日历

9.3.2　设置整体样式和表头样式

在建好表格的框架结构后，下面开始编写 CSS 样式。

（1）添加对整个表格的控制，代码如下。

```
1    .month {
2        border-collapse: collapse;
3        table-layout:fixed;
4        width:780px;
5    }
```

!）注意

需要特别注意上面的两条 CSS 样式。

① border-collapse: collapse;的作用是使边框使用重合模式。从最终的效果图中可以看到，相邻单元格之间的边框是重合在一起的。

② table-layout:fixed;的作用是用固定宽度的布局方式使每一列的宽度都相等。从最终的效果图中可以看到，由于星期三这一列中没有任何日程安排，因此其被挤得很窄。如果希望各列都一样宽，就需要使用固定布局方式，严格按照 width 属性来确定各列的宽度。

< 174 >

（2）设置 caption 和 **th** 的基本属性。

```
1    .month {
2        border-collapse: collapse;
3        table-layout:fixed;
4        width:780px;
5    }
6    .month caption {
7        text-align: left;
8        font-family: 宋体, arial;
9        font-size:20px;
10       padding-bottom: 6px;
11       font-weight:bold;
12   }
13
14   .month th {
15       border: 1px solid #999;
16       border-bottom: none;
17       padding: 3px 2px 2px;
18       margin:0;
19       background-color: #ADD;
20       color: #333;
21       font: 80% 宋体;
22   }
```

表头部分已经初见效果，如图 9.20 所示，可以看到列名称中各个星期的样式不再单调了。

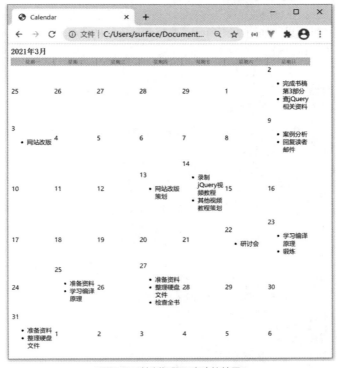

图 9.20　控制标题和表头的效果

< 175 >

9.3.3 设置日历单元格样式

下面设置各个单元格的样式。整个表格中的单元格一共分为 4 种，即普通的、有日程安排的、上个月的和下个月的。后三者分别设置了 active、previous 和 next 类别，因此须先对普通单元格进行设置，它也是后三者共同具有的样式基础。

（1）对普通单元格进行设置，代码如下。

```
1    .month td {
2        border: 1px solid #AAA;
3        font: 12px 宋体;
4        padding: 2px 2px;
5        margin:0;
6        vertical-align: top;
7    }
```

（2）设置.previous 和.next 类别的个性属性，代码如下。没有提到的属性都与前面的共同设置一致。这里仅将背景色设置为灰色，文字也设置为灰色。因为这几个单元格不是当月的内容，所以希望它们不容易引起浏览者的注意。

```
1    .month td.previous, .month td.next {
2        background-color: #eee;
3        color: #A6A6A6;
4    }
```

（3）设置有日程安排的单元格，目的是使日程更醒目。这类单元格被设置成了深色的边框，并且是 2px 的粗边框。

```
1    .month td.active {
2        background-color: #B1CBE1;
3        border: 2px solid #4682B4;
4    }
```

此时的表格已经初见效果，如图 9.21 所示，表格和单元格的边框、上个月和下个月的日期单元格为灰色，当月单元格为白色。

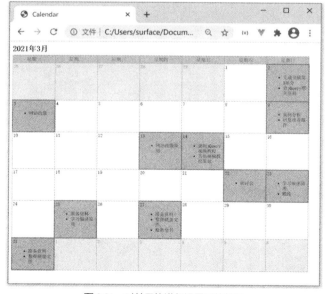

图 9.21　对单元格进行设置后的效果

< 176 >

（4）对日程安排中的列表进行 CSS 控制，清除每个事件前面的小圆点，在事件与事件之间添加一定的空隙，并设置背景图片，代码如下。

```
1    .month ul {
2        list-style-type: none;
3        margin: 3px;
4        padding:0;
5    }
6
7    .month li {
8        color:#FFF;
9        padding:2px;
10       margin-bottom: 6px;
11       height:34px;
12       overflow:hidden;
13       width:100px;
14       border:1px #C00 solid;
15       background-color:#C66;
16   }
```

此时表格的样式结构已经基本定型，如图 9.22 所示。

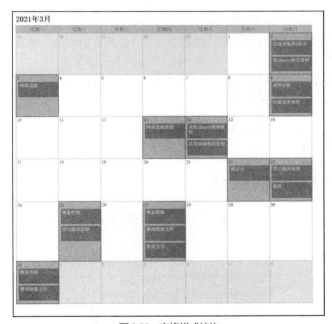

图 9.22　表格样式结构

!注意

在 li 中把 overflow 设置为 hidden，可以将单元格中显示不下的文字都隐藏起来。

（5）设置重要日程安排的背景色和边框颜色，代码如下。

```
1    .month td li.important{
2        border:1px #FFF solid;
3        background-color:#F00;
4    }
```

至此，这个日历页面就制作完成了，效果如图 9.23 所示。

< 177 >

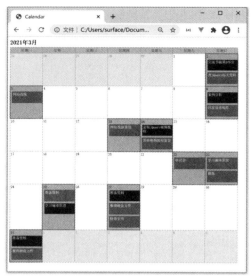

图 9.23　日历页面最终效果

在这个日历页面中，每一列的宽都是固定的，每个单元的高度都是根据内容自动伸展的。例如在某一天中增加多个活动安排，则对应的单元格就会变高，并且它所在的一整行都会一起变高，这是表格本身的性质所决定的。

例如，要在 27 日增加一项活动安排，只需要增加一行代码就可以实现。

```
1       <td class="active">27
2   <ul>
3       <li class="important">准备资料</li>
4       <li>整理硬盘文件</li>
5       <li>检查全书</li>
6       <li>完成 CSS 选题调研报告初稿</li>
7   </ul>
8   </td>
```

效果如图 9.24 所示。

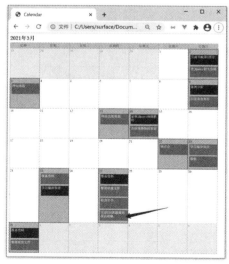

图 9.24　在 27 日增加一项活动安排

< 178 >

✏️ **说明**

　　日历是非常有用的网页元素，很多网站都需要显示日历。在本书配套资源中，除了上面介绍的这种样式之外，还给出了一个具有 3 种模式的表格。针对表格，使用完全相同的 HTML 代码，通过 CSS 的不同设置，即可得到完全不同的效果。这里不再详细讲解，读者可以自行探索。

本章小结

　　本章针对表格 CSS 样式设置进行了深入的探讨，主要包括以下两个方面。

　　（1）关于表格的 HTML 结构及其相应的 CSS 属性设置。

　　（2）通过"制作日历"这个实例，演示了如何在一个实际的页面中使用表格，以及如何设置相关的样式。

习题 9

一、关键词解释

表格标记　单元格　边框合并　边框分离　合并单元格

二、描述题

1. 请简单描述一下创建一个表格需要用到哪几个标记，它们的含义分别是什么。

2. 请简单描述一下相邻边框的合并规则是什么。

3. 请简单描述一下合并单元格的几种方式。

三、实操题

　　以表格的方式展示产品月销量，效果如题图 9.1 所示。表格有三列，分别为 ID、产品名称和销量。表格最后一行统计出产品月销量的合计数值。

题图 9.1　产品月销量

< 179 >

第**10**章 用 CSS 设置表单

本章将主要介绍表单的制作方法。表单是交互式网站的一个很重要的应用，它可以实现网上投票、网上注册、网上登录、网上发信和网上交易等功能。表单的出现使网页从单向的信息传递发展到能够与用户实现交互。通过本章的学习，读者可以掌握基本的表单知识，了解表单属性。本章的思维导图如下。

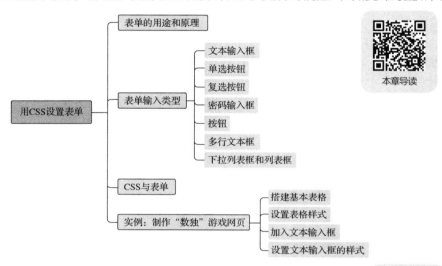

10.1 表单的用途和原理

知识点讲解

对于网页设计初学者而言，表单功能其实并不常用，因为表单通常必须配合 JavaScript 或服务器端的程序来使用。表单单独存在的意义不大。

但是表单与网页设计也不是完全无关的，因为表单是浏览者与网页进行交互的接口，例如很多网站提供的网站留言板，如图 10.1 所示。要让这样一个留言板真正地运行起来，除了在 HTML 文件中放置相应的表单元素之外，在服务器端还需相应的程序来接受浏览者提交的留言信息，并将其存储到数据库中。在需要显示留言的时候，从数据库中获取信息，生成页面，并发送给浏览器。

通常来说，含有表单的页面和其他页面是不同的。如果是普通的静态网页，则当浏览器提出请求后，服务器不做任何处理，而是会直接将页面发送给浏览器进行显示；如果是含有表单的网页，则服务器会根据表单的内容进行一番运算，然后把结果返回给浏览器。

因此，如果要真正制作可以和浏览者交互的网页，仅靠 HTML 是不够的，还必须使用服务器端的程序，这些程序可以用 Java、ASP.NET 和 PHP 等语言来开发。

本章以介绍各类表单为主，至于一些动态程序的开发这里暂不介绍。如果读者感兴趣，不妨找一些相关书籍来学习。

图 10.1 使用表单实现的网站留言板

10.2 表单输入类型

知识点讲解

与表单相关的两个重要标记是\<form\>和\<input\>，前者用于确定表单的范围，后者用于定义表单中的各个具体的元素。

先来看一个简单的表单，代码如下。实例文件参见本书配套资源"第 10 章/10-01.html"。

```
1    <form >
2        姓名：<input type="text">
3    </form>
```

效果如图 10.2 所示，可以看到页面上出现了一个文本输入框。

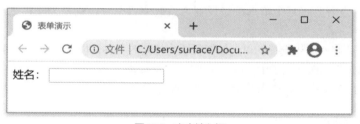

图 10.2 文本输入框

10.2.1 文本输入框

上面代码中的 input 的含义就是"输入"，它代表各种不同的输入控件，例如文本输入框、单选按钮等。每个表单元素之所以会有不同的类型，是因为 type 属性的值不同，当设置 type="text"的时候，显示的就是文本输入框。

下面介绍一下文字输入框。除了用 type="text"的方法确定输入类型为文本输入框之外，还可以为其设置以下属性。

（1）name：名称，设置此栏的名称。

（2）size：数值，设置此栏显现的宽度。

（3）value：预设内容，设置此栏的预设内容。

（4）align：对齐方式，设置此栏的对齐方式。

（5）maxlength：数值，设置此栏可输入文本的最大长度。

< 181 >

10.2.2　单选按钮

如果将 type 属性设置为"radio"，就会产生单选按钮，单选按钮通常是好几个选项一起显示出来以供浏览者点选。浏览者一次只能选中一个，因此其被称为"单选按钮"。

在上面的实例中增加两个单选按钮，代码如下，实例文件参见本书配套资源"第 10 章/10-02.html"。

```
1  <form >
2   <p>姓名:
3     <input type="text" name="name"size="20">
4   </p>
5   <p>性别:
6     <input type="radio" name="gender"  value="radio" checked> 男
7     <input type="radio" name="gender"  value="radio"> 女
8   </p>
9  </form>
```

效果如图 10.3 所示。

图 10.3　单选按钮

单选按钮通常会设置以下两个属性。

（1）checked：当需要将某个单选按钮设置为被选中状态时，就要为该单选按钮设置 checked="checked"。

（2）name：需要将一组供选择的单选按钮设置为相同的名称，以保证在这一组中只能有一个单选按钮能被选中。例如在上面的例子中，两个单选按钮的 name 属性都是"gender"，因此当其中某个原来未被选中的单选按钮被选中后，原来被选中的单选按钮就会变为未选中状态。

10.2.3　复选按钮

当将 type 属性设置为"checkbox"时，就会产生复选按钮。复选按钮和单选按钮类似，也是一组放在一起供浏览者点选的按钮。复选按钮与单选按钮的区别是复选按钮可以同时被选中多个，因此其被称为"复选按钮"。

在上面的例子中增加 3 个复选按钮，代码如下，实例文件参见本书配套资源"第 10 章/10-03.html"。

```
1  <p>兴趣:
2     <input type="checkbox" name="interest" > 文学
3     <input type="checkbox" name="interest" > 音乐
4     <input type="checkbox" name="interest" > 美术
5  </p>
```

效果如图 10.4 所示。

复选按钮通常会设置以下两个属性。

（1）checked：当需要将某个复选按钮设置为被选中状态时，就要为该复选按钮设置 checked=

< 182 >

"checked"。与单选按钮不同的是，可以同时将多个复选按钮设置为 checked="checked"。

图 10.4　复选按钮

（2）name：与单选按钮相似，需要将一组供选择的复选按钮设置为相同的名称，以保证在服务器处理数据时知道哪些复选按钮属于同一组。

10.2.4　密码输入框

当将 type 属性设置为"password"时，就会产生一个密码输入框，它和文本输入框几乎完全相同，差别仅在于密码输入框在输入时会以圆点或星号来取代输入的字符，以防他人偷看。

例如在上面的实例中增加如下代码，实例文件参见本书配套资源"第 10 章/10-04.html"。

```
密码: <input type="password">
```

效果如图 10.5 所示，可以看到当在密码输入框输入密码后，显示的是圆点。

图 10.5　密码输入框

密码输入框的属性与文本输入框的属性是完全相同的，这里不再赘述。

10.2.5　按钮

通常在填完表单之后，会有一个"提交"按钮和一个"重置"按钮。"提交"按钮的作用是向服务器提交数据，"重置"按钮的作用是清除所有填写的数据。

将 type 设置为"submit"即可得到提交按钮，将 type 设置为"reset"即可得到重置按钮，相当简单易用。

例如在上面的实例中增加如下代码，实例文件参见本书配套资源"第 10 章/10-05.html"。

```
<input type="submit" value=" 提 交 "> <input type="reset" value=" 重 置 ">
```

效果如图 10.6 所示。

value 属性用于设置按钮上的文字。此外，除了"提交"和"重置"这两种专用按钮，还可以设置具有普通用途的按钮，但其通常需要 JavaScript 来配合实现。将 type 设置为"button"即可得到普通按钮。

在有的网站上，还可以看到用一个图片代替按钮的外观，其本质仍然是一个按钮。将 type 设置为"image"即可得到图片按钮。

< 183 >

图 10.6　按钮

例如在上面的实例中增加如下代码，实例文件参见本书配套资源"第 10 章/10-06.html"。

```
1    <input type="button" name="button" value=" 按 钮 ">
2    <input type="image" name="imageField" src="button.png">
```

图片按钮的效果如图 10.7 所示。

图 10.7　图片按钮

可以看到，页面中各种外观和作用各不相同的元素，都是使用<input>这个标记实现的，关键就在于 type 属性值不同。

此外，还有两种常用的表单元素，它们所使用的是不同的标记。

10.2.6　多行文本框

如果需要浏览者输入比较多的文字，通常会使用多行文本框。其需要使用<textarea>标记来实现，例如下面的代码，实例文件参见本书配套资源"第 10 章/10-07.html"。

```
<textarea name="textarea" id="textarea" cols="45" rows="5"></textarea>
```

效果如图 10.8 所示。

图 10.8　多行文本框

这里介绍几个有用的属性。

（1）cols：用于定义多行文本框的宽度（字符列数）。

< 184 >

（2）rows：用于定义多行文本框的高度（行数）。

（3）wrap：用于定义多行文本框的换行方式，有以下 3 种选择。

① off：输入文字不会自动换行。

② virtual：输入文字在屏幕上会自动换行，但是如果浏览者没有按 "Enter" 键换行，则提交到服务器时也视为没有换行。

③ physical：输入文字会自动换行，且当其被提交到服务器时，系统会将屏幕上的自动换行视为换行效果提交。

10.2.7 下拉列表框和列表框

下拉列表框也是经常会用到的表单元素，其使用的是<select>标记，代码如下，实例文件参见本书配套资源 "第 10 章/10-08.html"。

```
1    <select name="select" id="select">
2      <option value="1" selected>Flash</option>
3      <option value="2">Dreamweaver</option>
4      <option value="3">Fireworks</option>
5      <option value="4">Photoshop</option>
6    </select>
```

效果如图 10.9 所示。可以看到，下拉列表框中的每个项目都使用一个<option>标记来定义。

图 10.9 下拉列表框

此外，<select>标记还有另一种表现形式——列表形式。其与上面代码的区别在于，在<select>标记中可以用 size 属性设置列表格行数，代码如下，实例文件参见本书配套资源 "第 10 章/10-09.html"。

```
1    <select name="select" size="5" id="select">
2      <option value="1" selected>Flash</option>
3      <option value="2">Dreamweaver</option>
4      <option value="3">Fireworks</option>
5      <option value="4">Photoshop</option>
6    </select>
```

效果如图 10.10 所示。

图 10.10 列表框

< 185 >

上面已经介绍了常用的表单元素的设置方法，下面介绍如何使用 CSS 来对表单元素进行设置。

10.3 CSS 与表单

表单是网页与用户交互不可缺少的元素。在传统的 HTML 中对表单元素的样式进行控制的标记很少，只局限于功能上的实现。本节围绕 CSS 控制表单进行详细介绍，内容包括表单中各个元素的控制，与表格配合制作各种效果等。

表单中的元素很多，包括常用的文本输入框、多行文本框、单选按钮、复选按钮、下拉菜单和按钮等。图 10.11 所示是一个没有经过任何修饰的普通表单，其中包括简单的文本输入框、下拉菜单、单选按钮、复选按钮、文本框和按钮等。

图 10.11　普通表单

该表单的源代码如下，主要包括<form>、<input>、<textarea>、<select>和<option>等标记，而没有经过任何 CSS 修饰。实例文件参见本书配套资源"第 10 章/10-10.html"。

```
1   <form method="post">
2   <p>请输入您的姓名:<br><input type="text" name="name" id="name"></p>
3   <p>请选择你最喜欢的颜色:<br>
4   <select name="color" id="color">
5       <option value="red">红</option>
6       <option value="green">绿</option>
7       <option value="blue">蓝</option>
8       <option value="yellow">黄</option>
9       <option value="cyan">青</option>
10      <option value="purple">紫</option>
11  </select></p>
12  <p>请问你的性别:<br>
13      <input type="radio" name="sex" id="male" value="male">男<br>
14      <input type="radio" name="sex" id="female" value="female">女</p>
15  <p>你喜欢做些什么:<br>
16      <input type="checkbox" name="hobby" id="book" value="book">看书
17      <input type="checkbox" name="hobby" id="net" value="net">上网
18      <input type="checkbox" name="hobby" id="sleep" value="sleep">睡觉</p>
19  <p>我要留言:<br><textarea name="comments" id="comments" cols="30" rows="4">
    </textarea></p>
```

< 186 >

```
20    <p><input type="submit" name="btnSubmit" id="btnSubmit" value="Submit"></p>
21    </form>
```

　　下面利用 CSS 对标记进行控制，为整个表单添加简单的样式风格，包括边框、背景色、宽度和高度等，实例文件参见本书配套资源"第 10 章/10-11.html"。

```
1     form{
2         border: 1px dotted #AAAAAA;
3         padding: 1px 6px 1px 6px;
4         margin:0px;
5         font:14px Arial;
6     }
7     input{                            /* 所有 input 标记 */
8         color: #00008B;
9     }
10    input.txt{                        /* 文本输入框单独设置 */
11        border: 1px inset #00008B;
12        background-color: #ADD8E6;
13    }
14    input.btn{                        /* 按钮单独设置 */
15        color: #00008B;
16        background-color: #ADD8E6;
17        border: 1px outset #00008B;
18        padding: 1px 2px 1px 2px;
19    }
20    select {
21        width: 80px;
22        color: #00008B;
23        background-color: #ADD8E6;
24        border: 1px solid #00008B;
25    }
26    textarea {
27        width: 200px;
28        height: 40px;
29        color: #00008B;
30        background-color: #ADD8E6;
31        border: 1px solid #00008B;
32    }
```

　　效果如图 10.12 所示，此时表单看上去就不那么单调了。浏览器会给元素加上默认样式，但一般都会单独进行设置，以覆盖浏览器的默认值。这种方法在实际设计中经常使用，读者可以举一反三。

图 10.12　最终效果

< 187 >

10.4 实例：制作“数独”游戏网页

案例讲解

“数独”是一种近年来风靡世界的益智数字游戏。相传其起源于拉丁方阵（latin square），19 世纪 70 年代在美国开始发展，之后流传至日本，以数学游戏、拼图游戏为主。1984 年，一本游戏杂志正式把它命名为“数独”，意思是在每一格中只有一个数字。近几年，这个游戏在全世界流行开来，我国也有很多数独爱好者，这一益智数字游戏受到了很多人的喜爱。

数独游戏的规则是：在 9×9 的大九宫格中有 9 个 3×3 的小九宫格，小九宫格中已经有一些数字在里面了，根据这些数字，运用逻辑和推理，在其他的空格中填入 1 到 9 的数字，要保证每个数字在每个小九宫格内不能重复，同时每行、每列中也不能出现重复的数字。

例如，图 10.13 左侧就是一个数独游戏的初始状态，游戏者可以以此为基础开始推理，依次填写所有空格，并满足每个小九宫格内数字不重复，同时在每行、每列中也不出现重复的数字的要求。图 10.13 右侧是它的解答。实例文件参见本书配套资源“第 10 章/10-12.html”。

图 10.13 数独游戏页面

这种游戏只需要逻辑思维能力，与数字运算无关。虽然玩法简单，但数字排列的方式却千变万化，所以不少人认为数独游戏是锻炼头脑的好方法。

在本实例中，我们将结合前面介绍的表格和表单的设置方法制作一个页面。该页面可以非常美观地显示数独的题目，并且可以方便地在空格中输入数字。

10.4.1 搭建基本表格

（1）先确定最基本的网页结构，代码如下。主要的任务是建立一个 9 行 9 列的表格。

```
1   <h1>“数独”游戏</h1>
2   <p>
3       在 9×9 的大九宫格中有 9 个 3×3 的小九宫格，小九宫格中已经有一些数字在里面了，根据这些数字，运用
        逻辑和推理，在其他的空格中填入 1 到 9 的数字，要保证每个数字在每个小九宫格内不能重复，同时在每行、
        每列中也不能出现重复的数字。
4   </p>
5
6   <table >
7       <tr>
8           <td></td><td></td><td></td>
```

< 188 >

```
9              <td></td><td></td><td></td>
10             <td></td><td></td><td></td>
11         </tr>
12      ……省略其余 8 行……
13  </table>
```

（2）接下来对单元格的样式进行基本的设置，代码如下。

```
1   h1{
2       text-align:center;
3   }
4
5   p{
6       font:12px/18px 宋体;
7       text-indent:2em;
8   }
9   td {
10      padding:0px;
11      width: 30px;
12      height: 30px;
13      border:1px #999 solid;
14  }
```

效果如图 10.14 所示。

图 10.14　基本表格页面

10.4.2　设置表格样式

对表格整体进行设置。

（1）使用表格线的合并模式设置 1px 的内部框线，外框线设置为 2px，代码如下。

```
1   table{
2       border-collapse:collapse;
3       border:2px #666 solid;
4       margin:0 auto;
5   }
```

效果如图 10.15 所示，可以看到表格的框线和位置发生了变化。

< 189 >

图 10.15　设置表格的整体属性

（2）将 9 个小九宫格的分割线设置为 2px，以明显地分割出 9 个小九宫格。方法是先为从左数第 4 列和第 7 列的单元格设置类别.vline，并将这些单元格的左边线设置为 2px。为这 18 个单元格增加类别，代码如下。

```
<td class="vline"><td>
```

相应的 CSS 样式如下。

```
1  td.vline{
2      border-left:2px #666 solid;
3  }
```

（3）为从上数第 4 行和第 7 行的 18 个单元格设置类别.hline，并将这些单元格的上边线设置为 2px。

```
1  td.hline{
2      border-top:2px #666 solid;
3  }
```

需要注意的是，有些单元格需要同时被设置为 vline 和 hline，此时则应写作如下形式。

```
<td class="vline hline"><td>
```

vline 和 hline 谁在前面都可以。

（4）在一些单元格中填入数字，并设置单元格中的字体和样式，代码如下。

```
1   td{
2       padding:0px;
3       width:30px;
4       height:30px;
5       border:1px #999 solid;
6       text-align:center;
7       vertical-align:middle;
8       font-family:"Times New Roman", Times, serif;
9       font-size:21px;
10  }
```

效果如图 10.16 所示，可以看到，基本结构已经完成了，但是还没有加入表单元素，因此还不能在空格中输入数字。

< 190 >

图 10.16　表格结构和样式设置完成

10.4.3　加入文本输入框

下面在空白的单元格中分别加入一个文本输入框，代码如下。

```
<td><input class="entey" name="Text1" type="text" maxlength="1" /></td>
```

将代码中的属性 maxlength 设置为"1"，这样可以限制每个单元格中只能输入一个数字。效果如图 10.17 所示。

图 10.17　在单元格中加入文本输入框

10.4.4　设置文本输入框的样式

（1）由于没有设置文本输入框的样式，每个文本输入框都比较宽，因此把单元格撑大了。下面就来设置文本输入框的样式，代码如下。

```
1    input{
2        margin:1px 0 0 0;
3        padding:0;
4        width:24px;
5        height:27px;
6        text-align:center;
7        vertical-align:middle;
8        font-family:"lucida handwriting","comic sans ms",cursive;
9        font-size:19px;
10       color:blue;
```

< 191 >

```
11    }
```

效果如图 10.18 所示。

图 10.18　设置了文本输入框的样式

（2）暂时不隐藏文本输入框的框线，这可以帮助我们确定文本输入框的位置。待位置、大小都设置好以后，再将框线取消，代码如下。

```
border:0px black solid;
```

效果如图 10.19 所示。这时就可以在空格中填入数字了，例如，在第 3 行的第 7 个空格中填入数字 5。

图 10.19　最终完成后的效果

> **注意**
>
> 　　这里为没有玩过数独游戏的读者简单解释一下。由于第 1 行和第 2 行都有 5 了，因此右上角小九宫格里的 5 只能在这个小九宫格已经给出的数字 6 的左右两侧的格子中，而最右一列中已经有 5 了，因此右上角九宫格中的 5 只能出现在图中的位置。这样就确定了第一数字，依次类推，即可推理出所有空格中的数字。

< 192 >

> **！注意**
>
> ① 要取消文本输入框的框线，本来应该将 border-style 属性设置为 none，可是这样设置在 IE 6 中无法取消框线，因此采用了上面的方法。
>
> ② 为了在填数的过程中便于区分初始给定的值和自己填入的值，应该将二者的颜色和字体有所区别。例如这里将文本输入框中的文字字体设置为一种接近于手写风格的字体，并设置为蓝色，这样就可以很容易地对其与初始值进行区分了。
>
> ③ 不同字体之间，视觉大小有所不同。在设置为同样大小时，这种手写字体的数字看起来要大一些。为了整体协调一致，可以将文本输入框的字体设置得稍小一些。

本章小结

本章主要介绍了表单的制作方法，以及使用 CSS 设置表单元素的方法。表单是交互式网站很重要的应用之一，它可以实现交互功能。需要注意的是，本章介绍的内容只涉及表单的设置，不涉及具体功能的实现。例如要实现一个真正的留言簿功能，必须要有服务器端程序的配合。读者有兴趣的话，可以参考其他相关图书和资料进行了解。

习题 10

一、关键词解释
表单　文本框　单选按钮　复选按钮　密码输入框　多行文本框　下拉列表框

二、描述题
1. 请简单描述一下表单的原理和用途。
2. 请简单列一下与表单相关的重要标记，并说明它们的用法。
3. 请简单描述一下表单的输入类型有哪几种。

三、实操题
现在网购已成为人们重要的购物方式之一，收货人信息是网购的必填模块，而收获人信息的填写离不开表单。利用本章所学知识，实现如题图 10.1 所示的效果：输入框获取焦点之后，边框变为蓝色。

题图 10.1　收货人信息的表单效果

< 193 >

第三篇

布局篇

第 11 章 经典 div+CSS 网页布局方法

前面讲解的所有内容都属于设置网页上各种元素（如文本、图片、表格等）的样式，但 CSS 还有更重要的用途——对网页进行整体布局。

本章介绍如何使用经典的 div+CSS 方式进行布局，它首先会将页面在整体上进行<div>标记的分块，然后会对各个块进行 CSS 定位，最后会在各个块中添加相应的内容。

需要指出的是，在 CSS3 被各浏览器广泛支持以后，我们除了使用本章介绍的经典 div+CSS 布局之外，还可以使用 CSS3 新引入的两种方式进行布局——grid（网格）和 flexbox（弹性盒子）。这些知识将在后面的章节中详细介绍。本章的思维导图如下。

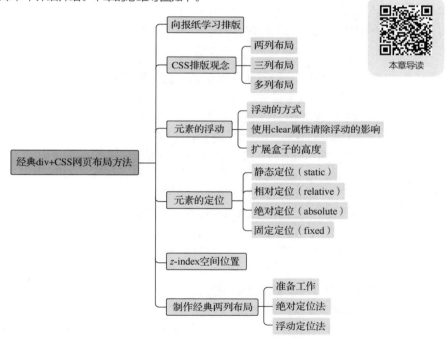

本章导读

11.1 向报纸学习排版

知识点讲解

在网页出现之前，报纸一直承担着向大众传递信息的使命。经过多年的发展，报纸已经成为世界上最成熟的大众传媒载体之一。网页与报纸在视觉上有很多类似的地方，因此在进行网页的布局与设计时也可以把报纸作为参考。

　　报纸的排版通常是基于一种被称为"网格"的方式进行的。传统的报纸经常使用的是 8 列布局，例如，图 11.1 所示的这份报纸就是典型的 8 列布局，相邻的列之间会有一定的空白缝隙。图 11.2 所示的则是现在更流行的 6 列布局，例如《北京青年报》等报纸的大部分关于新闻时事的版面都是 6 列布局，而文艺副刊等版面则会使用更灵活的布局方式。读者可以找几份身边的报纸，仔细看一看它们是如何分列布局的，思考一下不同的布局方式会给我们带来什么样的感受。

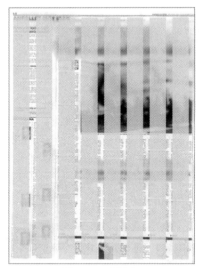 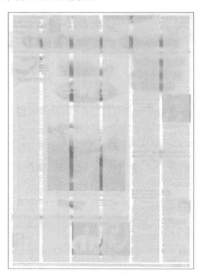

图 11.1　8 列布局　　　　　　　　　　　图 11.2　6 列布局

　　如果仔细观察，还可以找到其他列数的布局方式。总体来说，报纸的列数通常要比网页的列数多，这是因为和浏览器窗口相比，报纸的一个页面在横向上容纳的文字字数远远超过浏览器窗口。另外，报纸排版经过多年的发展，技术上已经很成熟，即使是非常复杂的布局，在报纸上也可以很容易实现，而网页排版由于出现时间相对较晚，还在不断发展的过程中。

　　针对 6 行布局的报纸，每一版分为 6 列，每一列文字的宽度大约为 15 个汉字。人们在阅读时，看一行文字基本不用横向移动眼球，目光只聚焦于很窄的范围，这样阅读效率是很高的，特别适合报纸这样的"快餐"性媒体。由于报纸的宽度比较宽，横向可容纳近 100 个文字，因此通常会将其分很多栏。

　　浏览器窗口的宽度所能容纳的文字比报纸少得多，因此通常不会被分成报纸那么多的列。如果读者研究一下就可以发现，现在网页的布局形式越来越复杂和灵活了，这是因为相关的技术在不断发展。

　　总之，我们仍可以从报纸的排版中学到很多经验。核心的思想是借鉴"网格"的布局。"网格"具有如下优点。

　　（1）使用基于网格的设计可以使大量页面保持很好的一致性，这样无论是在一个页面内，还是在网站的多个页面之间，都可以具有统一的视觉风格。

　　（2）均匀的网格以合理的比例将网页划分为一定数目的等宽列，使网页产生了很好的均衡感。

　　（3）使用网格可以帮助设计师把标题、标志、内容和导航目录等各种元素合理地分配到适当的区域，这样可以为内容繁多的页面创建出一种潜在的秩序，或者称之为"背后"的秩序。报纸的读者通常并不会意识到这种秩序的存在，但是这种秩序实际上起着重要的作用。

　　（4）网格的设计不但可以约束网页，使其产生一致性，而且具有高度的灵活性。在网格的基础上，通过跨越多列等手段，可以创造出各种变化方式。这些方式既保持了页面的一致性，又带来了风格的变化。

　　（5）网格可以大大提高整个页面的可读性，因为在任何文字媒体上，一行文字的长度与读者的阅读效率以及舒适度有着直接的关系。如果一行文字过长，则读者在换行的时候，目光就必须进行较大

< 196 >

范围的移动，以找到下一行文字的开头，这样既打断了读者的思路，又使眼睛和脖子的肌肉变得紧张，进而使读者的疲劳感会明显增加。通过使用网格，可以把一行文字的长度限制在适当的范围内，使读者阅读起来既方便又舒适。

如果把报纸排版中的概念和 CSS 的术语进行对比，则大致如图 11.3 所示。

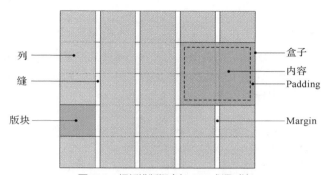

图 11.3　报纸排版概念与 CSS 术语对比

使用网格进行设计时，可以灵活地将若干列在某些位置进行合并。例如，在图 11.4 的左图中，将最重要的一则新闻（通常称之为"头版头条"）放在非常显著的位置，并且横跨了 8 列中的 6 列。其余的位置当需要的时候也可以横跨若干列，这样的版式明显打破了统一的网格所带来的呆板效果。在图 11.4 的右图中，也同样对重要的内容使用了横跨多列的设计手法。

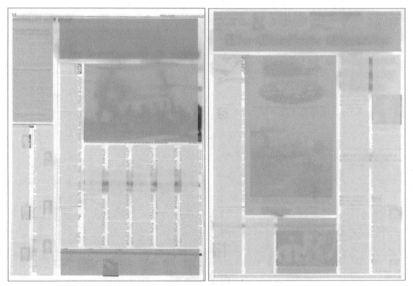

图 11.4　报纸排版中的列可以灵活组合

11.2　CSS 排版观念

知识点讲解

过去使用表格布局的时候，在设计的初始阶段就要确定页面的布局形式。使用表格进行布局时，布局一旦确定就无法再更改了，因此有较大的局限。使用 CSS 布局则完全不同，设计者首先考虑的不是如何分割网页，而是从网页内容的逻辑关系出发，区分出内容的层次和重要性。然

< 197 >

后根据逻辑关系，把网页的内容使用<div>或其他适当的 HTML 标记组织好，最后才须考虑网页的形式如何与内容适应。

实际上，即使是很复杂的网页，也都是一个模块接着一个模块逐步搭建起来的。下面以一些访问量非常大的实际网站为例，分析它们是如何布局的，同时看看通常有哪些布局形式。

11.2.1　两列布局

图 11.5 所示是一个典型的两列布局的页面。这种布局形式几乎是网页最简单的布局形式了。在两列布局中，通常一个侧列比较窄，用于放置目录等信息，另一个宽列则用于展示主要内容。这种布局形式的结构清晰，对浏览者的引导性很好。

图 11.5　两列布局的网页

11.2.2　三列布局

ESPN 是著名的体育网站，它也是最早开始使用 CSS 布局的大型网站之一，如图 11.6 左侧所示。抽象出来的页面布局形式如图 11.6 右侧所示，这是一个典型的"1-3-1"布局，即在页面的顶部和底部各有一个横栏，中间的部分分为左、中、右 3 列。

< 198 >

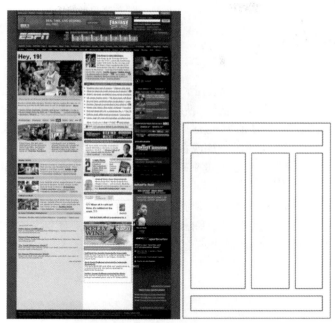

图 11.6　"1-3-1"布局的网页及其示意图

11.2.3　多列布局

纽约时报是一个新闻类的知名站点，如图 11.7 所示。从图中可以看到，它具有深厚的报纸传统，它的布局带有非常明显的报纸排版风格。网页的列数很多，看这个页面就像在看报纸，各个分栏会在适当的位置合并，以适应不同类别的内容。

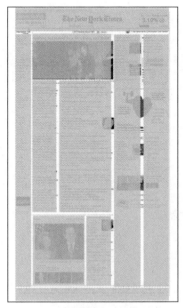

图 11.7　使用多列布局的纽约时报

为了实现经典的 div+CSS 布局，我们还需要补充讲解两个非常重要的 CSS 属性——float（浮动）和 position（定位）。

< 199 >

11.3 元素的浮动

知识点讲解

在标准流中，一般情况下一个块级元素在水平方向会自动伸展，直到包含它的元素的边界，在竖直方向和兄弟元素依次排列。使用"浮动"方式后，块级元素将改变它的行为。

CSS 中有一个 float 属性，默认值为 none，也就是标准流通常的情况。如果将 float 属性值设置为 left 或 right，元素就会向其父元素的左侧或右侧靠紧；同时在默认情况下，盒子的宽度不再伸展，而是会收缩，具体由盒子里面的内容的宽度来确定。当将一个盒子设置为浮动时，它将脱离标准流而浮动到目标位置。

下面通过几个简单的实例了解浮动的具体行为。

浮动的性质比较复杂。这里先制作一个基础的页面，代码如下，实例文件参见本书配套资源"第 11 章/11-01.html"。后面一系列的实验都将基于这个文件进行。

```
1   <!DOCTYPE html>
2   <html>
3   <head>
4       <title>float 属性</title>
5   <style type="text/css">
6   body{
7       margin:15px;
8       font-family:Arial; font-size:12px;
9   }
10  .father{
11      background-color:#ffff99;
12      border:1px solid #111111;
13      padding:5px;
14  }
15  .father div{
16      padding:10px;
17      margin:15px;
18      border:1px dashed #111111;
19      background-color:#90baff;
20  }
21  .father p{
22      border:1px dashed #111111;
23      background-color:#ff90ba;
24  }
25  .son1{
26      /* 这里设置 son1 的浮动方式*/
27  }
28  .son2{
29      /* 这里设置 son2 的浮动方式*/
30  }
31  .son3{
32      /* 这里设置 son3 的浮动方式*/
33  }
34  </style>
35  </head>
36  <body>
37      <div class="father">
38          <div class="son1">Box-1</div>
39          <div class="son2">Box-2</div>
```

< 200 >

40	`        <div class="son3">Box-3</div>`
41	`        <p>`这里是浮动框外围的文字，这里是浮动框外围的文字，这里是浮动框外围的文字，这里是浮动框外围的文字，这里是浮动框外围的文字，这里是浮动框外围的文字，这里是浮动框外围的文字，这里是浮动框外围的文字，这里是浮动框外围的文字。`</p>`
42	`    </div>`
43	`</body>`
44	`</html>`

上面的代码定义了 4 个 div 块，其中一个是父块，另外 3 个是它的子块。为了便于观察，将各个块都加上了边框及背景色，并且让<body>标记及各个 div 块都有一定的外边距值。

3 个子 div 块如果都没有设置任何浮动属性，则处于标准流中的盒子状态。在父盒子中，3 个子盒子各自向右伸展，并在竖直方向上依次排列，效果如图 11.8 所示。

图 11.8　没有设置浮动属性时的效果

11.3.1　浮动的方式

下面修改 Box-1、Box-2 和 Box3 的属性，体会浮动盒子具有哪些性质。

在上面的代码中找到如下片段。

```
1    .son1{
2        /* 这里设置son1 的浮动方式*/
3    }
```

将.son1 盒子设置为向左浮动，代码如下。

```
1    .son1{
2        /* 这里设置son1 的浮动方式*/
3        float:left;
4    }
```

同样将 Box-2 和 Box-3 都设置为向左浮动，效果如图 11.9 所示，实例文件参见本书配套资源"第 11 章/11-04.html"。从图中可以清楚地看到文字所在盒子的范围，以及文字会围绕浮动的盒子排列。

图 11.9　设置 3 个 div 块浮动时的效果

< 201 >

如果此时将 Box-3 改为向右浮动，即 float:right，则效果如图 11.10 所示，相关文件参见本书配套资源"第 11 章/11-05.html"。从图中可以看到 Box-3 移动到了最右端，文字段落盒子的范围没有改变，但文字变成了夹在 Box-2 和 Box-3 之间。

图 11.10　改变 Box 3 浮动方向后的效果

这时，如果把浏览器窗口慢慢调整变窄，Box-2 和 Box-3 之间的距离就会越来越小，直到二者接触。如果继续把浏览器窗口调整变窄，其将无法在一行中容纳 3 个 div 块，此时 Box-3 会被挤到下一行中（如图 11.11 所示），但仍保持向右浮动，这时文字会自动布满窗口。注意浏览器窗口有最小宽度限制。按 F12 键打开开发者工具，拖动黑色箭头指示的边框，就可以改变可视区域的宽度。

图 11.11　　Box 3 被挤到下一行的效果

如果开发者工具在浏览器下面，则可以先单击右侧的 ⋮ 按钮，然后单击"Dock to Rigth"按钮，此时开发者工具就会显示到右侧，如图 11.12 所示。

接下来将 Box-2 改为向右浮动，Box-3 改为向左浮动，效果如图 11.13 所示，实例文件参见本书配套资源"第 11 章/11-06.html"。从图中可以看到，布局没有变化，但是 Box-2 和 Box-3 交换了位置。

图 11.12　将开发者工具移动到右侧

图 11.13　交换 div 块位置的效果

< 202 >

分析

这里给我们提供了一个很有用的启示，即使用 CSS 布局，通过一定的技巧可以实现在 HTML 不做任何改动的情况下，调换盒子的显示位置。这个应用非常重要，这样我们就可以在写 HTML 的时候，通过 CSS 来确定内容的显示位置，通过 HTML 来确定内容的逻辑位置，即可以把最重要的内容放在前面，相对次要的内容放在后面。

现在把浏览器窗口慢慢变窄，当浏览器窗口无法在一行中容纳 3 个 div 块时，Box-3 会被挤到下一行中，但仍保持向左浮动，且位于下一行的左侧，这时文字仍然会自动排列，如图 11.14 所示。

图 11.14　div 块被挤到下一行的效果

11.3.2　使用 clear 属性清除浮动的影响

参考图 11.15 所示修改代码，以使文字的左右两侧同时围绕浮动的盒子。

图 11.15　设置浮动后文字围绕的效果

如果不希望文字围绕浮动的盒子，又该怎么办呢？先找到代码中的如下 4 行。

```
1    .father p{
2        border:1px dashed #111111;
3        background-color:#ff90ba;
4    }
```

然后增加一行对 clear 属性的设置。这里先将它设为左清除，也就是这个段落的左侧不再围绕浮动框排列，代码如下，实例文件参见本书配套资源"第 11 章/11-07.html"。

```
1    .father p{
2        border:1px dashed #111111;
3        background-color:#ff90ba;
4        clear:left;
5    }
```

< 203 >

效果如图 11.16 所示，段落的上边界向下移动，直到文字不受左边的两个盒子影响为止，但其仍然受 Box-3 的影响。

图 11.16　清除浮动对左侧影响后的效果

接着将 clear 属性设置为 right，效果如图 11.17 所示。由于 Box-3 比较高，因此清除了右侧的影响，左侧就更不会受影响了。

图 11.17　清除浮动对右侧影响后的效果

关于 clear 属性有以下两点说明。

（1）clear 属性除了可以被设置为 left 或 right 之外，还可以被设置为 both，表示同时消除左右两侧的影响。

（2）要特别注意，对 clear 属性的设置要放到文字所在的盒子里，例如放到一个 p 段落的 CSS 设置中，而不要放到对浮动盒子的设置里。经常有初学者没有搞懂原理，误以为在对某个盒子设置了 float 属性以后，要消除它对外面文字的影响，就要在它的 CSS 样式中增加一条 clear 属性，其实这是没有用的。

11.3.3　扩展盒子的高度

关于 clear 属性的作用，这里再给出一个实例。在 11.3.2 小节清除浮动的实例中，将文字所在的段落删除，这时在父 div 块里面只有 3 个浮动的盒子，它们都不在标准流中，这时的效果如图 11.18 所示。

图 11.18　包含浮动 div 块的容器将不会适应高度

< 204 >

　　可以看到，文字段落被删除以后，父 div 块的范围缩小（由它的内边距和边框构成），也就是说，一个 div 块的范围是由它里面的标准流内容决定的，而与里面的浮动内容无关。如果要使父 div 块的范围包含这 3 个浮动盒子，如图 11.19 所示，该怎么办呢？

图 11.19　希望实现的效果

　　实现这个效果的方法有多种，但都不完美，它们都会带来一些不"优雅"的效果。其中一种方法是在 3 个 div 块的后面再增加一个 div 块，代码如下。

```
1  <body>
2    <div class="father">
3       <div class="son1">Box-1</div>
4       <div class="son2">Box-2</div>
5       <div class="son3">Box-3<br />
6            Box-3<br />
7            Box-3<br />
8            Box-3</div>
9       <div class="clear"></div>
10   </div>
11 </body>
```

　　然后为这个 div 块设置样式，注意这里必须要指定其父 div 块，并覆盖原来对外边距、内边距和边框的设置。

```
1  .father .clear{
2     margin:0;
3     padding:0;
4     border:0;
5     clear:both;
6  }
```

　　效果如图 11.19 所示，实例文件参见本书配套资源"第 11 章/11-08.html"。

11.4　元素的定位

知识点讲解

　　本节详细讲解元素的定位。实际上对于使用 CSS 进行网页布局这个大主题来说，"定位"这个词本身有两种含义。

　　（1）广义的"定位"。要将某个元素放到某个位置的时候，这个动作可以被称为"定位"操作，可以使用任何 CSS 规则来实现。这就是泛指的一个网页排版中的定位操作。使用传统的表格排版时，同样存在定位问题。

　　（2）狭义的"定位"。在 CSS 中有一个非常重要的属性 position，这个单词翻译为中文也是定位。然而要使用 CSS 进行定位操作并不只通过这个属性来实现，因此不要把二者混淆。

　　这里先对 position 属性的使用方法做一个介绍，后面再具体举例说明。position 属性可以设置的属

< 205 >

性值有以下 4 个。

（1）static。这是默认的属性值，即该盒子按照标准流（包括浮动方式）进行布局。

（2）relative。相对定位，使用相对定位的盒子的位置常以标准流的排版方式为基础，盒子相对标准位置偏移指定的距离。相对定位的盒子仍在标准流中，它后面的盒子仍以标准流的方式对待它。

（3）absolute。绝对定位，盒子的位置以它的"包含框"为基准进行偏移。绝对定位的盒子从标准流中脱离，这意味着它们对其后的兄弟盒子的定位没有影响，其他盒子也不受这个盒子的影响。

（4）fixed。固定定位，它和绝对定位类似，只是以浏览器窗口为基准进行定位，也就是当拖动浏览器窗口的滚动条时，依然保持对象位置不变。

position 定位与 float 一样，也是 CSS 排版中非常重要的概念。读者可能会觉得这 4 条属性值不太好理解，这一节的任务就是弄懂它们的含义。

11.4.1 静态定位（static）

static 为默认值，它表示块保持在原本的位置上，即没有任何移动效果。前面的所有实例实际上都是 static 方式的结构，这里就不再介绍了。

为了讲清楚其他比较复杂的定位方式，这里会使用一系列实验的方法，目的是通过实验的方法找出规律。

这里先给出最基础的代码，即没有设置任何的 position 属性，相当于使用 static 方式的页面。实例文件参见本书配套资源"第 11 章/11-09.html"。

```
1   <!DOCTYPE html>
2   <html>
3   <head>
4   <title>position 属性</title>
5   <style type="text/css">
6   body{
7       margin:20px;
8       font :Arial 12px;
9   }
10  #father{
11      background-color:#a0c8ff;
12      border:1px dashed #000000;
13      padding:15px;
14  }
15
16  #block1{
17      background-color:#fff0ac;
18      border:1px dashed #000000;
19      padding:10px;
20  }
21  </style>
22  </head>
23  <body>
24      <div id="father">
25          <div id="block1">Box-1</div>
26      </div>
27  </body>
28  </html>
```

效果如图 11.20 所示，这是一个很简单的标准流方式的两层盒子。

< 206 >

图 11.20　没有设置 position 属性时的状态

11.4.2　相对定位（relative）

将一个盒子的 position 属性设置为 relative，即将其设置为相对定位时，它的布局规则如下。

（1）使用相对定位的盒子会相对于它原本的位置，通过偏移指定的距离到达新的位置。

（2）使用相对定位的盒子仍在标准流中，它对父块没有任何影响。

因此，除了将 position 属性设置为 relative，还需要指定一定的偏移量。水平方向通过 left 或者 right 属性来指定，竖直方向通过 top 和 bottom 属性来指定。

例如将上面的代码稍做修改，将 Box-1 的 position 属性设置为 relative，并设置偏移距离，代码如下，实例文件参见本书配套资源"第 11 章/11-10.html"。

```
1  #block1{
2      background-color:#fff0ac;
3      border:1px dashed #000000;
4      padding:10px;
5      position:relative;                 /* 相对定位 */
6      left:30px;
7      top:30px;
8  }
```

效果如图 11.21 所示。图中显示了 Box-1 原来的位置和新位置，可以看出，它向右和向下分别移动了 30px。也就是说，left:30px 的作用就是使 Box-1 移动到它原来位置的左边框右侧 30px 的地方，top:30px 的作用就是使 Box-1 移动到它原来位置的上边框下侧 30px 的地方。

图 11.21　将一个 div 块设置为相对定位后的效果

这里用到了 top 和 left 这两个 CSS 属性。在 CSS 中一共有 4 个配合 position 属性使用的定位属性，除 top 和 left 之外，还有 right 和 bottom。

这 4 个属性只有当将 position 属性设置为 absolute、relative 或 fixed 时才有效。当 position 属性值不同时，它们的含义也不同。当将 position 属性设置为 relative 时，它们表示各个边界与原来位置的距离。

top、right、bottom 和 left 这 4 个属性除了可以设置为绝对像素数以外，还可以设置为百分数。从图 11.2 中可以看到，子块的宽度依然是未移动前的宽度，撑满未移动前的父块。只是向右和向下移动后边框超出了父块。因此，还可以得出另一个结论，当子块使用相对定位以后，它发生了偏移，即使

< 207 >

移动到父块的外面，父块也不会变大，就好像子块没有变化一样。

类似地，如果将偏移的数值设置为如下形式。

```
1      right:30px;
2      bottom:30px;
```

效果如图 11.22 所示。

图 11.22　以右侧和下侧为基准设置相对定位

对设置为浮动的盒子使用相对定位时，上述规则同样适用。例如有 3 个浮动的盒子，它们都向左浮动排在一行中，如果对 Box-2 使用相对定位，它也同样相对于它原本的位置偏移指定的距离并到达新的位置，但它旁边的 Box-3 仍然"以为"它还在原来的位置。代码如下，实例文件参见本书配套资源"第 11 章/11-11.html"。

```
1   <style type="text/css">
2   body{
3     margin:20px;
4     font-family:Arial;
5     font-size:12px;
6   }
7   #father{
8     background-color:#a0c8ff;
9     border:1px dashed #000000;
10    padding:15px;
11    height: 72px;
12  }
13  #father div{
14    background-color:#fff0ac;
15    border:1px dashed #000000;
16    padding:10px;
17    width: 100px;
18    height: 50px;
19    float: left;
20    }
21  #block2{
22    position: relative;
23    left: 25px;
24    top: 35px;
25  }
26  </style>
27  </head>
28  <body>
29    <div id="father">
30      <div >Box-1</div>
31      <div id="block2">Box-2</div>
32      <div >Box-3</div>
33    </div>
34  </body>
```

< 208 >

效果如图 11.23 所示。

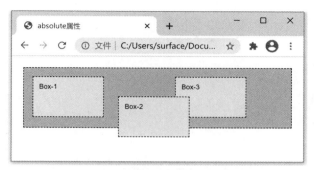

图 11.23　在浮动方式下使用相对定位

11.4.3　绝对定位（absolute）

了解了相对定位以后，下面分析绝对定位。通过上面的学习，我们可以了解到各种 position 属性都需要通过偏移一定的距离来实现定位，而其中核心的问题就是将什么作为偏移的基准。绝对定位的规则描述如下。

（1）使用绝对定位的盒子以它最近的一个已经定位的祖先元素为基准进行偏移。如果没有已经定位的祖先元素，那么会以浏览器窗口为基准进行偏移。

（2）绝对定位的框从标准流中脱离，这意味着它们对其后的兄弟盒子的定位没有影响。

在上述第一条原则中，有 3 个定语需要进行进一步解释。

① 所谓"已经定位"元素，是指其 position 属性被设置，并且被设置为不是 static 的任意一种方式，此时该元素就被定义为"已经定位"元素。

② 关于"祖先"元素，如果结合前面介绍的 DOM 树的知识就很好理解了。从任意节点开始走到根节点，经过的所有节点都是它的"祖先"，其中直接上级节点是它的"父亲"，以此类推。

③ 关于"最近"，在一个节点的所有"祖先"节点中，找出所有"已经定位"元素中距离该节点最近的一个节点，"父亲"比"祖父"近，"祖父"比"曾祖父"近，以此类推，"最近"的就是要找的定位基准。这个定位基准也被称为"包含框"。

下面仍然以一个标准流方式的页面为基础，实际验证一下绝对定位的规律。先准备如下代码，实例文件参见本书配套资源"第 11 章/11-12.html"。

```
1   <!DOCTYPE html>
2   <html>
3   <head>
4   <title>absolute 属性</title>
5   <style type="text/css">
6   body{
7       margin:20px;
8       font-family:Arial;
9       font-size:12px;
10  }
11  #father{
12      background-color:#a0c8ff;
13      border:1px dashed #000000;
14      padding:15px;
15  }
16  #father div{
17      background-color:#fff0ac;
18      border:1px dashed #000000;
```

< 209 >

```
19          padding:10px;
20      }
21      #block2{
22      }
23      </style>
24      </head>
25      <body>
26          <div id="father">
27              <div >Box-1</div>
28              <div id="block2">Box-2</div>
29              <div >Box-3</div>
30          </div>
31      </body>
32      </html>
```

效果如图 11.24 所示。可以看到，一个父 div 块里面有 3 个子 div 块，它们都以标准流方式排列。

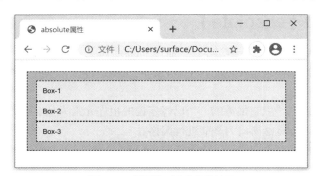

图 11.24　设置绝对定位前的效果

下面尝试使用绝对定位，在上面的代码中找到针对#block2 的 CSS 设置，把它改为如下形式。

```
1       #block2{
2           position:absolute;
3           top:30px;
4           right:30px;
5       }
```

效果如图 11.25 所示，由于它的所有祖先元素都没有设置过定位属性，因此 Box-1 会以浏览器窗口为基准偏移。由于 Box-2 没有设置宽度，因此就以它的自然宽度显示。由于 top 属性是 30px，因此它的上边距离浏览器窗口 30px，同理右边距离浏览器窗口 30px。

图 11.25　设置偏移量后的效果

接下来对代码再做一处修改。为父 div 块增加一个定位样式，将 Box-2 的父元素设置为相对定位，但不设置偏移量，因此父元素实际上没有发生变化，代码如下。

```
1       #father{
```

< 210 >

```
2        background-color:#a0c8ff;
3        border:1px dashed #000000;
4        padding:15px;
5        position:relative;
6    }
```

这时 Box-2 的显示位置就变化了，如图 11.26 所示。偏移的距离没有变化，但是偏移的基准不再是浏览器窗口，而是它的父 div 块。

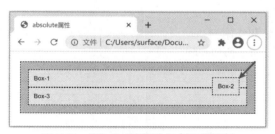

图 11.26　将父 div 块设置为包含块后的效果

回到这个实例中，在父 div 块没有设置 position 属性时，Box-2 这个 div 块的所有祖先都不符合"已经定位"的要求，因此它会以浏览器窗口为基准来定位。当父 div 块将 position 属性设置为 relative 以后，它就符合"已经定位"的要求了，同时它又是所有"祖先"元素中唯一一个已经定位的，即满足"最近"这个要求，因此就会以它为基准进行定位。本书后面的内容将绝对定位的基准称为"包含块"。

> ⚠ 注意
>
> 对于绝对定位，如果将某个元素设置为绝对定位，但没有设置偏移属性，那么它仍将保持在原来的位置，但是它已经脱离了标准流。因此当我们希望某个元素脱离标准流，但仍然保持在原来的位置时，就可以这样做。

11.4.4　固定定位（fixed）

position 属性的第 4 个属性值是 fixed，即固定定位。它与绝对定位类似，也会脱离标准流，但是二者的区别在于，固定定位的基准不是"祖先"元素，而是浏览器窗口或者其他显示设备的窗口。这种方式常常用于将某个元素永久显示于浏览器窗口的固定位置，这里不再详细介绍。

11.5　z-index 空间位置

知识点讲解

z-index 属性用于调整定位时重叠块的上下位置。想象垂直于页面的方向为 z 轴，z-index 属性值大的页面位于其属性值小的页面的上方，如图 11.27 所示。

z-index 属性值为整数，可以是正数也可以是负数。当块被设置了 position 属性时，该值便可设置各块之间的重叠关系。默认的 z-index 属性值为 0，当两个块的 z-index 属性值一样时，将保持原有的覆盖关系。

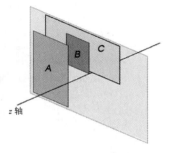

图 11.27　z-index 空间位置示意图

< 211 >

11.6 制作经典两列布局

现在来制作常用的"1-2-1"布局页面。在图 11.28 左侧所示的布局结构中，增加了一个"side"栏。但是在通常状况下，两个 div 块只能竖直排列。为了让 content 和 side 能够水平排列，必须把它们放到另一个 div 块中，然后使用浮动或者绝对定位的方法，使 content 和 side 并列，如图 11.28 右侧所示。

本实例将通过两种方法制作两列布局页面，实例文件分别参见本书配套资源"第 11 章/1-2-1-absolute.html"和"第 11 章/1-2-1-float.html"。

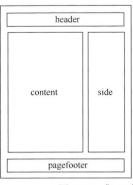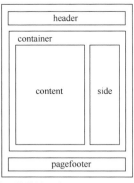

图 11.28 "1-2-1"布局的结构示意图

11.6.1 准备工作

基于上面的分析，现在来搭建 HTML 整理结构。关键代码如下，实例文件参见本书配套资源"第 11 章/1-2-1.html"。

```
1    <body>
2    <div id="header">
3      <div class="rounded">
4        <h2>Page Header</h2>
5        <div class="main"></div>
6        <div class="footer">
7          <p>查看详细信息&gt;&gt;</p>
8        </div>
9      </div>
10   </div>
11   <div id="container">
12     <div id="content">
13       <div class="rounded">
14         <h2>Page Content </h2>
15         <div class="main">
16           <p>这是圆角框中的示例文字，CSS 排版是一种很新的排版理念，完全有别于传统的排版习惯。
                这是圆角框中的示例文字。CSS 排版是一种很新的排版理念，完全有别于传统的排版习惯。</p>
17         </div>
18         <div class="footer">
19           <p>查看详细信息&gt;&gt;</p>
20         </div>
21       </div>
22     </div>
23     <div id="side">
```

< 212 >

```
24       <div class="rounded">
25         <h2>Side Bar</h2>
26         <div class="main">
27            <p>这是圆角框中的示例文字，CSS 排版是一种很新的排版理念，完全有别于传统的排版习惯。
              这是圆角框中的示例文字。CSS 排版是一种很新的排版理念，完全有别于传统的排版习惯。CSS
              的功能十分强大而又灵活。</p>
28         </div>
29         <div class="footer">
30            <p>查看详细信息&gt;&gt;</p>
31         </div>
32       </div>
33     </div>
34   </div>
35   <div id="pagefooter">
36     <div class="rounded">
37       <h2>Page Footer</h2>
38       <div class="main">
39          <p>这是一行文本，这里作为样例，显示在布局框中。</p>
40       </div>
41       <div class="footer">
42          <p>查看详细信息&gt;&gt;</p>
43       </div>
44     </div>
45   </div>
46 </body>
```

页面效果如图 11.29 所示。

图 11.29　"1-2-1" HTML 整体结构搭建完成

下面设置 CSS 样式，代码如下。

```
1  <style>
2    body {
3      background: #FF9;
4      font: 13px/1.5 Arial;
5      padding:0;
6    }
7
8    p {
9      text-indent:2em;
10   }
11
12   h2 {
13     margin: 0;
```

< 213 >

```
14    }
15
16    .rounded {
17      border-radius: 25px;
18      border: 2px solid #996600;
19      box-shadow: 6px 6px 10px #9f741e;
20      padding: 15px;
21      margin-bottom: 20px;
22      background: #fff;
23    }
24
25    .footer p {
26      text-align: right;
27      color: #888;
28      margin-bottom: 0;
29    }
30
31    #header, #pagefooter, #container{
32      margin:0 auto;
33      width:760px;
34    }
35
36    #content{
37
38    }
39
40    #side{
41
42    }
43  </style>
```

这里主要设置了页面背景色、元素的边框、圆角和阴影效果。#container、#header 和#pagefooter 使用了相同的样式，#content 和#side 的样式暂时先空着。效果如图 11.30 所示。

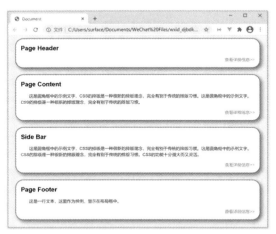

图 11.30 "1-2-1" 布局准备工作完成

现在要让 content 和 side 这两个 div 块横向并列，下面用不同的方法实现。

11.6.2 绝对定位法

先将 11.6.1 小节中讲到的"第 11 章/1-2-1.html"文件另存为一个新文件，然后用绝对定位法实现让 content 和 side 横向排列，代码如下。实例文件参见本书配套资源"第 11 章/1-2-1-absolute.html"。

案例讲解

< 214 >

```
1   #header,#pagefooter,#container {
2       margin: 0 auto;
3       width: 760px;
4   }
5   #container {
6       position: relative;
7   }
8   #content {
9       position: absolute;
10      top: 0;
11      left: 0;
12      width: 490px;
13  }
14  #side {
15      margin-left: 490px;
16  }
```

　　为了使 content 能够使用绝对定位，必须考虑将哪个元素作为它的定位基准，显然应该是 container 这个 div 块。因此将 #contatiner 的 position 属性设置为 relative，使它成为下级元素的绝对定位基准。然后将 content 这个 div 块的 position 设置为 absolute，即绝对定位，这样它就脱离了标准流，side 就会向上移动，占据原来 content 所在的位置。将 content 的 width 和 side 的 margin-left 设置为相同的数值，就正好可以保证它们并列紧挨着放置而不会相互重叠。

　　效果如图 11.31 所示。

图 11.31　使用绝对定位法实现 "1-2-1" 布局

> **注意**
>
> 　　这种方法实现了中间的两列左右并排的效果。它存在一个缺陷，即当右边的 side 比左边的 content 高时，显示效果不会有问题，但是当左边的 content 比右边的 side 高，显示就会有问题，因为 content 会脱离标准流，对 container 的高度不产生影响，所以 pagefooter 的位置只根据右边的 side 确定。例如，在 content 中再增加一个圆角框，这时的效果如图 11.32 所示。

图 11.32　出现问题的页面

< 215 >

这是绝对定位法带来的问题。如果用这种办法使几个 div 块横向并列，就必须知道哪一个 div 块是最高的，并将该 div 块保留在标准流中，使它作为"柱子"撑起这一部分的高度。

11.6.3 浮动定位法

下面换一个思路，使用浮动定位法来实现"1-2-1"布局。将 11.6.2 小节的文件另存为一个新文件。在新文件中，HTML 部分代码完全不做修改，CSS 部分代码稍做修改，将#container 的 position 属性去掉，#content 设置为向左浮动，#side 设置为向右浮动，二者的宽度相加等于总宽度减去 20px。例如，这里将它们的宽度分别设置为 480px 和 260px。

相关代码如下，实例文件参见本书配套资源"第 11 章/1-2-1-float.html"。

```
1   #header,#pagefooter,#container {
2       margin:0 auto;
3       width:760px;
4   }
5   #content {
6       float:left;
7       width:480px;
8   }
9   #side {
10      float:right;
11      width:260px;
12  }
```

效果如图 11.33 所示。为什么 pagefooter 的位置还是不正确呢？请读者思考，到这里还差哪一步？请注意，这个图中的效果虽然也不正确，但是仔细观察 pagefooter 部分的右端会发现，其和图 11.32 是有所区别的。

答案是此时还需要对#pagefooter 设置 clear 属性，以保证清除浮动对它的影响，代码如下。

```
1   #pagefooter{
2       clear:both;
3   }
```

这时就可以看到正确的效果了，如图 11.34 所示。

图 11.33　使用浮动定位法设置的布局效果 1

图 11.34　使用浮动定位法设置的布局效果 2

使用这种方法时，并排的两列中无论哪一列内容变长，都不会影响布局。例如在右侧再增加一个模块，使右侧列变长，排版效果同样是正确的，如图 11.35 所示。

到这里，相信读者已经完全可以自由运用"1-2-1"布局方式了，只要保证每一个模块自身代码正

< 216 >

确，同时使用正确的布局方式，就可以非常方便地放置各个模块。

这种方法非常灵活，例如要将 side 从页面右边移动左边，即与 content 交换位置，则只需要修改一处 CSS 代码即可实现。请读者思考，应该如何修改才能实现图 11.36 所示的效果？

图 11.35　右侧的列变长后效果同样正确　　　　　　图 11.36　左右两侧的列交换位置

答案是将#content 和#side 的代码修改为如下形式。

```
1   #content{
2       float: right;
3       width: 480px;
4   }
5   #side {
6       float: left;
7       width: 260px;
8   }
```

具体原理请读者自己思考。如果没有想清楚其中的原理，请仔细阅读本书第 7 章中关于盒子模型的讲解。

本章小结

本章介绍了非常重要的"浮动"和"定位"这两个属性，它们对于复杂页面的排版至关重要。本章还以不同的布局方式演示了如何灵活地运用 CSS 的布局性质，使页面按照需要的方式进行排版。学完本章，读者应该掌握使用"绝对定位法"和"浮动定位法"进行布局的方法。

习题 11

一、关键词解释
排版　浮动　定位　相对定位　绝对定位　z-index
二、描述题
1. 请简单描述一下常用的网站布局大致可分为哪几种。
2. 请简单描述一下如何清除浮动。
3. 请简单描述一下定位有哪几种方式，它们的区别是什么。
4. 请简单描述一下 z-index 的作用是什么，在什么情况下使用 z-index。

< 217 >

三、实操题

使用本章讲解的浮动属性，仿照京东首页的顶部和 banner 模块的排版（如题图 11.1 所示），通过使用色块来替代各模块，实现题图 11.2 所示的排版效果。

题图 11.1　京东首页的顶部和 banner 模块的排版

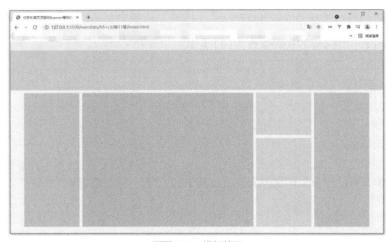

题图 11.2　排版效果

< 218 >

第 12 章 网格布局

网页布局的方法经过早期开发者的探索，从最早依靠<table>标记实现的布局，逐步演变为通过<div>标记配合浮动和定位等 CSS 属性实现的布局，这是一个很大的飞跃和进步。但是<div>及其他普通 HTML 标记作为通用的元素，并不具备专门的布局性质，因此开发人员在使用它们实现各种实际的网页布局效果时，还是比较麻烦。同时，这种方法也不够灵活，对于很多布局效果无能为力。为此，CSS3 中引入了专门用于网页布局的新工具，其中最主要的两个工具是网格布局和弹性盒子布局，我们将分别在本章和第 13 章中介绍它们。

本章介绍网格布局，它提供了一种强大的布局机制。它将一块可用空间划分为行和列，这种划分方式是可以灵活定义和预测的，并且可以精确地调整元素在网格中的位置。网格布局是自适应的，内容和样式可以清晰地分离。本章的思维导图如下。

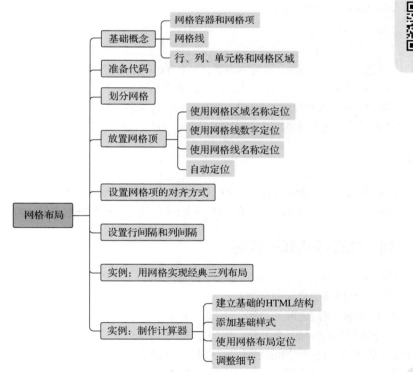

I2.1 基础概念

知识点讲解

在深入学习网格布局之前，需要先了解一些基础概念。图 12.1 所示为一个网格布局，下面分别介绍其中的概念。

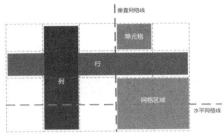

图 12.1　网格布局

12.1.1　网格容器和网格项

使用网格可以进行页面布局。网格布局中的两个核心概念是网格容器（ grid container ）和网格项（ grid item ）。我们需要先将某 DOM 元素指定为网格容器，然后将若干待定位的元素指定为网格项。

网格容器通过将某元素设置为 display: grid（在行内时使用 display: inline-grid）来指定，它的直接后代是网格项，代码如下。

```
1    <div class="container">
2      <div class="item"> </div>
3      <div class="item">
4        <div class="sub-item"> </div>
5      </div>
6      <div class="item"> </div>
7    </div>
```

需要注意的是，外层的 div.container 是网格容器，3 个 div.item 是其直接子元素，因此它们都是网格项，而 div.sub-item 是网格容器的孙元素，因此它不是网格项。

当在 HTML 中指定了网格容器和网格项以后，我们要完成的任务就是告诉浏览器如何把这个网格容器划分成横竖的格子，并为每个网格项指定对应的位置。为此，CSS3 提供了一系列的规则和属性。

12.1.2　网格线

网格由若干横纵垂直相交的线条划分而成，图 12.1 中这个 4 行 5 列的网格有 5 条水平网格线和 6 条垂直网格线。一般情况下，n 行 m 列的网格有 $n+1$ 条水平网格线和 $m+1$ 条垂直网格线。

12.1.3　行、列、单元格和网格区域

被网格线包裹的区域有 3 种。

（1）行：相邻两条水平网格线之间的空间。

（2）列：相邻两条垂直网格线之间的空间。

（3）单元格：行和列相交的区域是单元格。

由 4 条最外侧的网格线所包裹的空间就是网格区域。网格区域是一个矩形，其包含若干单元格。

行、列、单元格和网格区域是虚拟的，不对应任何 DOM 元素。

12.2　准备代码

知识点讲解

下面通过实际代码来具体介绍网格的使用方法。网格布局的性质比较复杂，这里先制作一个基础

< 220 >

的页面，代码如下，实例文件参见本书配套资源"第 12 章/01.html"。后面一系列的操作都将基于这个基础页面进行。

```
1   <!DOCTYPE html>
2   <html>
3   <head>
4     <meta charset="UTF-8">
5     <meta name="viewport" content="width=device-width, initial-scale=1.0">
6     <title>Document</title>
7     <style>
8       body {
9         font-size: 12px;
10        margin: 2rem;
11      }
12      .container {
13        display: grid;
14        border: 1px solid #000;
15        width: 500px;
16      }
17      .container .item {
18        margin: 5px;
19        background: tomato;
20        line-height: 70px;
21        color: white;
22        font-weight: bold;
23        font-size: 1.5rem;
24        text-align: center;
25      }
26    </style>
27  </head>
28  <body class="container">
29    <div class="item item-1">1</div>
30    <div class="item item-2">2</div>
31    <div class="item item-3">3</div>
32    <div class="item item-4">4</div>
33    <div class="item item-5">5</div>
34    <div class="item item-6">6</div>
35    <div class="item item-7">7</div>
36  </body>
37  </html>
```

代码中定义了一个网格容器和若干网格项，网格项用数字表示，效果如图 12.2 所示。

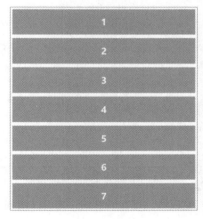

图 12.2　基础效果

< 221 >

12.3 划分网格

知识点讲解

网格容器的 grid-template-rows 和 grid-template-columns 属性是用来划分网格的。最简单的划分方式就是逐一设置每个单元格的宽度和高度。

将网格划分为 4 行 5 列，代码如下，实例文件参见本书配套资源"第 12 章/02.html"。

```
1   .container {
2     display: grid;
3     grid-template-rows: 80px 80px 80px 80px;
4     grid-template-columns: 100px 100px 100px 100px 100px;
5   }
```

划分网格后，每个网格项的数字会被自动分配到相应的单元格中，如图 12.3 所示。

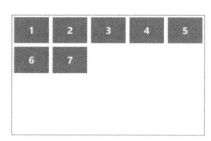

图 12.3　划分网格后的效果

> ✏ 说明
>
> 为了便于调试，可以使用开发者工具显示出网格线，如图 12.4 所示。
>
>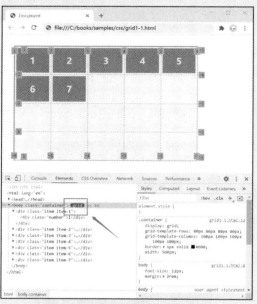
>
> 图 12.4　用开发者工具显示出网格线

如果行列太多，逐一重复书写宽度和高度比较麻烦，则可以用 repeat()函数来简化，即上述实例可以写成以下形式。

< 222 >

```
1    .container {
2      display: grid;
3      grid-template-rows: repeat(4, 80px);        /* 80px 重复 4 次 */
4      grid-template-columns: repeat(5, 100px);     /* 100px 重复 5 次 */
5    }
```

repeat()函数有两个参数，第一个参数是重复次数，第二个参数是重复值或重复模式。以下书写方式都是可行的，读者可以自行实验。

```
1    grid-template-columns: repeat(5, 20%);        /* 共 5 列，每列占 20% 的宽度，重复 5 次 */
2    grid-template-columns: repeat(5, 40px 60px);  /* 共 10 列，一列 40px，下一列 60px，交
                                                       替重复 5 次 */
```

网格布局中引入了一种新的尺寸单位 fr，它表示一种比例关系，1fr 表示占剩余空间（fraction of the leftover space）的 1 等份。剩余空间是如何计算的呢？列的剩余空间是网格容器的宽度减去其他非 fr 尺寸定义的列宽。下面举 3 个实例进行说明，假设容器的宽度是 200px，不同划分方式会产生不同的结果。

```
1    grid-template-columns: 1fr 1fr;          /* 1fr=200px/2=100px */
2    grid-template-columns: 100px 1fr 1fr;    /* 1fr=(200px-100px)/2=50px */
3    grid-template-columns: 100px 1fr 3fr;    /* 1fr=(200px-100px)/(1+3)=25px*/
```

> ✎ 说明
>
> 　　有时容器的宽度和高度不是固定的，这时使用 fr 的好处是让容器能够自动分配空间，进而达到自适应的目的。例如将容器划分成 12 列，可以用 grid-template-columns: repeat(12, 1fr) 实现，这在传统的 CSS 布局方式中是无法做到的。

使用网格的时候需要注意以下几点。

（1）最大值、最小值。网格中的行和列不能使用 min-width、max-width 等属性来设置最小值或最大值，而需要使用 minmax()函数来设置，如下面这段代码，minmax(80px, 1fr)表示列宽最小值为 80px，最大值为 1fr。

```
grid-template-columns: 100px 100px 100px 1fr minmax(80px, 1fr);
```

（2）自适应高度或宽度。如果希望行高随着内部元素高度的变化而变化，则可以用 auto 来设置。auto 表示由浏览器根据内部元素的情况来决定。如将网页划分为 3 行——页头、正文和页脚，那么代码 grid-template-rows: 100px auto 100px 就表示页头和页脚高度为 100px，正文的高度是其本身的高度。

（3）自动填充单元格。网格布局还提供一种比较特殊的自适应方式：auto-fill。它表示在宽度或高度允许的情况下，尽可能多地容纳单元格。通常的使用场景是单元格的大小固定，但容器的大小不确定。参考代码如下，即联合使用 repeat()函数、auto-fill 和 minmax()函数，可以不留空白地将网格容器填满。

```
1    .contianer {
2      display: grid;
3      grid-template-columns: repeat(auto-fill, minmax(200px, 1fr));
4    }
```

12.4　放置网格项

知识点讲解

12.3 节中介绍了如何设置网格容器，并通过网格线适当地划分出网格项。下面讲解如何将网格项

< 223 >

摆放到容器中。通常网格项由图 12.5 所示的几个属性决定，下面介绍其不同的定位方式。

'grid-area'			
'grid-column'		'grid-row'	
'grid-column-start'	'grid-column-end'	'grid-row-start'	'grid-row-end'

图 12.5　网格项的相关属性

12.4.1　使用网格区域名称定位

有时网格项需要跨单元格放置，即放置在网格区域中。为了指定网格区域，需要先给网格区域命名。使用网格容器的 grid-template-areas 属性，给每个单元格取一个名称，它可以是以下 3 种值。

（1）名称：相同名称的单元格组成一个网格区域。

（2）.：表示单元格不利用，空着（不放元素）。

（3）none：表示未定义。

将网格划分成 4 个区域，并将网格项放到不同的区域中的代码如下，实例文件参见本书配套资源"第 12 章/03.html"。

```
1    .container {
2      display: grid;
3      grid-template-rows: repeat(4, 1fr);
4      grid-template-columns: repeat(5, 1fr);
5      grid-template-areas:
6        "a1 a1 a1 a2 a2"
7        "a1 a1 a1 a2 a2"
8        "a1 a1 a1 a3 a3"
9        "a4 a4 a4 a3 a3";
10   }
11   .item-1 {
12     grid-area: a1;
13   }
14   .item-2 {
15     grid-area: a3;
16   }
17   .item-3 {
18     grid-area: a4;
19   }
```

可以看到，在 20 个单元格中，一共出现了 4 种名字，a1、a2、a3 和 a4，并且每个名字对应的单元格组合在一起正好都能形成一个矩形。这样的划分就是有效的划分，每一个矩形都能够形成一个网格区域。

将数字 1 放入 a1 区域，数字 2 放入 a3 区域，数字 3 放入 a4 区域，其余数字未定义，自动摆放，效果如图 12.6 所示。

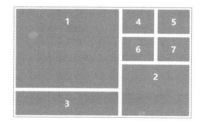

图 12.6　用网格区域名称定位

< 224 >

如果相同名字对应的单元格组成的形状不是矩形，则为错误的划分。不同的浏览器可能会产生不同的划分结果。例如下面代码产生的划分就是错误的。

```
1   grid-template-areas:    /* 7个a1单元格组成的形状不是一个矩形，故产生错误的划分 */
2     "a1 a1 a2 a2 a2"
3     "a1 a1 a2 a2 a2"
4     "a1 a1 a1 a3 a3"
5     "a4 a4 a4 a3 a3";
```

说明

网格容器和网格项均有各自的属性，即有些属性只对网格容器有效，而有些属性只对网格项有效。例如 grid-template-areas 属性只对网格容器有效，而 grid-area 属性只对网格项有效。

12.4.2　使用网格线数字定位

除了用网格区域名称定位之外，还可以通过定义网格项的起始位置来定位，这需要使用网格项的 grid-column-start、grid-column-end、grid-row-start、grid-row-end 这 4 个属性。先观察一个直观的实例，如 12.4.1 小节的例子中的 a1 区域，可以用如下代码定义，得到的结果是完全相同的，实例文件参见本书配套资源"第 12 章/04.html"。

```
1   .item-1 {
2     grid-column-start: 1;      /* 第1条垂直网格线 */
3     grid-column-end: 4;        /* 第4条垂直网格线 */
4     grid-row-start: 1;         /* 第1条水平网格线 */
5     grid-row-end: 4;           /* 第4条水平网格线 */
6   }
```

数字表示第几条网格线，网格线从左往右、从上往下是从 1 开始计数的，并且依次加 1。倒过来（即从右往左、从下往上数）则是从 -1 开始计数的，并且依次减 1。还可以用相对位置设置结束位置，规则是 span <number>，表示跨几行或几列，代码如下。

```
1   .item-1 {
2     grid-column-start: 1;      /* 第1条垂直网格线 */
3     grid-column-end: span 3;   /* 跨3列 */
4     grid-row-start: 1;         /* 第1条水平网格线 */
5     grid-row-end: span 3;      /* 跨3行 */
6   }
```

12.4.3　使用网格线名称定位

网格线除了可以用数字表示，还可以用名称来表示，这需要在划分网格时定义网格线的名称，然后在网格项中使用。网格线的名称用"[ ]"定义。举一个简单的实例，代码如下，实例文件参见本书配套资源"第 12 章/05.html"。

```
1   .container {
2     display: grid;
3     grid-template-rows: [top1] 80px [top2] 80px [middle] 80px [bottom2] 80px [bottom1];
```

< 225 >

```
4      grid-template-columns: [left1] 1fr [left2] 1fr [left3] 1fr [right3] 1fr [right2]
       1fr [right1];
5    }
6    .item-1 {
7      grid-column-start: top1;
8      grid-column-end: middle;
9      grid-row-start: left2;
10     grid-row-end: right2;
11   }
```

> **说明**
>
> 同一条网格线可以取多个名称，用空格分隔开。这样做的好处是在网格项的定义中，对同一条网格线可以使用不同的名字，进而使整个代码的描述性更好。

CSS 中有很多简化的写法，如 border 和 margin。这里的 4 个属性也可以简化为 grid-column 和 grid-row，规则如下。

```
1    .item {
2      grid-column: <start-line> / <end-line> | <start-line> / span <value>;
3      grid-row: <start-line> / <end-line> | <start-line> / span <value>;
4    }
```

定位代码如下。

```
1    /* 用网格线数字定位 */
2    .item-1 {
3      grid-column: 1 / span 3;      /* 从第 1 根线开始，跨 3 个网格单元 */
4      grid-row: 1 / 4;              /* 从第 1 根线开始，到第 4 根线 */
5    }
6
7    /* 用网格线名称定位 */
8    .item-1 {
9      grid-column: left1 / right3;
10     grid-row: 1 / span 3;
11   }
```

还可以将它们进一步简化成 grid-area，规则是<row-start> / <column-start> / <row-end> / <column-end>，可以记为 "上/左/下/右"，代码如下。

```
1    .item-1 {
2      grid-area: 1 / 1 / 4 / 4
3    }
```

注意，grid-area 属性值也可以是网格区域的名称，这一点在使用网格区域名称定位中已经讲解了。

读者可以自己用上述各种方式将某个数字放入 a2、a3、a4 这 3 个网格区域中，以熟练掌握网格项的定位方法。

12.4.4 自动定位

在上面的实例中，我们都是先把网格划分好，然后将网格项和网格区域对应。在 CSS3 中，还可以让未指定的网格项自动与单元格匹配，具体原则是：先把人为指定的网格项与网格区域匹配好，剩下未指定的网格项会自动匹配。匹配规则是：将未人为指定的网格项依次放入下一个可用的空单元格中。默认情况下，网格项会从左往右、从上往下依次被放入单元格中。可以通过容器的 grid-auto-flow

< 226 >

属性来改变自动匹配的规则，代码如下。

```
1    .container {
2      grid-auto-flow: row | column | row dense | column dense;
3    }
```

（1）row：表示按行从左往右放置，是默认值。

（2）column：表示按列从上往下放置。

（3）row dense/column dense：表示尽可能不留空格地紧密摆放，因为有些网格项会跨单元格，这会导致空出单元格。

例如以下代码，设置 row dense 与未设置 row dense 的效果不一样。读者可以体会一下，实例文件参见本书配套资源 "第 12 章/06.html"。

```
1    .container {
2      display: grid;
3      grid-template-rows: repeat(4, 80px);
4      grid-template-columns: repeat(5, 1fr);
5      /* grid-auto-flow: row dense; */
6    }
7    .item-1 {
8      grid-column-start: 1;
9      grid-column-end: 4;
10   }
11   .item-4 {
12     grid-column-start: 2;
13     grid-column-end: 5;
14   }
```

效果如图 12.7 所示。将 grid-auto-flow 属性值设置为 row dense 的显示效果如图 12.8 所示。

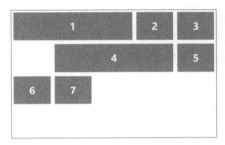

图 12.7 默认摆放效果

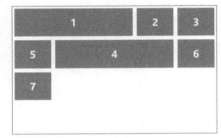

图 12.8 密集摆放效果

12.5 设置网格项的对齐方式

知识点讲解

我们已经学会了如何设置网格和摆放网格项，接下来学习如何设置网格项在一个网格中的对齐方式。对齐是一种常用的设计手段，CSS 提供了相应的设置，使设置网格项的水平对齐和垂直对齐方式变得很容易。

当网格的高度或宽度大于网格项本身的高度或宽度时（即有空白空间），对齐才有意义。前面的实例中网格项都占满了空间，为了直观地看到对齐的效果，我们先调整一下网格项的宽和高，代码如下，实例文件参见本书配套资源 "第 12 章/07.html"。

```
1    .container {
2      display: grid;
```

< 227 >

```
3       grid-template-rows: repeat(3, 80px);
4       grid-template-columns: repeat(3, 1fr);
5       border: 1px solid #000;
6       width: 300px;
7    }
8    .container .item {
9      width: 50px;
10     height: 40px;
11     margin: 5px;
12     background: tomato;
13     line-height: 40px;
14     color: white;
15     font-weight: bold;
16     font-size: 1.5rem;
17     text-align: center;
18   }
```

上述代码将网格项数字的宽度和高度分别设为 50px 和 40px，单元格的宽度和高度分别是 100px 和 80px，默认左上角对齐，效果如图 12.9 所示。

网格容器的 align-items 属性能够用来设置网格项的垂直对齐方式，它的属性值有以下 4 个。

（1）stretch：默认值，占满单元格，如果网格项未设置高度，则它的高度等于单元格的高度。

（2）start：对齐单元格的上侧。

（3）center：垂直居中对齐。

（4）end：对齐单元格的下侧。

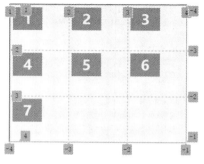

图 12.9　默认左上角对齐

✏️ 说明

　　网格项的对齐是指将网格项作为一个盒子，设置该盒子在单元格中的对齐方式。盒子内部的对齐方式需要使用其他 CSS 规则来控制。

下面分别展示将 align-items 属性分别设置为 start、center、end 这 3 种属性值时的效果，如图 12.10、图 12.11、图 12.12 所示。

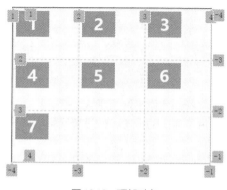

图 12.10　顶部对齐

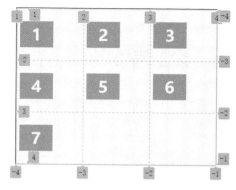

图 12.11　垂直居中对齐

网格容器的 justify-items 属性能够用来设置网格项的水平对齐方式，它的属性值和 align-items 属性的一致，也有 4 个。

< 228 >

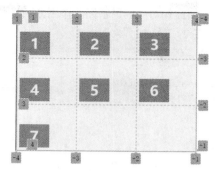

图 12.12　底部对齐

（1）stretch：默认值，占满单元格，如果网格项未设置宽度，则它的宽度等于单元格的宽度。

（2）start：对齐单元格的左侧。

（3）center：水平居中对齐。

（4）end：对齐单元格的右侧。

> **注意**
>
> display: float、inline-block、table-cell、vertical-align 等属性对网格项无效。

针对这两种属性，CSS 也提供了简写形式，即使用 place-items 属性来简写，规则是 place-itmes: <align-items> <justify-items>。例如 place-items: center start 表示垂直居中对齐，水平居左对齐。如果两个属性值相同，则还可以进一步将其简写成 place-items: center，表示垂直水平都居中，效果如图 12.13 所示。

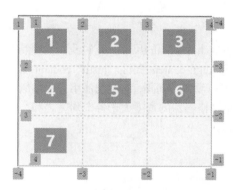

图 12.13　垂直水平居中对齐

align-items 和 justify-items 属性都是针对所有网格项的设置，此外，我们还可以对某一个网格项单独设置对齐方式。这时需要使用网格项的 align-self 和 justify-self 属性，它们的属性值也有 4 个：stretch、start、center、end，效果与 align-items 和 justify-items 属性的相同。

12.6　设置行间隔和列间隔

知识点讲解

12.5 节介绍了如何设置单元格内部的对齐方式，下面介绍如何设置单元格之间的间隔。通常使用以下几种属性来设置单元格之间的间隔：row-gap、column-gap、justify-content、align-content。

< 229 >

　　row-gap 和 column-gap 这两个属性相对简单，它们的作用分别是设置行间隔和列间隔。例如下面这段代码，实例文件参见本书配套资源"第 12 章/08.html"。

```
1    .container {
2      display: grid;
3      grid-template-rows: repeat(3, 80px);
4      grid-template-columns: repeat(3, 1fr);
5      row-gap: 10px;
6      column-gap: 15px;
7      width: 300px;
8      border: 1px solid #000;
9    }
```

　　以上代码将行间隔设置为 10px，列间隔设置为 15px，这时网格项的宽度是 80px，效果如图 12.14 所示。

　　如果将网格项的宽度设置为 90px，则会超出容器边界，效果如图 12.15 所示。

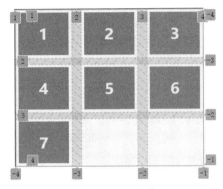
图 12.14　设置间隔的效果

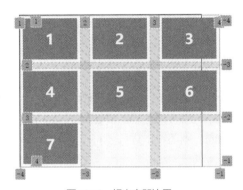
图 12.15　超出容器边界

　　row-gap 和 column-gap 属性定义了间隔的尺寸。有时我们希望剩余空间能够自动分配，这时可以使用网格容器的 justify-content 和 align-content 属性。justify-content 属性可以设置列的水平位置，即列之间的间隔，align-content 属性可以设置行间隔，它们的使用方式类似，我们以 justify-content 属性为例进行介绍。这里的剩余空间是指网格容器的宽度大于各个列宽之和。例如下面这段代码，实例文件参见本书配套资源"第 12 章/09.html"。

```
1    .container {
2      display: grid;
3      grid-template-rows: repeat(3, 80px);
4      grid-template-columns: repeat(3, 50px);
5      border: 1px solid #000;
6      width: 300px;
7    }
```

　　网格容器的宽度是 300px，各个列宽之和是 150px（3×50px），剩余空间是 150px。

　　justify-content 属性通常使用以下几个属性值来控制列的间隔。

　　（1）space-between：列之间的间隔相等，列与容器边框之间没有间隔，效果如图 12.16 所示。

　　（2）space-evenly：列之间的间隔相等，并且等于列与容器边框之间的间隔，效果如图 12.17 所示。

　　（3）space-around：每个列两侧的间隔相等，并且是列与容器边框之间的间隔的两倍，效果如图 12.18 所示。

< 230 >

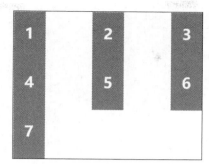

图 12.16　设置为 space-between 的效果

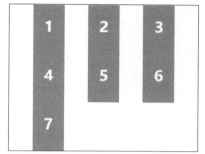

图 12.17　设置为 space-evenly 的效果

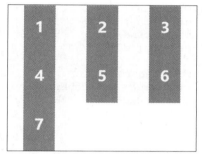

图 12.18　设置为 space-around 的效果

justify-content 属性值还可以被设为以下几个，这时列之间没有间隔。

（1）stretch：默认值，列没有指定宽度时，会占满单元格的整个宽度。

（2）start：居左对齐。

（3）center：居中对齐。

（4）end：居右对齐。

12.7　实例：用网格实现经典三列布局

案例讲解

　　前面已经介绍了网格布局的各种知识，下面我们应用网格来实现常用的布局。经典三列布局是常用的网页布局之一，它由 5 个部分组成：页头、页脚、左边栏、主栏和右边栏。页头和页脚的高度固定，宽度不固定；两个边栏的宽度固定，高度不固定；主栏的宽度和高度都不固定。代码如下，实例文件参见本书配套资源"第 12 章/holy.html"。

```
1   <!DOCTYPE html>
2   <html>
3   <head>
4     <meta charset="UTF-8">
5     <meta name="viewport" content="width=device-width, initial-scale=1.0">
6     <title>Document</title>
7     <style>
8       . container {
9          display: grid;
10         grid-template-rows: auto 1fr auto;
11         grid-template-columns: auto 1fr auto;
12         grid-template-areas:
13            "header header header"
```

< 231 >

```
14              "l-sidebar main r-sidebar"
15              "footer footer footer";
16          grid-gap: 15px;
17          min-height: 100vh;
18          padding: 0;
19          margin: 0;
20      }
21
22      header {
23          grid-area: header;
24          background-color: #F89427;
25          padding: 20px;
26          height: 60px;
27      }
28      .main {
29          grid-area: main;
30          background-color: #3DBFE6;
31          padding: 20px;
32      }
33      .left-sidebar {
34          grid-area: l-sidebar;
35          background-color: #EC7272;
36          padding: 20px;
37          width: 200px;
38      }
39      .right-sidebar {
40          grid-area: r-sidebar;
41          background-color: #FFEFB2;
42          padding: 20px;
43          width: 200px;
44      }
45      footer {
46          grid-area: footer;
47          background-color: #74C576;
48          padding: 20px;
49          height: 80px;
50      }
51    </style>
52  </head>
53  <body class="container">
54    <header>header</header>
55    <aside class="left-sidebar">left sidebar</aside>
56    <section class="main">main</section>
57    <aside class="right-sidebar">right sidebar</aside>
58    <footer>footer</footer>
59  </body>
60  </html>
```

这里将 body 设置为网格容器，并划分为 3 行 3 列的网格，行列间隔设置为 15px。grid-template-rows 设置为 auto 1fr auto，表示页头和页脚的高度自适应，即页头和页脚为本身的高度，中间部分的高度为剩余的高度。grid-template-columns 也设置为 auto 1fr auto，左边栏和右边栏的宽度自适应，中间部分的宽度为剩余的宽度。代码中定义了 5 个网格区域，即 header、footer、l-sidebar、main、r-sidebar，并将网格项放入了相应的区域中，效果如图 12.19 所示。

> **!)注意**
>
> 这里还实现了一种效果，即当正文内部高度不够时，页脚也在浏览器窗口的底部。原理为将 body 的 min-height 设置为 100vh，即最小高度是浏览器的高度。再将 grid-template-rows 设置为 auto 1fr auto，中间部分会占用剩余的高度。读者可以调整浏览器窗口的大小试验一下。

< 232 >

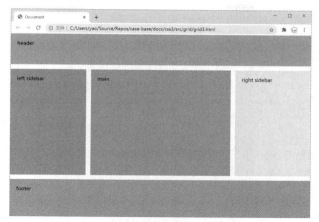

图 12.19　用网格实现经典三列布局

> ✏️ 说明
>
> 　　经典三列布局适合大屏幕，对于手机等小屏幕并不适合。在手机端可以改变网格容器的划分，使布局更加合理。可以在不改变 HTML 结构的条件下，使用 CSS 的媒体查询功能来改变网格容器的划分，这在后续章节中会详细介绍。

12.8 实例：制作计算器

案例讲解

　　接下来使用网格布局实现一个计算器实例，如图 12.20 所示。计算器非常适合用网格布局来实现，因为它是一个网格结构，而且有些操作按钮会跨行跨列，如果用其他方式实现则会比较麻烦。下面分步骤来实现。

图 12.20　计算器

12.8.1　建立基础的 HTML 结构

　　先建立基础的 HTML 结构，代码如下。

< 233 >

```html
1    <!DOCTYPE html>
2    <html>
3      <head>
4        <meta http-equiv="Content-Type" content="text/html; charset=UTF-8">
5        <meta name="viewport" content="width=device-width, initial-scale=1.0">
6        <meta http-equiv="X-UA-Compatible" content="ie=edge">
7        <title>计算器</title>
8      </head>
9      <body>
10       <div class="calculator">
11         <!--显示计算结果-->
12         <input type="text" class="calculator-screen" value="0">
13
14         <!--各种操作按钮-->
15         <div class="calculator-keys">
16          <button type="button" class="all-clear" value="all-clear">AC</button>
17
18          <button type="button" class="operator negative" value="negative">± </button>
19          <button type="button" class="operator" value="(">(</button>
20          <button type="button" class="operator" value=")">)</button>
21          <button type="button" class="operator four plus" value="+">+</button>
22          <button type="button" class="operator four minus" value="-">-</button>
23          <button type="button" class="operator four multiply" value="*">×</button>
24          <button type="button" class="operator four divide" value="/">÷</button>
25
26          <button type="button"  value="7">7</button>
27          <button type="button"  value="8">8</button>
28          <button type="button"  value="9">9</button>
29          <button type="button"  value="4">4</button>
30          <button type="button"  value="5">5</button>
31          <button type="button"  value="6">6</button>
32          <button type="button"  value="1">1</button>
33          <button type="button"  value="2">2</button>
34          <button type="button"  value="3">3</button>
35          <button type="button" class="zero" value="0">0</button>
36          <button type="button" class="decimal" value=".">.</button>
37
38          <button type="button" class="equal-sign operator" value="=">=</button>
39         </div>
40       </div>
41
42     </body>
43   </html>
```

基础的 HTML 结构非常简单，主要包含一个 input 元素（用于显示计算结果）和各种操作符，每个操作符都对应一个 button 元素。在没有任何样式的情况下，在浏览器中显示的效果如图 12.21 所示。

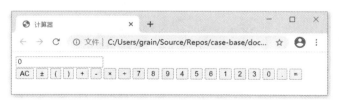

图 12.21　计算器未加任何样式的效果

12.8.2　添加基础样式

有了基础的 HMTL 结构后，为了在使用网格布局定位时方便查看按钮的位置，我们先给按钮增加

< 234 >

背景色等基础样式，代码如下。

```
1   html {
2     font-size: 62.5%;
3     box-sizing: border-box;
4   }
5
6   *, *::before, *::after {
7     margin: 0;
8     padding: 0;
9     box-sizing: inherit;
10    font-family:'Courier New', Courier, monospace;
11  }
12
13  .calculator {
14    width: 400px;
15    border: 1px solid #333;
16    border-radius: 10px;
17  }
18
19  .calculator-screen {
20    width: 100%;
21    font-size: 4.8rem;
22    height: 70px;
23    border: none;
24    background-color: #252525;
25    color: #fff;
26    text-align: right;
27    padding-right: 20px;
28    padding-left: 10px;
29    border-top-left-radius: 10px;
30    border-top-right-radius: 10px;
31  }
32  button {
33    height: 60px;
34    background-color: #ccc;
35    border-radius: 20px;
36    border: 1px solid #bbb;
37    font-size: 2.5rem;
38    font-weight: bold;
39    color: #333;
40    box-shadow: inset 0 0 0 1px rgba(255,255,255,.05),
41      inset 0 1px 0 0 rgba(255,255,255,.45),
42      inset 0 -1px 0 0 rgba(255,255,255,.15),
43      0 1px 0 0 rgba(255,255,255,.15);
44    text-shadow: 0 1px rgba(255,255,255,.4);
45  }
46
47  button:focus {
48    outline: none;
49  }
50
51  .four {
52    font-size: 3rem;
53  }
54
55  button:hover {
56    background-color: #eaeaea;
57  }
58
59  .operator {
```

< 235 >

```
60      background-color: #F79F31;
61      border-color: #E88409;
62      color: #fff;
63   }
64
65   .operator:hover {
66      background-color: #F9B866;
67   }
68
69   .all-clear {
70      background-color: #2E86C0;
71      border-color: #337cac;
72      color: #fff;
73   }
74
75   .all-clear:hover {
76      background-color: #4e9ed4;
77   }
```

效果如图 12.22 所示。

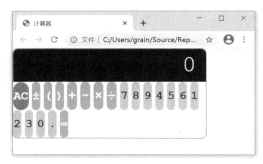

图 12.22 计算器设置基础样式后的效果

注意以下几点。

（1）在 HTML 的设置中，使用了 box-sizing 属性，这个属性的作用是改变盒子模型的高度和宽度的计算方法。默认情况下，当用 width 和 height 属性设置某个元素的宽度和高度时，实际上设置的是内容的宽度和高度，但是盒子占据的空间还包括 padding、border 和 margin，因此盒子实际占据的面积大于指定的值，有时计算起来就不方便。此时，可以使用 box-sizing 属性，将其设置为 border-box，这样设置的 width 和 height 就会包括 padding 和 border。box-sizing 有以下 3 个属性值可以设置。

① content-box：默认值，width 和 height 只包括内容部分。

② border-box：width 和 height 包括内容部分加上 padding 和 border。

③ inherit：继承父元素的设置。

在这个实例中，为了便于计算，用 "*选择器" 将所有元素的 box-sizing 属性都改为 border-box。

（2）在这个计算器中，不同的按键上有数字和符号，还有显示结果的数字，我们使用 rem 这个长度单位。它的使用方法是先设置根元素（即 HTML）的 font-size 值，然后在其他任何元素中均定义 1rem 为根元素 font-size 的倍数值。例如将 HTML 的 font-size 设置为 12px，那么数字按键上的数字大小设置为 2rem 则意味着它实际上是 24px。这样，一个页面上所有文字的大小就都有了一个统一的标准。这是针对移动设备大量出现以后，针对使用 px 作为单位所带来的不便的一个解决方法。

12.8.3 使用网格布局定位

接下来使用网格布局定位各个操作按钮，代码如下。

< 236 >

```
1   .calculator-keys {
2     display: grid;
3     grid-template-columns: repeat(5, 1fr);
4     grid-gap: 20px;
5     padding: 20px;
6   }
7
8   .all-clear {
9     grid-area: 1 / 1 / 2 / 3;
10  }
11
12  .plus {
13    grid-area: 3 / 4 / 4 / 5;
14  }
15  .minus {
16    grid-area: 3 / 5 / 4 / 6;
17  }
18  .multiply {
19    grid-area: 2 / 5 / 3 / 6;
20  }
21  .divide {
22    grid-area: 2 / 4 / 3 / 5;
23  }
24  .zero {
25    grid-area: 5 / 1 / 6 / 3;
26  }
27
28  .equal-sign {
29    grid-area: 4 / 4 / 6 / 6;
30    height: 100%;
31  }
```

将 div.calculator-keys 设置为网格容器，各个 button 元素则为网格项。然后将网格划分为 5 列，每列等宽，行数自适应，并设置 20px 的行间距。用网格线数字来摆放按钮，使用 grid-area 属性（上/左/下/右）进行设置，效果如图 12.23 所示。

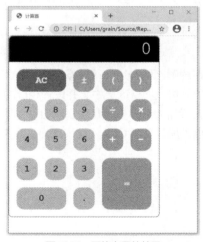

图 12.23　网格布局的效果

12.8.4　调整细节

至此，计算器的样式基本达成目标，但整个计算器处在网页的右上角，接下来将其定位到网页的

< 237 >

正中，代码如下。

```
1   body {
2     display: grid;
3     height: 100vh;
4     place-items: center;
5   }
```

这时将 body 元素设置为网格容器，高度设置为 100vh，用 place-items 属性使计算器垂直水平都居中，效果如图 12.24 所示。

图 12.24　最终效果

至此，计算器的样式就制作完成了，但是它还没有实现计算功能，如果要使其实现计算功能，则需要用到 JavaScript 相关的知识。读者如果有兴趣，可以参考其他资料进一步学习。

本实例的完整源代码参见本书配套资源"第 12 章/calculator.html"。

本章小结

本章深入介绍了网格布局。在理解网格布局的基础概念之后，我们能够灵活地使用各种方式对网格进行划分，然后将网格项放入单元格或网格区域中，并设置相应的对齐方式。

在制作一个页面时，首先会将页面大致划分为几块，然后每一块又能被划分成几小块。划分的要点在于布局。网格布局让划分过程更加容易用 CSS 代码表现出来。熟练掌握网格布局后，读者就能轻松实现各种网页布局了。

习题 12

一、关键词解释

网格布局　网格容器　网格项　网格线　列　行　单元格　行间隔　列间隔

二、描述题

1. 请简单描述一下如何将一个容器设置为网格容器。

< 238 >

2. 请简单描述一下如何将一个网格容器划分为网格。

3. 请简单描述一下网格项的相关属性有哪几个。

4. 请简单描述一下网格项的垂直对齐方式有哪几种，水平对齐方式有哪几种，它们对应的含义分别是什么。

5. 请简单描述一下如何设置行间隔和列间隔。

三、实操题

使用本章讲解的网格布局的相关知识，实现题图 12.1 所示的页面效果（文本和图片请在随书资源中获取）。

题图 12.1　页面效果

< 239 >

弹性盒子布局

第 12 章中介绍了 CSS3 中新引入的网格布局，本章介绍 CSS3 中新引入的另一种布局方式——弹性盒子（flexbox）布局。它的核心逻辑是先将一个容器元素设置为弹性容器（flex container），然后指定其内部子元素的属性，改变它们的宽度、高度及顺序，以便更好地分配可用空间，这样做能够让布局适应各种设备和屏幕尺寸。

这种"弹性"还体现在当容器或其中内容的大小未知或者动态变化时，弹性盒子也能很好地处理布局。弹性盒子布局非常适用于页面组件等小型的布局，如导航栏、表单等，同时它也能很好地应用于整个页面的布局设计。本章的思维导图如下。

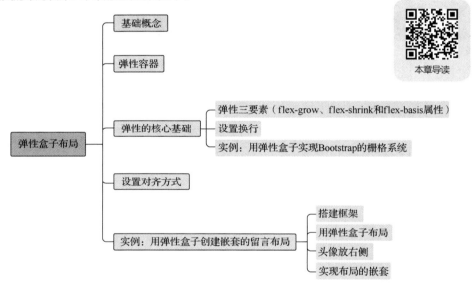

13.1 基础概念

在使用弹性盒子布局时，通常会先将某 DOM 元素指定为弹性容器，即将其设置为 display: flex（在行内时使用 display: inline-flex），然后将其内部的一些待布局的元素指定为弹性项（flex item）。注意，只有容器的直接子元素才是弹性项。

弹性项总是沿着容器的主轴排列，从主轴的起始位置到结束位置进行布局。

弹性容器有以下两根轴线。

（1）主轴：弹性项沿着容器布局的轴线，默认是水平的，也可以设置为垂直的。

（2）交叉轴：和主轴垂直的轴线。

轴线是有方向的，例如主轴可能从左到右，也可能从右到左。轴线由容器的 flex-direction

属性控制。弹性盒子的构成如图 13.1 所示。

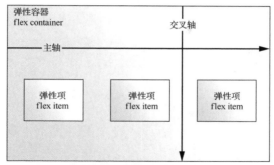

图 13.1　弹性盒子的构成

知识点讲解

13.2　弹性容器

使用弹性盒子布局时，先要指定弹性容器的布局方向。CSS3 中提供了 flex-direction 属性，该属性用于指定主轴的方向，默认值是 row，即水平方向且从左到右。flex-direction 属性有以下 4 个属性值。

（1）row：默认值，水平方向，从左到右。

（2）row-reverse：水平方向，从右到左。

（3）column：垂直方向，从上到下。

（4）column-reverse：垂直方向，从下到上。

下面通过一个实例来具体讲解该属性的使用方法。我们使用弹性盒子来方便地制作一个导航菜单。

导航菜单是网站最常用的组件之一，我们要创建一个最基本的导航菜单，使其能够针对计算机和手机自适应地改变布局方式。计算机上网页的显示效果如图 13.2 所示，可以看到基本的菜单项从最左端开始排列，一个特殊的"登录/注册"菜单项显示在最右端。在手机等移动设备上网页的显示效果则如图 13.3 所示，可以看到其为竖直排列。

图 13.2　计算机上的网页显示效果

图 13.3　手机上的网页显示效果

创建 HMTL 结构，并设置简单的样式，代码如下。

```
1   <!DOCTYPE html>
2   <html lang="zh-CN">
3   <head>
4     <meta name="viewport" content="width=device-width, initial-scale=1">
5     <title>导航</title>
6     <style>
7   ul {
8     list-style: none;
```

< 241 >

```
9        margin: 0;
10       padding: 0;
11     }
12     .nav {
13       padding-left: 20px;
14       padding-right: 20px;
15       background: #343a40;
16     }
17     .nav a {
18       text-decoration: none;
19       display: block;
20       padding: 1em;
21       color: #fff;
22     }
23     .nav a:hover {
24       background: #1565C0;
25     }
26       </style>
27   </head>
28   <body>
29     <ul class="nav">
30       <li><a href="#">首页</a></li>
31       <li><a href="#">图书</a></li>
32       <li><a href="#">资源</a></li>
33       <li><a href="#">联系我们</a></li>
34       <li class="login"><a href="#">登录/注册</a></li>
35     </ul>
36   </body>
37   </html>
```

HTML 结构非常简单，目前还没有用到弹性盒子，效果如图 13.4 所示。

图 13.4　基础的导航菜单效果

然后将 ul 元素设置为弹性容器，并将主轴方向设置为横向，新增两行代码即可，代码如下。

```
1    .nav {
2      display: flex;              /*设置弹性容器 */
3      flex-direction: row;        /*主轴方向设置为水平*/
4    }
```

此时基础的导航菜单就设置好了，效果如图 13.5 所示。

图 13.5　设置了弹性容器后的导航菜单效果

< 242 >

通常"登录/注册"菜单项是放在右边的。这种左右布局用传统浮动定位的布局方式实现起来比较麻烦，而用弹性盒子实现则非常简单。只需要增加一个针对这个菜单项的设置，将其左外边距设为 auto 即可，代码如下。

```
1    .nav .login {
2      margin-left: auto;
3    }
```

margin-left: auto 表示左外边距是剩余空间，效果如图 13.6 所示。关于对齐和剩余空间的知识我们会在后面介绍。

图 13.6　"登录/注册"菜单项右对齐

如果在手机或小尺寸的屏幕上浏览，则只需要将主轴方向改为纵向，然后简单地重新设置一下菜单项的样式即可。

请注意实例中的@media 指令，它被称为"媒体查询"，用于针对不同的宽度做不同的设置，代码如下。后面的章节中还会详细介绍。

```
1    @media all and (max-width: 600px) {
2      .nav {
3        flex-direction: column; /*改变主轴的方向*/
4        padding: 0;
5      }
6      .nav .login {
7        margin-left: unset;
8      }
9      .nav a {
10       text-align: center;
11       padding: 10px;
12       border-top: 1px solid rgba(255, 255, 255, 0.3);
13       border-bottom: 1px solid rgba(0, 0, 0, 0.1);
14     }
15     .nav li:last-of-type a {
16       border-bottom: none;
17     }
18   }
```

上述代码表示当浏览器的宽度小于或等于 600px 时，页面布局会应用相应花括号中的 CSS 规则，效果如图 13.7 所示。可以看到，这段代码中设置的 CSS 样式覆盖了前面的基本设置。

图 13.7　在小尺寸浏览器中的效果

< 243 >

本实例的完整源代码参见本书配套资源"第 13 章/nav.html"。

知识点讲解

13.3 弹性的核心基础

在上面的实例中，我们了解了最简单的使用弹性盒子的方法。弹性盒子强大而灵活的布局能力远不止这些，现在我们来深入了解一下它。

13.3.1 弹性三要素（flex-grow、flex-shrink 和 flex-basis 属性）

弹性盒子的核心在于它的弹性，即可伸缩性，其在本质上依赖 3 个属性，即 flex-grow、flex-shrink 和 flex-basis，它们分别表示放大因子、缩小因子和基准大小。这 3 个属性需要应用在弹性项上，而不是容器上。它们用来改变弹性项的大小，以使弹性项更好地填充容器在主轴方向的可用空间。

（1）flex-grow 是放大因子。这个属性决定当容器的空间大于所有弹性项的基准宽度总和，即当容器按基准宽度容纳了所有弹性项之后还有剩余空间时，如何处理弹性项的宽度。该属性值是无单位的，表示在所有的剩余空间中，该弹性项会分配到的空间所占的"份数"。

（2）flex-shrink 是缩小因子。这个属性的含义与放大因子类似，但方向正好相反。当容器宽度小于所有弹性项的基准宽度总和时，"不够"的空间也需要所有弹性项一起分担，该值表示各个弹性项需要缩小的空间占总共要缩小的空间的"份数"。

（3）flex-basis 表示弹性项的基准宽度，它是计算容器的剩余空间的基础，默认值是 auto，即弹性项的"自然宽度"。我们也可以人为地设置一个指定的基准大小，如总宽度的 20% 或某个绝对值，例如 200px，这个属性值可以大于也可以小于自然宽度。

上面的讲解（仅从文字描述的角度）有点不好理解，下面举例说明一下。另外，上面的讲解是以横向排列来说的，如果是竖向排列，也是同样的原理。

假设有下面的实例。容器的宽度是 300px，3 个弹性项的宽度都设置为 20px，flex-basis 设置为 auto，代码如下，实例文件参见本书配套资源"第 13 章/01.html"。

```
1    <!DOCTYPE html>
2    <html lang="zh-CN">
3    <head>
4      <title>flex</title>
5      <style>
6    .container {
7      display: flex;          /*设置弹性容器 */
8      flex-direction: row;    /*主轴方向设置为水平*/
9      width: 300px;
10     border: 1px solid #000;
11   }
12   .item {
13     width: 20px;
14     flex-basis: auto;
15   }
16   .item1 {
17     background-color: #A2CBFA;
18   }
19   .item2 {
20     background-color: #F89427;
21   }
22   .item3 {
```

< 244 >

```
23      background-color: #EC7272;
24    }
25    </style>
26  </head>
27  <body>
28    <div class="container">
29      <div class="item item1">1</div>
30      <div class="item item2">2</div>
31      <div class="item item3">3</div>
32    </div>
33  </body>
34  </html>
```

在没有设置 flex-grow 和 flex-shrink 属性的情况下，效果如图 13.8 所示。可以看到由于容器总宽度大于 3 个 div 块的基准宽度的总和，因此会使用 flex-grow 属性的默认设置（即 0），也就是说都不扩大。从图中可以看到容器右侧的空间都是剩余空间。

图 13.8　没有设置 flex-grow 和 flex-shrink 属性时的效果

✏️ 说明

　　在 13.2 节的实例中，菜单项的 flex-grow 属性就使用了默认值，和上图的效果类似。"登录/注册"菜单项右对齐是使用 margin-left:auto 将剩余空间移动到该菜单项的左侧而实现的。

下面把 flex-grow 属性值改为 1，则代码会将剩余空间（这里是 300px-20px×3=240px）分为 3 等份，并且每个 div 块的宽度都增加其中 1 份（即 80px），因此每个弹性项的实际宽度都是 20px + 80px = 100px。新增代码如下，效果如图 13.9 所示，实例文件参见本书配套资源"第 13 章/02.html"。

```
1    .item {
2      flex-grow: 1;
3    }
```

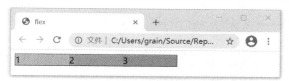

图 13.9　flex-grow 属性值改为 1 的效果

接下来单独将 item3 的 flex-grow 属性值改为 2，则剩余空间就会被分成 1+1+2=4 等份，每份是 240px÷4=60px，那么 item1 和 item2 的宽度都是 20px+60px=80px，而 item3 的宽度是 20px+60px×2=140px。新增代码如下，效果如图 13.10 所示，右边 div 块的宽度是左边各 div 块的 1.75 倍，实例文件参见本书配套资源"第 13 章\03.html"。

```
1    .item3 {
2      flex-grow: 2;
3    }
```

现在我们已经可以清楚地理解 flex-grow 属性是如何发挥作用的了。接下来介绍 flex-shrink 属性的作用。

< 245 >

图 13.10　flex-grow 属性值改为 2 的效果

> **说明**
>
> 　　如果将 flex-basis（基准宽度）设置为 0，则容器的整个宽度就是剩余空间，即剩余空间都参与分配。

　　将实例中的 3 个弹性项的 flex-basis 属性值都改为 120px，在没有设置 flex-grow 和 flex-shrink 的情况下，效果如图 13.11 所示，实例文件参见本书配套资源"第 13 章/04.html"。可以看到，由于容器总宽度为 300px，小于 3 个 div 块的基准宽度的总和（360px），因此每个 div 块都会使用 flex-shrink 属性的默认设置（即 1），也就是都会等量收缩。

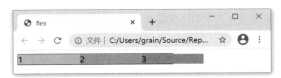

图 13.11　flex-basis 属性值改为 120px 的效果

　　接下来将 flex-shrink 属性值改为 0，则弹性项不会收缩，而是会超出容器的边界，效果如图 13.12 所示，实例文件参见本书配套资源"第 13 章/05.html"。如果 3 个 div 块各自设置不同的 flex-shrink 属性，则弹性项会按比例收缩，这里不再赘述。

图 13.12　flex-shrink 属性值改为 0 的效果

> **说明**
>
> 　　这 3 个属性可以简写为一个属性，即 flex，3 个值的顺序是 flex: <flex-grow>、<flex-shrink>、<flex-basis>。flex 本身还有以下几个简写的值。
> 　　① flex: initial，默认值，即 flex: 0 1 auto，表示容器大时不扩张，容器小时等量收缩。
> 　　② flex: auto，表示等量地扩张和收缩，即 flex: 1 1 auto。
> 　　③ flex: none，表示没有弹性，不扩张也不收缩，即 flex: 0 0 auto。
> 　　④ flex: <正整数>，表示 flex: <正整数> 1 0。

13.3.2　设置换行

　　当弹性项超出容器的边界时，我们可以改变容器的行为，让它换行显示。这种换行显示行为是通过容器的 flex-wrap 属性来控制的。在上面实例的基础上，将容器和弹性项的 CSS 设置为如下代码，实例文件参见本书配套资源"第 13 章/06.html"。

```
1    .container {
2      display: flex;          /*设置弹性容器 */
3      flex-direction: row;    /*主轴方向设置为水平*/
```

< 246 >

```
4        flex-wrap: wrap;        /*换行*/
5        width: 300px;
6        border: 1px solid #000;
7      }
8      .item {
9        width: 120px;
10       flex-basis: auto;
11       flex-shrink: 0;         /*不收缩*/
12     }
```

设置换行后，效果如图 13.13 所示。注意，如果将弹性项的 flex-shrink 设置为 1，则不需要换行显示。

图 13.13　换行的效果

容器的 flex-wrap 属性有 3 个属性值。

（1）no-wrap：默认值，表示不换行。

（2）wrap：换行，且沿着交叉轴从起始位置到结束位置布局。

（3）wrap-reverse：换行，且沿着交叉轴从结束位置到起始位置布局。

wrap-reverse 从字面意思不太好理解，通过下面的实例就好理解了。我们将上一实例中的 flex-wrap 值改为 wrap-reverse，效果如图 13.14 所示，实例文件参见本书配套资源"第 13 章/07.html"。

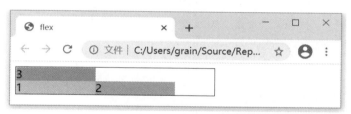

图 13.14　使用 wrap-reverse 属性值的效果

✎ 说明

容器的 flex-direction 和 flex-wrap 属性可以简写为 flex-flow: <flex-direction> <flex-wrap>，例如 flex-flow: row wrap 表示主轴方向是水平方向且换行显示。

flex-grow 属性值通常是正整数，这样便于直观地计算分割的方式。但如果 flex-grow 的总和小于 1，则参与分配的剩余空间不是 100%，而是其一部分，例如 flex-grow 总和是 0.3，则参与分配的剩余空间是 30%。读者可以将实例中的 flex-grow 属性值都改为 0.1 后看看效果。

理解了弹性的原理后，我们用它来实现一个简易的栅格系统。

13.3.3　实例：用弹性盒子实现 Bootstrap 的栅格系统

案例讲解

栅格系统是网页设计中常用的一种排版和布局工具，通常会将网页分成 8 列或 12 列，每列之间有固定的间隔。一块内容占一列的宽度，或者跨多列。如非常流行的

< 247 >

Bootstrap 框架，默认使用 12 列的栅格系统。接下来就仿照 Bootstrap 框架的方式来实现一个页面布局的栅格系统。

（1）利用弹性盒子的弹性布局，很容易实现简易的栅格系统。我们先让每一行中的列等宽，代码如下。

```
1   <!DOCTYPE html>
2   <html lang="zh-CN">
3   <head>
4     <style>
5       .container {
6         width: 100%;
7         max-width: 1140px;
8         margin: auto;
9       }
10      .container .row>.col {
11        padding: 0.75rem;
12        background-color: rgba(86,61,124,0.15);
13        border: 1px solid rgba(86,61,124,0.2);
14      }
15      .container .row+.row {
16        margin-top: 1rem;
17      }
18      .row {
19        display: flex;
20        flex-wrap: wrap;
21        width: 100%;
22      }
23      .col {
24        flex: 1 0 0;
25      }
26    </style>
27    <title>栅格系统</title>
28  </head>
29
30  <body>
31    <div class="container">
32      <div class="row">
33        <div class="col">两等分</div>
34        <div class="col">两等分</div>
35      </div>
36      <div class="row">
37        <div class="col">三等分</div>
38        <div class="col">三等分</div>
39        <div class="col">三等分</div>
40      </div>
41    </div>
42  </body>
43  </html>
```

最外层的 div 块作为容器，将 class 属性设置为 container。里面每一行嵌入一个 div 块，将 class 属性设置为 row。在每一行里，需要分为几列，就加入几个 div 块，并将每一个 div 块的 class 属性都设置为 col。

（2）本例的关键是将.row 设置为弹性容器，将相应的弹性项.col 设置为 flex: 1 0 0;，它表示.col 的基准宽度 flex-basis 是 0，扩张因子 flex-grow 是 1。这意味着每列的扩张因子都相等，即每一行的宽度

< 248 >

平均分配给每一列，因此列是等宽的，效果如图 13.15 所示。

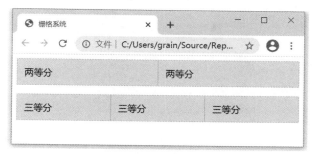

图 13.15　等宽的列

（3）除了等宽的列之外，更常用的是设置指定的列宽。通常一行最多 12 列，每个弹性项可以跨指定的列数。我们用.col-{number}表示占 number 列，例如 col-4 表示占 4 列，代码如下。

```
1   <!DOCTYPE html>
2   <html lang="zh-CN">
3   <head>
4     <style>
5       * {
6         box-sizing: border-box;
7       }
8       .container {
9         width: 100%;
10        max-width: 1140px;
11        margin: auto;
12      }
13      .container .row>.col, .container .row>[class^="col-"] {
14        padding: 0.75rem;
15        background-color: rgba(86,61,124,0.15);
16        border: 1px solid rgba(86,61,124,0.2);
17      }
18      .container .row+.row {
19        margin-top: 1rem;
20      }
21      .row {
22        display: flex;
23        flex-wrap: wrap;
24        width: 100%;
25      }
26      .col {
27        flex: 1 0 0;
28      }
29      .col-6 {
30        flex: 0 0 auto;
31        width: 50%;
32      }
33      .col-5 {
34        flex: 0 0 auto;
35        width: 41.666667%;
36      }
37      .col-4 {
38        flex: 0 0 auto;
39        width: 33.333333%;
40      }
41      .col-3 {
42        flex: 0 0 auto;
43        width: 25%;
```

< 249 >

```
44        }
45      </style>
46      <title>栅格系统</title>
47    </head>
48
49    <body>
50      <div class="container">
51        <div class="row">
52          <div class="col-3">col-3</div>
53          <div class="col-4">col-4</div>
54          <div class="col-5">col-5</div>
55        </div>
56        <div class="row">
57          <div class="col">col</div>
58          <div class="col-6">col-6</div>
59          <div class="col">col</div>
60        </div>
61      </div>
62    </body>
63    </html>
```

这一步的关键是在上一步的基础上，将弹性项.col-{number}设置为 flex: 0 0 auto;，并且将它的宽度设置为 number/12 所对应的百分数，例如.col-6 (number=6)的宽度是 50% (6/12)，.col-5 的宽度是 41.666667% (5/12)，以此类推，效果如图 13.16 所示。此外，还有另外一种实现方式，即将.col-6 设置为 flex: 0 0 50%，也就是将基准宽度设置为 50%，不放大也不缩小，读者可以试验一下。

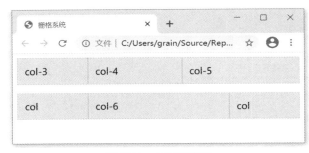

图 13.16　占多列的效果

本实例的完整源代码参见本书配套资源"第 13 章/grid-1.html、grid-2.html、grid-3.html"。

说明

　　Bootstrap 是由 Twitter 公司的技术团队开发和维护的一个开源的 Web 前端开发框架，它支持响应式的栅格系统，自带大量组件和众多强大的 JavaScript 插件。基于 Bootstrap 提供的强大功能，开发人员能够快速设计并定制各种网站页面。

13.4 设置对齐方式

知识点讲解

　　在没有弹性盒子之前，要实现元素在容器中的某些对齐方式是一个颇具挑战性的任务，特别是竖直方向的对齐。例如，很多公司在招聘前端开发人员的时候，都会将"请说出垂直居中的 5 种方法"作为面试题。有了弹性盒子之后，设置对齐方式就变得非常简单而直接了。

　　设置好容器及其内部元素的弹性后，用弹性盒子可以非常方便地设置弹性项的对齐方式。对齐是

< 250 >

分布在两个轴线上的，主轴方向的对齐方式由 justify-content 属性控制，交叉轴方向的对齐方式由 align-items 属性控制，这两个属性都需要设置在弹性容器上。水平垂直居中非常容易，例如下面这段代码，实例文件参见本书配套资源"第 13 章/align.html"。

```
1   <!DOCTYPE html>
2   <html lang="zh-CN">
3   <head>
4     <title>对齐</title>
5     <style>
6   body {
7     padding: 0;
8     margin: 0;
9   }
10  .container {
11    display: flex;            /*设置弹性容器 */
12    flex-direction: row;      /*主轴方向设置为水平*/
13    background-color: #F89427;
14    height: 100vh;
15    width: 100%;
16    justify-content: center;
17    align-items: center;
18  }
19  .item {
20    border: 0.5px solid #3a3a3a;
21  }
22    </style>
23  </head>
24  <body class="container">
25    <div class="item">水平垂直居中</div>
26  </body>
27  </html>
```

本实例中 justify-content 和 align-items 属性的属性值都是 center，效果如图 13.17 所示。

图 13.17　水平垂直居中对齐

除了上述属性值以外，这两个属性还有其他的属性值，具体如下。

justify-content 属性有以下 5 个属性值。

（1）flex-start：默认值，靠着主轴的起点对齐。

（2）flex-end：靠着主轴的终点对齐。

（3）center：沿主轴的居中位置对齐。

（4）space-between：沿主轴的两端对齐，即均匀地沿着主轴排列，并占满主轴，弹性项之间的间隔都相等，并且弹性项与容器边框之间没有间隔。

（5）space-around：每个弹性项两侧的间隔相等，弹性项之间的间隔是弹性项与容器边框之间间隔

< 251 >

的两倍。

align-items 属性有以下 5 个属性值。

（1）flex-start：靠着交叉轴的起点对齐。

（2）flex-end：靠着交叉轴的终点对齐。

（3）center：沿交叉轴的中点对齐。

（4）baseline：沿弹性项第一行文字的基线对齐。

（5）stretch：默认值，如果项目未设置高度或高度设为 auto，则占满整个容器的高度。

> 在设置主轴方向的对齐方式的时候，不要设置 flex-grow 属性，否则弹性项在主轴方向上会占满容器。这里的对齐是指将弹性项作为一个盒子，设置该盒子在容器中的对齐方式，而盒子内部的对齐方式则需要用其他 CSS 规则控制。在交叉轴方向上，弹性项默认会占满容器。

下面通过一个表单的实例来加深读者对相关知识的理解。

表单提供了交互功能，其在网站设计和开发时经常会被用到，如登录或注册表单。使用弹性盒子可以非常灵活地设置响应式表单。接下来制作一个博客留言的表单，实现图13.18 所示的效果，表单总共包含 3 个输入项，即邮箱、姓名和留言内容，以及一个提交按钮，按钮右对齐。

案例讲解

图 13.18　留言表单

在这个实例中，主要实现的是利用弹性盒子设置 3 个表单元素的宽度和水平对齐，以及各自相应标签的垂直居中对齐。

（1）先建立基础的 HTML 结构，代码如下。

```
1   <form class="flex-form">
2     <div class="flex-group">
3       <label for="email" class="label">邮箱</label>
4       <input type="email" id="email" name="email" placeholder="请输入邮箱">
5     </div>
6     <div class="flex-group">
7       <label for="name" class="label">姓名</label>
8       <input type="text" id="name" name="name" placeholder="请输入姓名">
9     </div>
10    <div class="flex-group">
11      <label for="content" class="label">留言内容</label>
12      <textarea name="content" id="content" rows="3" placeholder="请输入留言内容">
        </textarea>
13    </div>
```

< 252 >

```
14    <div class="flex-group">
15      <button type="submit">提交</button>
16    </div>
17  </form>
```

上面代码没加任何 CSS 样式，在 HTML 中将每一组表单元素和对应的标签放到一个 div 块中，将 class 属性设置为 flex-group，效果如图 13.19 所示。

图 13.19　基础的表单

（2）接下来进行布局设置，对齐输入组。我们将每个输入组（flex-group）设置为弹性容器，label 和 input（或 textarea）为弹性项，两个弹性项的比例为 1：5，代码如下。

```
1    .flex-group {
2      margin-bottom: 15px;
3      display: flex;              /*设为弹性容器*/
4    }
5    .flex-group label {
6      flex: 1 0 40px;            /*放大因子为1*/
7      max-width: 200px;
8      align-self: center;        /*标记垂直居中对齐*/
9      padding-right: 15px;
10   }
11   .flex-group input, .flex-group textarea {
12      flex: 5 0 200px;           /*放大因子为5*/
13   }
14   .flex-group button {
15      margin-left: auto;         /*提交按钮右对齐*/
16   }
```

效果如图 13.20 所示。

图 13.20　设置弹性后的表单

（3）最后调整细节，设置按钮和输入框的样式，并增加一些间距。需要增加的代码如下。

```
1    .flex-form {
2      border: 1px solid #dee2e6;
3      padding: 15px;
```

< 253 >

```
4    }
5    .flex-group input, .flex-group textarea {
6      padding: 8px 16px;
7      font-size: 14px;
8      line-height: 3;
9      color: #333;
10     background-color: #fff;
11     border: 1px solid #ced4da;
12     font-family: inherit;
13   }
14   .flex-group button {
15     padding: 8px 16px;
16     border: none;
17     background: #333;
18     color: #fff;
19     cursor: pointer;
20   }
```

最终效果如图 13.21 所示。

图 13.21　留言表单的最终效果

本实例的完整源代码参见本书配套资源"第 13 章/form.html"。

案例讲解

13.5 实例：用弹性盒子创建嵌套的留言布局

　　页面组件的布局非常适合用弹性盒子来实现。留言或者评论是很多网站都有的功能，图 13.22 所示为一个典型的留言组件的结构，左侧方块表示用户头像，右侧的两个长方形框表示姓名和留言内容。此外，我们还需要实现可以嵌套的留言结构，即以层级的方式显示回复。

图 13.22　留言布局示意图

< 254 >

13.5.1　搭建框架

先不考虑嵌套的情况，第一步先搭建基础的 HMTL 结构，代码如下，参考注释可以很容易理解它的结构。

```
1   <div class="media">
2     <img src="images/64.gif" class="media-object"> <!--头像-->
3     <div class="media-body">
4       <h5 class="media-heading"> </h5> <!--姓名-->
5       <p></p> <!--内容-->
6     </div>
7   </div>
```

13.5.2　用弹性盒子布局

开始布局，将.media 设置为弹性容器，代码如下。

```
1    .media {
2      display: flex;                /*设置弹性容器*/
3      align-items: flex-start;   /*顶部对齐*/
4      max-width: 600px;
5      border: 1px solid #f2f2f2;
6    }
7    .media-object {
8      margin-right: 15px;
9      max-width: 64px;             /*头像最大宽度为 64px*/
10   }
11   .media-body {
12     flex: 1;                     /*内容区占满剩余的宽度*/
13   }
14   .media-body > h5 {
15     font-size: 1.25em;
16     font-weight: 500;
17     background: #BBBBBD;
18     margin: 0;
19   }
20   .media-body > p {
21     min-height: 100px;
22     background: #BBBBBD;
23   }
```

效果如图 13.23 所示。

图 13.23　基础的留言布局

< 255 >

13.5.3 头像放右侧

如果我们想把头像放在右侧，则不用修改 HMTL 结构，只需要增加以下几行代码即可。

```
1   <!DOCTYPE html>
2   <html lang="zh-CN">
3   <head>
4     <title>留言</title>
5     <style>
6       /*原样式省略*/
7
8       /*以下是新增的样式*/
9       .media.reverse > .media-object {
10        order: 1;
11        margin-left: 15px;
12        margin-right: 0;
13      }
14    </style>
15  </head>
16  <body>
17    <div class="media reverse"> <!-- 只需要增加一个 reverse 类 -->
18      <img src="images/64.gif" class="media-object">
19      <div class="media-body">
20        <h5 class="media-heading">头像移到右侧</h5>
21        <p></p>
22      </div>
23    </div>
24  </body>
25  </html>
```

这里用到了弹性项的 order 属性。默认情况下，弹性项会按 DOM 的顺序依次排列在容器中，order 的默认值是 0。本实例中将头像（.media-object 元素）的 order 属性值改为 1 之后，其排在了内容区（.media-body 元素的 order 属性值为 0）后面，即头像移到了右侧，效果如图 13.24 所示。

图 13.24　头像移到右侧的布局

🖊️说明

从这里可以看出弹性盒子的灵活性，即不需要修改 HTML 结构，仅通过 CSS 设置即可修改布局。这样做有很大的好处。一方面是方便，另一方面是使 HTML 结构更合理，便于搜索引擎理解，且对于被搜索引擎收录以提高排名也有帮助。

13.5.4 实现布局的嵌套

留言一般都可以被他人回复，因此这种布局通常是嵌套的，其实我们不用再修改任何样式，只需

< 256 >

要嵌套 HMTL 即可，非常灵活，代码如下。

```
1   <div class="media">
2     <img src="images/64.gif" class="media-object">
3     <div class="media-body">
4       <h5 class="media-heading">嵌套</h5>
5       <p></p>
6
7       <div class="media">
8         <img src="images/64.gif" class="media-object">
9         <div class="media-body">
10          <h5 class="media-heading">嵌套</h5>
11          <p></p>
12          <!-- 可继续嵌套 -->
13        </div>
14      </div>
15
16    </div>
17  </div>
```

效果如图 13.25 所示。本实例中只嵌套了一层，读者可以试验嵌套多层。

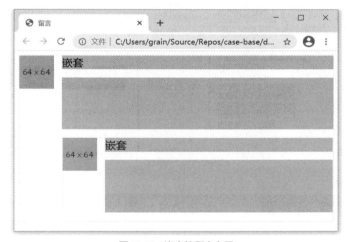

图 13.25 嵌套的留言布局

!（注意）

这个实例非常具有启发性。用好弹性盒子，可以非常简洁地实现一些看起来很复杂的效果。希望读者能够认真学习这个实例，真正理解弹性盒子的原理，其在实际项目中可以大大优化代码结构。

本实例的完整源代码参见本书配套资源"第 13 章/media.html"。

本章小结

本章讲解了弹性盒子布局的使用方法。在弹性盒子布局模型中，弹性容器的子项可以在多个方向上进行布局，并且可以"伸缩"（既可以增长以填充未使用的空间，又可以收缩以防止溢出）。弹性项的水平对齐和垂直对齐都可以被轻松设置。

本章还结合多个网页局部组件的实例，让读者体会弹性盒子的灵活性与伸缩性。虽然弹性盒子是一维的，但它可以嵌套使用，以用于构建复杂的布局。

< 257 >

习题 13

一、关键词解释

弹性容器　主轴　交叉轴　弹性项　剩余空间

二、描述题

1. 请简单描述一下主轴默认是什么方向，它一共有几个方向，如何修改它的方向。
2. 请简单描述一下弹性的三要素是什么，它们对应的含义分别是什么。
3. 请简单描述一下通过什么属性可以控制是否换行以及换行方式。
4. 请简单描述一下弹性布局中的布局方式有哪些。

三、实操题

将第 12 章习题部分的实操题中的 grid 布局改为 flexbox 布局，并实现相同的页面效果。

< 258 >

第 14 章 响应式布局

前两章介绍了 CSS3 的网格布局和弹性盒子布局，这两种布局已经具备了一定的伸缩性，即改变屏幕尺寸时容器的布局也能够自适应。但如果想让网页完美地适应各种屏幕，则需要用到响应式布局相关的技术。本章介绍响应式布局，它能够让网页响应屏幕尺寸的变化，从而应用不同的样式，让网页内容呈现得更好。本章的思维导图如下。

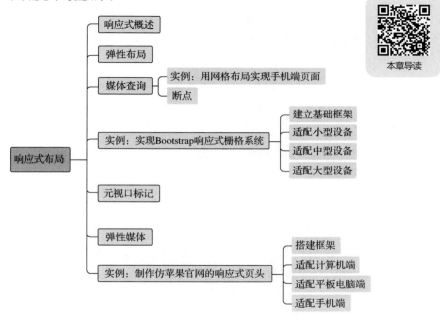

本章导读

14.1 响应式概述

知识点讲解

在 Web 设计的早期，页面是针对特定屏幕尺寸构建的，例如早期的显示器分辨率普遍是 1024px×768px。如果用户的屏幕小于或大于设计者的预期，则会出现滚动条或者无法充分利用空间等情况。特别是随着智能手机的普及，出现了越来越多不同屏幕尺寸的设备，如手机、平板电脑、笔记本电脑和台式计算机等，随之出现了响应式网页设计的概念。响应式网页设计是指一系列支持网页更改其布局和外观以适应不同的屏幕宽度和分辨率的设计方法。

图 14.1 所示的网上商店就使用了响应式布局，页面在计算机端每行可容纳的内容较多，而在手机端每行可容纳的内容较少，如图 14.2 所示。

响应式网页设计不是一个单独的技术，它是一种理念，是一种网页设计和开发方法，CSS 提供了一系列的规则来支持这种设计。响应式网页设计主要分为 2 个部分：弹性布局和媒体查询。下面分别进行介绍。

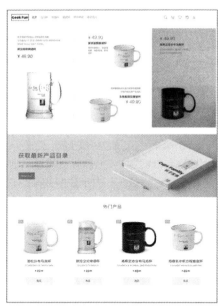

图 14.1　计算机端效果

图 14.2　手机端效果

14.2　弹性布局

知识点讲解

　　弹性布局是一种使用弹性网格构建网页布局的方法，该网格能够动态调整为任意宽度，网格内部的内容会随着宽度的变化而变化，且不会超出边界。弹性网格是使用相对长度单位（通常为百分比）构建的。弹性布局不主张使用固定的度量单位，例如 px 或 cm，原因是视口的高度和宽度会在设备之间不断变化，而网页布局需要适应这种变化，因此固定值会有太多限制。我们可以运用一个简单的公式计算出灵活布局的比例：目标元素宽度÷父元素宽度=相对百分比。

　　接下来通过一个实例说明这个公式如何运用在两列布局中。

　　（1）在下面的实例中，有一个容器 container，其中包含两个子元素，即内容区 main 和侧边栏 aside。如果用固定宽度布局，代码如下，实例文件参见本书配套资源"第 14 章/layout-1.html"。

```
1    <!DOCTYPE html>
2    <html lang="zh-CN">
3    <head>
4      <meta charset="UTF-8">
5      <meta http-equiv="X-UA-Compatible" content="IE=edge">
6      <meta name="viewport" content="width=device-width, initial-scale=1.0">
7      <style>
8        .container:before,
9        .container:after {
10         content: " ";
11         display: table;
12       }
13       .container:after {
14         clear: both;
15       }
16       .container {
17         color: #fff;
```

< 260 >

```
18          background: #eaeaed;
19          width: 1200px;
20          border: 1px solid tomato;
21        }
22      main, aside {
23          background: tomato;
24          padding: 20px 0;
25          margin: 10px;
26          text-align: center;
27          float: left;
28        }
29      main {
30          width: 800px;
31        }
32      aside {
33          width: 360px;
34        }
35    </style>
36    <title>灵活的布局</title>
37  </head>
38  <body>
39    <div class="container">
40      <main>内容区</main>
41      <aside>侧边栏</aside>
42    </div>
43  </body>
44  </html>
```

效果如图 14.3 所示。读者可以尝试改变浏览器窗口的大小，会发现页面元素的大小是不会改变的，窗口太小时会出现横向滚动条。

图 14.3　固定宽度布局

（2）接下来将各元素的宽度改成百分比，代码如下，实例文件参见本书配套资源"第 14 章/layout-2.html"。

```
1  main, aside {
2    margin: 0.833333%;      /* 10 ÷ 1200 */
3  }
4  main {
5    width: 66.666667%;      /* 800 ÷ 1200 */
6  }
7  aside {
8    width: 30%;             /* 360 ÷ 1200 */
9  }
```

效果如图 14.4 所示。可以发现，随着浏览器窗口变大或变小，网页内容也跟着放大或缩小。这样的页面已经具备了一定的响应能力。

图 14.4　百分比宽度布局

< 261 >

（3）本实例中使用 float 来布局。我们可以用 CSS3 的弹性盒子布局和网格布局来实现它，其中也会用到百分比。弹性盒子布局的关键是将 flex-basis 属性设置为百分比，代码如下，实例文件参见本书配套资源"第 14 章/layout-3.html"。

```
1   .container {
2     color: #fff;
3     background: #eaeaed;
4     width: 100%;
5     border: 1px solid tomato;
6     display: flex;
7   }
8   main, aside {
9     background: tomato;
10    padding: 20px 0;
11    margin: 0.833333%;
12    text-align: center;
13  }
14  main {
15    flex: 0 0 66.666667%;        /*百分比*/
16  }
17  aside {
18    flex: 0 0 30%;               /*百分比*/
19  }
```

（4）使用网格布局的关键是划分网格的时候使用百分比或 fr 单位，代码如下，实例文件参见本书配套资源"第 14 章/layout-4.html"。

```
1   .container {
2     color: #fff;
3     background: #eaeaed;
4     width: 100%;
5     border: 1px solid tomato;
6     display: grid;
7     grid-template-columns: 66.666667% 1fr; /*百分比*/
8   }
9   main, aside {
10    background: tomato;
11    padding: 20px 0;
12    margin: 10px;
13    text-align: center;
14  }
```

这两个方式的结果也是弹性的，网页内容也会随着浏览器窗口大小的改变而改变，读者可以实验一下。

仅靠弹性布局方法是不够的。有时浏览器窗口的宽度可能很小，即使按比例缩放布局也会因创建太小的列而无法有效显示内容。具体来说，当布局变得太小或太大时，文本可能会变得难以辨认，并且布局可能会中断。在这种情况下，可以使用媒体查询来帮助建立更好的体验。

14.3 媒体查询

知识点讲解

响应式网页设计中最重要的技术是媒体查询（media query），它是 CSS 样式的过滤器，可以轻松地根据设备类型或该设备的特征/功能（如宽度、高度、方向、悬停能力、触摸屏功能等）来更改样式。

媒体查询语句以@media 开头，由可选的媒体类型和任意数量的媒体功能表达式组成。当设备符合

< 262 >

这些条件时就会应用相应的样式，并覆盖原有的样式。一些常用的媒体查询语句如下。

```
1    @media all and (min-width 768px) {
2      /*所有设备，且视口宽度大于或等于768px*/
3    }
4
5    @media (min-width 768px) {
6      /*所有设备，且视口宽度大于或等于768px*/
7    }
8
9    @media (max-width 768px) {
10     /*视口宽度小于或等于768px，即最大值不超过768px*/
11   }
12
13   @media (min-width 768px) and (max-with 1024px) {
14     /*视口宽度大于或等于768px，且小于1024px*/
15   }
16
17   @media (orientation: portrait) {
18     /*竖屏，即高度大于或等于宽度*/
19   }
20
21   @media (orientation: landscape) {
22     /*竖屏，即高度小于宽度*/
23   }
```

常用的设备类型有以下几种。实际开发过程中通常会省略设备类型，因为绝大多数网页都是针对屏幕而设计的。

（1）all：适用于所有设备。

（2）screen：适用于屏幕。

（3）print：适用于打印机。

（4）speech：适用于大声读出页面的屏幕阅读器。

下面通过一个实例来介绍媒体查询在实际网页布局中的应用。

14.3.1　实例：用网格布局实现手机端页面

在第 12 章中讲解了一个实例——用网格实现经典三列布局，其在计算机端的效果如图 14.5 所示。

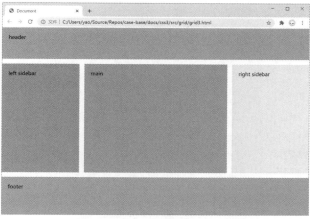

图 14.5　用网格实现经典三列布局

< 263 >

如果在手机端，这种布局就不合适了。我们可以用媒体查询来改变移动端的布局，代码如下。

```
1   <!DOCTYPE html>
2   <html>
3   <head>
4     <meta charset="UTF-8">
5     <meta name="viewport" content="width=device-width, initial-scale=1.0">
6     <title>Document</title>
7     <style>
8       .container {
9           display: grid;
10          grid-template-rows: auto 1fr auto;
11          grid-template-columns: auto 1fr auto;
12          grid-template-areas:
13              "header header header"
14              "l-sidebar main r-sidebar"
15              "footer footer footer";
16          grid-gap: 15px;
17          min-height: 100vh;
18          padding: 0;
19          margin: 0;
20      }
21
22      header {
23          grid-area: header;
24          background-color: #F89427;
25          padding: 20px;
26          height: 60px;
27      }
28      .main {
29          grid-area: main;
30          background-color: #3DBFE6;
31          padding: 20px;
32      }
33      .left-sidebar {
34          grid-area: l-sidebar;
35          background-color: #EC7272;
36          padding: 20px;
37          width: 200px;
38      }
39      .right-sidebar {
40          grid-area: r-sidebar;
41          background-color: #FFEFB2;
42          padding: 20px;
43          width: 200px;
44      }
45      footer {
46          grid-area: footer;
47          background-color: #74C576;
48          padding: 20px;
49          height: 80px;
50      }
51
52      /*以下是新增的样式*/
53      /*当窗口宽度小或于等于768px时改变网格区域*/
54      @media (max-width: 768px) {
55        .container {
56          grid-template-areas:
57            "header header header"
58            "main main main"
59            "r-sidebar r-sidebar r-sidebar"
```

< 264 >

```
60             "l-sidebar l-sidebar l-sidebar"
61             "footer footer footer";
62       }
63       .right-sidebar, .left-sidebar {
64         width: 100%;
65       }
66     }
67   </style>
68 </head>
69 <body class="container">
70   <header>header</header>
71   <aside class="left-sidebar">left sidebar</aside>
72   <section class="main">main</section>
73   <aside class="right-sidebar">right sidebar</aside>
74   <footer>footer</footer>
75 </body>
76 </html>
```

只需要改变网格容器的划分方式，HTML 结构不变，相应的子元素就能自动定位。手机端的效果如图 14.6 所示。

图 14.6　手机端的效果

本实例的完整源代码参见本书配套资源"第 14 章/holy.html"。

14.3.2　断点

媒体查询提供了很大的灵活性，但是在网页设计和开发时通常不会只针对某一种设备，因为设备多种多样，针对特定的设备进行设计和开发会导致维护困难。响应式网页设计中经常会用到一个术语——断点，它是确定何时更改布局并在媒体查询中调整新规则的关键因素。回头看一下14.3.2 小节的实例。

```
1   @media (max-width 768px) {
2   }
```

此时断点是 768px。如果设备的宽度小于或等于 768px，则将应用相应的规则，否则不应用。

最常见的问题之一是"应该使用哪个断点"。市场上有大量设备，我们无法为每个设备定义固定的断点，但是我们可以设置一些常用的断点来支持大多数设备。一些前端框架（例如 Bootstrap）也是这么做的。

知识点讲解

< 265 >

根据常用的设备，可以大致定义出以下这些常用的断点。

（1）320px～768px：小屏幕，手机。

（2）769px～1024px：中屏幕，平板电脑。

（3）1025px～1200px：大屏幕，笔记本电脑。

（4）1201px 及以上：超大屏幕，大显示器。

需要注意的是，这些断点在不同网站中的表现可能会不同，没有固定的标准。

定义断点后，通常有两种开发方式，一种是从小屏到大屏，另一种是从大屏到小屏。前一种方式被称为"移动优先"，即首先将内容设计为适合小屏幕的尺寸，然后不断扩大屏幕，直到预先确定的断点为止。无论采用哪种方式，都应该保持尽可能少的断点数。为此，业界通常会形成一些实用的标准。

下面通过模拟 Bootstrap 前端框架，来看看如何实现响应式栅格系统。

案例讲解

14.4 实例：实现 Bootstrap 响应式栅格系统

在第 13 章中，我们已经实现了一个简易的栅格系统。我们将一行划分成 12 列，但它不是响应式的系统。本实例来接着完善它，以实现一个响应式栅格系统，即在不同的断点下，一行容纳的列数不同。

表 14.1 所示为 Bootstrap 预定义的断点。本实例中选取 md（768px）和 xl（1200px）这两种断点来表示 3 种设备。常见的设备可以分为以下 3 种。

（1）小型设备：小于或等于 768px。

（2）中型设备：大于 768px 且小于或等于 1200px。

（3）大型设备：大于 1200px。

表 14.1　Bootstrap 预定义的断点

断点	CSS 类中缀	宽度
特小	无	< 576px
小	sm	≥576px
中	md	≥768px
大	lg	≥992px
特大	xl	> 1200px

本实例的目标是对于相同的 HTML，在小型设备上一行显示 2 个元素，在中型设备上一行显示 6 个元素，在大型设备上一行显示 12 个元素，效果如图 14.7 所示。下面分步骤实现。

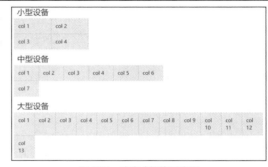

图 14.7　响应式栅格示意图

14.4.1　建立基础框架

延续第 13 章中的实例，HTML 结构和基础的样式如下。

```
1    <!DOCTYPE html>
2    <html lang="zh-CN">
```

< 266 >

```
3    <head>
4      <meta name="viewport" content="width=device-width, initial-scale=1">
5      <style>
6        * {
7          box-sizing: border-box;
8        }
9        .container {
10         width: 100%;
11       }
12       .container .row>.col, .container .row>[class^="col-"] {
13         padding: 1rem;
14         background-color: rgba(86,61,124,0.15);
15         border: 1px solid rgba(86,61,124,0.2);
16         font-size: 1.25rem;
17       }
18       .row {
19         display: flex;
20         flex-wrap: wrap;
21         width: 100%;
22       }
23     </style>
24     <title>响应式栅格系统</title>
25   </head>
26
27   <body>
28     <div class="container">
29       <div class="row">
30         <div class="col-sm-6 col-md-2 col-xl-1">col 1</div>
31         <div class="col-sm-6 col-md-2 col-xl-1">col 2</div>
32         <div class="col-sm-6 col-md-2 col-xl-1">col 3</div>
33         <div class="col-sm-6 col-md-2 col-xl-1">col 4</div>
34         <div class="col-sm-6 col-md-2 col-xl-1">col 5</div>
35         <div class="col-sm-6 col-md-2 col-xl-1">col 6</div>
36         <div class="col-sm-6 col-md-2 col-xl-1">col 7</div>
37         <div class="col-sm-6 col-md-2 col-xl-1">col 8</div>
38         <div class="col-sm-6 col-md-2 col-xl-1">col 9</div>
39         <div class="col-sm-6 col-md-2 col-xl-1">col 10</div>
40         <div class="col-sm-6 col-md-2 col-xl-1">col 11</div>
41         <div class="col-sm-6 col-md-2 col-xl-1">col 12</div>
42         <div class="col-sm-6 col-md-2 col-xl-1">col 13</div>
43       </div>
44     </div>
45   </body>
46 </html>
```

以上代码中将.row设置为弹性容器，弹性容器中有 13 个元素，每个元素设置了 3 个 CSS 类，即 col-sm-6、col-md-2、col-xl-1，它们分别表示一个元素在小型设备上占 6 列宽，在中型设备上占 2 列宽，在大型设备上占 1 列宽。将类取名为 "col-sm-6" 是因为 Bootstrap 栅格系统一行 12 列，6 列正好是 50%，便于使用。此时每个元素的宽度是自然宽度，在手机端的效果如图 14.8 所示。

图 14.8　自然宽度在手机端的效果

14.4.2　适配小型设备

Bootstrap 采用移动优先的原则。本实例中我们也采用该原则，即先适配小屏。这时不需要用到媒体查询规则，直接增加如下 CSS 样式。

< 267 >

```
1    .col-sm-6 {
2      flex: 0 0 50%; /* 6 ÷ 12 */
3    }
```

小型设备上一行显示 2 个元素，每个元素占 50%，因此将.col-sm-6 的基准宽度设置为 50%，不放大也不缩小，效果如图 14.9 所示。读者可以借此回顾一些弹性盒子布局的知识。严格来讲，此时在中型和大型设备上都是一行显示 2 个元素。

图 14.9　小型设备上的效果

14.4.3　适配中型设备

中型设备的宽度大于 768px，此时需要用到媒体查询规则，新增的代码如下。

```
1    @media (min-width: 768px) {
2      .col-md-2 {
3        flex: 0 0 16.666667%; /* 2 ÷ 12 */
4      }
5    }
```

效果如图 14.10 所示。

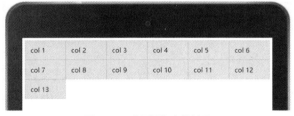

图 14.10　中型设备上的效果

14.4.4　适配大型设备

大型设备的宽度大于 1200px，此时需要用到媒体查询规则，新增的代码如下。

```
1    @media (min-width: 1200px) {
2      .col-xl-1 {
3        flex: 0 0 8.333333%; /* 1 ÷ 12 */
4      }
5    }
```

效果如图 14.11 所示。

< 268 >

图 14.11　大型设备上的效果

　　至此，我们用媒体查询和弹性盒子布局实现了 Bootstrap 响应式栅格系统。从这个实例中，我们可以清楚地理解媒体查询是如何发挥作用的。

　　本实例的完整源代码参见本书配套资源"第 14 章/Bootstrap.html"。

14.5　元视口标记

知识点讲解

　　除了媒体查询外，响应式布局还有一个关键设置，即元视口（viewport）标记。本章中的实例都设置了这个标记。元视口标记为浏览器提供了如何控制页面尺寸和缩放比例的说明。为了尝试提供最佳体验，移动浏览器会以桌面屏幕宽度（通常是 980px，各种设备之间会有差异）来呈现页面，然后通过增大字体或缩放内容的手段，使页面能够适应屏幕，进而让网页内容看起来更好。这意味着用户看到的字体大小可能会不一致，用户可能不得不单击两次或通过缩放来查看内容并与之交互。因此，针对各种设备而优化的页面必须在 HTML 文件的开头包含一个元视口标记，代码如下。

```
1    <!DOCTYPE html>
2    <html>
3      <head>
4        /*此处省略*/
5        <meta name="viewport" content="width=device-width, initial-scale=1">
6        /*此处省略*/
7      </head>
8      /*此处省略*/
9    </html>
```

　　元视口标记的值 width=device-width 会指示页面匹配屏幕的宽度，这个宽度的单位是设备独立像素（又称"设备无关像素"）。这一设置允许页面重排内容以匹配不同的屏幕尺寸，无论是在手机还是台式计算机的显示器上都能很好地呈现。

　　设备无关像素中的一个像素在高密度屏幕上可能是由许多物理像素组成的。在桌面浏览器中，CSS 的 1 个像素往往对应屏幕的 1 个物理像素，这可能会造成一个错觉，那就是 CSS 中的像素就是设备的物理像素。但实际情况并非如此，CSS 中的像素只是一个抽象的单位。在不同的设备或不同的环境中，CSS 中的 1px 所代表的设备物理像素是不同的。在为桌面浏览器设计的网页中，我们无须对此斤斤计较，但在移动设备上则必须弄明白这点。在早先的移动设备中，屏幕像素密度都比较低。如 iPhone3，它的分辨率为 320px×480px。在 iPhone3 上，一个 CSS 像素确实等于一个屏幕物理像素。随着技术的发展，移动设备的屏幕像素密度越来越高，从 iPhone4 开始，苹果公司便推出了 Retina 屏，将分辨率提高了一倍，变成了 640px×960px，但屏幕尺寸却没有变化，这就意味着同样大小的屏幕上，像素多了一倍。这时，一个 CSS 像素等于两个物理像素。

　　下面通过观察一个实例来体会不同的 viewport 设置在移动浏览器上的差异。例如下面这段代码，实例文件参见本书配套资源"第 14 章/viewport-1.html"。

< 269 >

```
1   <!DOCTYPE html>
2   <html lang="zh-CN">
3     <head>
4       <title>Without Viewport Meta Tag</title>
5       <meta charset="utf-8" />
6       <meta http-equiv="X-UA-Compatible" content="IE=edge">
7       <style>
8         body {
9           font-family: "Benton Sans", "Helvetica Neue", helvetica, arial, sans-
            serif;
10          margin: 0;
11          padding: 1em;
12          background-image: url('images/checker.png');
13        }
14        * {
15          box-sizing: border-box;
16          /* 禁用 font boosting */
17          max-height: 1000000px;
18          -webkit-text-size-adjust: 100%;
19          -moz-text-size-adjust: none;
20          -ms-text-size-adjust: none;
21        }
22        article {
23          width: 100%;
24          color: #ccc;
25          background-color: rgba(0, 0, 0, 0.9);
26          padding: 10px;
27          border-radius: 4px;
28        }
29        b {
30          color: #fff;
31        }
32      </style>
33    </head>
34    <body>
35      <article>
36        <h1><code>viewport</code> 设置</h1>
37        <p>此页面 <b>未设置</b> <code>meta viewport</code></p>
38        <p>
39          这是一个测试，用于测试<code>meta viewport</code>标记如何影响页面。
40          为了尽可能简化此示例，字体增强功能已被禁用。
41        </p>
42        <p><b>注意:</b> 背景上的每个框的宽度均为 50px。</p>
43      </article>
44    </body>
45  </html>
```

　　以上代码中写了一个简单的测试页面，未设置 viewport。为了便于对比效果，背景图中每个方块的宽度都是 50px。页面在 iPhone7 中的效果如图 14.12 左侧所示。这时页面的宽度是 980px，文字显得很小。

　　下面加上 viewport 设置，效果如图 14.12 右侧所示。这时页面就能够正常显示了，页面宽度是 375px，实例文件参见本书配套资源"第 14 章/viewport-2.html"。

　　元视口标记中除了 width=device-width 之外，还有一个值 initial-scale=1。它指定浏览器在 CSS 像素和与设备无关的像素之间建立 1∶1 的关系，而与设备方向无关，并允许页面利用整个横向宽度。这是因为某些浏览器在旋转到横向模式时会保持页面的宽度恒定，并允许缩放，而不是重排以填充屏幕。

< 270 >

图 14.12　设置 viewport 前后的效果

除了设置 initial-scale，我们还可以在元视口标记中设置以下属性。

（1）maximum-scale：允许缩放的最大比例。

（2）minimum-scale：允许缩放的最小比例。

（3）user-scalable：是否可以手动缩放。

设置完这些属性后，可能会禁用缩放视口的功能，从而导致可访问性问题。因此，不建议使用这些属性。

14.6 弹性媒体

响应式网页设计的最后一个重要的知识点是弹性媒体。图片、视频和其他媒体需要有伸缩功能，即随着视口大小的变化而改变其自身大小的功能。

使媒体可伸缩的一种快捷方法是将元素的 max-width 属性设置为 100%。这样做可以确保随着视口变小，任何媒体都将根据其容器宽度同步缩小，代码如下。

```
1    img, video, canvas {
2        max-width: 100%;
3    }
```

了解了响应式网页设计的相关技术后，下面通过一个综合实例来说明响应式网页设计的方法。

14.7 实例：制作仿苹果官网的响应式页头

案例讲解

页头是网站必不可少的一部分。本实例仿造苹果公司官网，应用响应式技术制作一个适配计算机、平板电脑、手机这 3 种设备的响应式页头。

先在计算机上进入苹果公司的官网，可以看到页面顶部的导航栏，如图 14.13 左侧所示。页面左侧是一个苹果公司的标志，它的右边是主导航菜单，最右侧有一个购物袋图标，单击这个图标可以展开右侧的菜单。如果把浏览器的窗口变窄，或者使用手机访问这个页面，就会呈现图 14.13 右侧所示的效果，公司标志跑到了中间，主导航菜单收缩为一个图标，并显示在最左端。单击它可以展开一个菜单。

< 271 >

图 14.13 苹果公司网站的桌面端和移动端效果比较

这是一个非常典型的响应式布局，我们现在就模仿这种风格，制作一个页面的头部。该页头是左右布局，左侧是 logo 和主要导航链接，右侧是图标型的次要链接，在计算机端的效果如图 14.14 所示，而在平板电脑端的效果如图 14.15 所示，在手机端的效果如图 14.16 所示。

图 14.14 计算机端的效果

图 14.15 平板电脑端的效果

图 14.16 手机端的效果

14.7.1 搭建框架

搭建框架时主要应考虑实际页面中页头的具体结构和形式，包括导航链接整体布局的方法、不同设备的浏览情况、交互效果等。

< 272 >

考虑以上要求，可以用两个 ul 列表来建立导航菜单，代码如下。

```
1   <!DOCTYPE html>
2   <html lang="zh-CN">
3   <head>
4     <meta charset="UTF-8">
5     <meta http-equiv="X-UA-Compatible" content="IE=edge">
6     <meta name="viewport" content="width=device-width, initial-scale=1.0">
7     <link rel="stylesheet" href="header-1.css">
8     <title>响应式页头</title>
9   </head>
10  <body>
11
12    <header class="header">
13      <nav class="menu-wrap">
14        <!--搜索框-->
15        <div class="search-box" style="display: none;">
16          <div class="search-wrap">
17            <input placeholder="请输入关键词" type="text" autocomplete="off" class=
              "form-control">
18            <span class="search-wrap-icon bi-search"></span>
19            <span class="search-wrap-icon bi-x"></span>
20          </div>
21        </div>
22        <div class="menu">
23        <!--左侧菜单-->
24        <div class="left-menu">
25          <div class="logo"></div> <!--logo-->
26          <div class="menu-list-wrap">
27            <div class="indicator left"></div>
28            <ul class="menu-list">
29              <li class="nav-home active"><a href="#" class="">首页</a></li>
30              <li class=""><a href="#" class=""> 马克杯 </a></li>
31              <li class=""><a href="#" class=""> 啤酒杯 </a></li>
32              <li class=""><a href="#" class=""> 搪瓷杯 </a></li>
33              <li class=""><a href="#" class="">杯言杯语</a></li>
34              <li class=""><a href="#" class="">极客范儿</a></li>
35            </ul>
36          </div>
37        </div>
38        <!--右侧菜单-->
39        <div class="right-menu">
40          <div class="indicator right"></div>
41          <ul class="menu-list">
42            <li class="bi-search"></li>
43            <li class="cart-icon"><span class="bi-cart2"><i class="cart-num"> 2
              </i></span></li>
44            <li class="bi-heart"><i class="wish-num"> 1 </i></li>
45            <li class="bi-box-seam"></li>
46            <li class="bi-person"></li>
47          </ul>
48        </div>
49      </div>
50      </nav>
51    </header>
52
53  </body>
54  </html>
```

< 273 >

以上 HTML 的 header 部分分为 3 块，其中设置了很多不同的 CSS 类，下面分别说明。

（1）"search-box"表示搜索框，默认不显示，设置为"display:none"，当单击搜索图标时显示。

（2）"menu"中包含两个菜单，分别是左侧菜单"left-menu"和右侧菜单"right-menu"。两个菜单中都包含 ul 列表。

（3）以"bi-"开头的类表示图标。

此时没有加任何样式，效果如图 14.17 所示。

图 14.17　未加任何样式时的效果

接下来要选取断点。为了适配计算机、平板电脑、手机这 3 种设备，这里选择两个断点，即 1024px 和 768px，大于 1024px 的适配计算机，小于 768px 的适配手机，二者中间的适配平板电脑。

这里采取先大屏后小屏的策略，即首先适配计算机端，然后适配平板电脑端，最后适配手机端。

14.7.2　适配计算机端

首先考虑适配计算机端。主要是将导航菜单平铺在一行的两端，这里正好可以使用弹性盒子布局来实现。我们的目标是得到图 14.18 所示的效果。

图 14.18　计算机端效果

1. 设置整体的布局

（1）先调整布局，新增如下 CSS 代码。

```
1   *, *::before, *::after {
2     box-sizing: border-box;
3   }
4   body {
5     font-family: "Libre Franklin",Helvetica,Arial,sans-serif!important;
6     font-weight: 300;
7     font-size: 18px;
8     line-height: 1.7;
9     padding-right: 0!important;
10  }
11  ul, ol {
12    margin-top: 0;
```

< 274 >

```
13    margin-bottom: 0;
14    padding-left: 0;
15  }
16  li {
17    list-style: none;
18  }
19  a {
20    color: #888;
21    text-decoration: none;
22  }
23  .header .menu {
24    display: flex;                    /*设置弹性容器*/
25    align-items: center;              /*垂直居中对齐*/
26    justify-content: space-between;   /*水平方向两端对齐*/
27  }
28  .header .left-menu {
29    display: flex;
30    align-items: center;
31  }
32  .header .menu-list li {
33    padding: 0 10px;
34    display: inline-block;            /*将每个li都设置成行内元素*/
35    cursor: pointer;                  /*设置鼠标指针样式为指针*/
36  }
```

（2）将 CSS 类 menu 设置为弹性容器，弹性项为 div.left-menu 和 div.right-menu，它们垂直居中对齐，水平方向两端对齐，并且将每个 li 元素都设置为行内元素。至此，基本的布局就完成了，效果如图 14.19 所示。

图 14.19　设置弹性盒子布局

2．设置图标

（1）右侧菜单要使用图标，下面引入流行的 Bootstrap 图标库。本实例中使用的是 1.4 版本。将下载的压缩包解压后，复制目录"icons-1.4.0/font"下的 CSS 文件和字体文件，并将其引入 HTML 中，新增代码如下。

```
<link rel="stylesheet" href="bootstrap-icons.css">
```

（2）Bootstrap 图标库中有超过 1300 种图标，常用的图标都能在其中找到。使用<i>标记，并设置两个列表 bi 和 bi-{icon}，例如 bi-cart2 表示购物车。

```
<i class="bi bi-{icon}"></i>
```

本实例中使用了以下图标。

① bi-cart2：购物车。

② bi-heart：心愿单。

③ bi-search：搜索。

④ bi-box-seam：我的订单。

⑤ bi-person：我的账号。

< 275 >

⑥ bi-x：关闭图标"x"。

⑦ bi-list：汉堡图标。

加入图标后的效果如图 14.20 所示。

图 14.20　加入 Bootstrap 图标

3．设置 logo 和 header

（1）接下来加上 Geek Fun 的 logo，并设置相应的宽度和高度。新增的 CSS 样式如下。

```
1   .header {
2     position: fixed;                                    /*header 固定在顶部*/
3     top: 0;
4     left: 0;
5     right: 0;
6     z-index: 1000;
7     height: 100px;
8     padding: 26px 15px;
9     background-color: #fff;
10    box-shadow: 0 2px 12px hsla(0, 0%, 52.9%, 0.1); /*加一些阴影效果*/
11  }
12
13  .header .menu .logo {
14    background: url("images/logo.png") no-repeat;
15    width: 125px;
16    height: 47px;
17    margin: 0 10px;
18  }
```

（2）给 header 设置高度，将其固定在顶部显示，并增加一些阴影效果，如图 14.21 所示。

图 14.21　设置 logo 和 header

4．设置购物车和心愿单的提醒数字

提醒数字显示在图标的右上角，这非常适合用绝对定位来实现，代码如下。

```
1   .header .right-menu li {
2     position: relative;
3     font-size: 24px;           /*图标变大一点*/
4   }
5
6   .header .cart-num,
7   .header .wish-num {
8     position: absolute;        /*使用绝对定位将提配数字显示在图标的右上角*/
9     right: 5px;
10    top: 2px;
11    padding: 0 6px;
```

< 276 >

```
12      height: 19px;
13      line-height: 19px;
14      border-radius: 10px; /*使用圆形*/
15      background-color: #df3028;
16      font-size: 12px;
17      color: #fff;
18      font-style: normal;
19    }
```

提醒数字一般会被设置为红色背景，效果如图 14.22 所示。

图 14.22　设置提醒数字

5．设置搜索框的样式

为了方便调试，这里先将默认隐藏的搜索框显示出来。去掉类 search-box 中的 display:none，代码如下。

```
1    .header .search-box {
2      padding: 0 60px;
3    }
4    .header .search-wrap {
5      position: relative;
6      height: 60px;
7      width: 100%;
8    }
9    .header .search-wrap input {
10     display: block;
11     width: 100%;
12     padding: 0 60px;
13     font-size: 14px;
14     color: #888;
15     min-height: 60px;
16     line-height: 1.5;
17     background-color: #f8f8f8;
18     border: 1px solid #f8f8f8;
19   }
20   .header .search-wrap .search-wrap-icon {
21     position: absolute;
22     top: 50%;
23     cursor: pointer;
24     transform:translateY(-50%);
25   }
26   .header .search-wrap .search-wrap-icon.bi-search {
27     left: 20px;
28     font-size: 20px;
29   }
30   .header .search-wrap .search-wrap-icon.bi-x {
31     right: 20px;
32     font-size: 28px;
33   }
34   .header .search-wrap input:focus {
35     color: #212529;
36     border-color: #86b7fe;
37     outline: 0;
```

< 277 >

```
38    box-shadow: 0 0 0 0.25rem rgba(13, 110, 253, 0.25);
39  }
```

　　页面效果如图 14.23 所示。可以看到搜索框和导航菜单挤在一起了，接下来加入一些交互效果。

图 14.23　搜索框样式

6．加入交互效果

　　目前页面没有任何交互效果。我们需要实现当单击搜索图标时，隐藏导航菜单，并显示搜索框，而单击关闭搜索框图标时，隐藏搜索框，同时显示导航菜单。为了控制页面行为，需要用到 JavaScript。这里不详细介绍它的各种语法和功能，只是简单使用一下。下面是增加的代码，没有改动 HTML 结构。

```
1   <body>
2
3   <header>
4   </header>
5
6   <script>
7     //显示搜索框，隐藏导航菜单
8     function showSearchHandler() {
9       document.querySelector('.header .menu').style.display = 'none';
10      document.querySelector('.header .search-box').style.display = 'block';
11    }
12    //隐藏搜索框，显示导航菜单
13    function hideSearchHandler() {
14      document.querySelector('.header .menu').style.display = null;
15      document.querySelector('.header .search-box').style.display = 'none';
16    }
17    // 选中搜索图标，监听单击事件
18    document.querySelector(".right-menu .bi-search")
19      .addEventListener("click", showSearchHandler);
20
21    // 选中关闭图标，监听单击事件
22    document.querySelector(".search-box .bi-x")
23      .addEventListener("click", hideSearchHandler);
24  </script>
25  </body>
26  </html>
```

　　使用 JavaScript 给相应的元素增加单击事件，控制搜索框的显示和隐藏，加入交互效果后，计算机端的页面就完成了，效果如图 14.24 所示。

图 14.24　切换显示导航菜单和搜索框

< 278 >

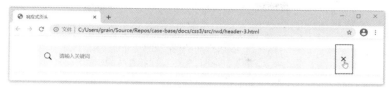

图 14.24　切换显示导航菜单和搜索框（续）

14.7.3　适配平板电脑端

适配好计算机端后，如果不做任何处理，页面在平板电脑上的显示效果如图 14.25 所示。可以看到这时 logo 显示不全，并且导航菜单会折行。下面适配平板电脑端，此时需要用到媒体查询功能，根据定义的断点 1024px，当视口宽度小于 1024px 时，应用新的样式。

图 14.25　未适配平板电脑端时的页面效果

接下来将 logo 替换成 mini 版的，并隐藏首页链接和调小字号，让导航菜单不折行。

```
1  @media (max-width: 1024px) {
2    body {
3      font-size: 16px;                                   /*调小字号*/
4    }
5    .header .menu .nav-home{
6      display: none !important;                          /*隐藏首页链接*/
7    }
8    .header .menu .logo {
9      background: url("images/logo-mini.png") no-repeat;  /*替换 logo*/
10     width: 35px;
11     height: 35px;
12     background-size: contain;
13     background-position: 50%;
14   }
15 }
```

这一步的改动不大，因为没有改变整体的布局，只是微调了局部的样式，效果如图 14.26 所示。

图 14.26　适配平板电脑端后的效果

14.7.4　适配手机端

案例讲解

最后适配手机端，这里需要重点制作。移动互联网时代手机端的访问量很大，如果手机上的体验不好，会流失很多潜在用户。图 14.27 所示为未适配手机端时的效果。

< 279 >

图 14.27　未适配手机端时的效果

手机的屏幕较窄，因此需要改变页面整体的布局。本实例中两个导航菜单在默认情况下只显示一个指示性的图标，左右各一个，并且将 logo 移动到中间位置。交互效果是单击指示性图标，显示相应的菜单，菜单变成竖直的。将搜索框放到右侧菜单中。默认效果如图 14.28 所示。

图 14.28　手机端默认效果

这里使用的断点是 768px，媒体查询规则为@media (max-width: 768px) { }。接下来分步实现。

1．处理左侧菜单

（1）左侧的图标原来是没有的，因此需要增加相应的 HTML，代码如下。

```
1   <div class="menu">
2     <!--左侧菜单的指示性图标-->
3     <div class="menu-icon-left">
4       <span class="bi-list"></span><!--图标-->
5     </div>
6
7     ...
8   </div>
```

（2）处理左侧菜单的样式。这里使用绝对定位，让菜单显示在指示性图标的下方，代码如下。

```
1    .header .menu .menu-icon-left {
2      display: none; /*指示性图标在非手机端默认隐藏*/
3    }
4    @media (max-width: 768px) {
5      body {
6        font-size: 14px;
7      }
8      .header {
9        height: 60px;
10       padding: 0 15px;
11     }
12     .header .menu-wrap, .header .menu {
13       height: 100%;
14     }
15     .header .menu .menu-icon-left {
16       display: block; /*指示性图标在手机端默认显示*/
```

< 280 >

```
17        font-size: 28px;
18      }
19    .header .menu .left-menu .menu-list-wrap {
20      display: none;            /*左侧菜单默认隐藏*/
21      position: absolute;       /*使用绝对定位让菜单显示在图标下方*/
22      top: 60px;
23      left: 0;
24      right: 0;
25      border-top: 1px solid #d2d2d7;
26      background: #fff;
27      padding: 0 25px;
28      transition: all 1s ease-out;
29    }
30    .header .menu .left-menu .menu-list-wrap.show {
31      display: block;
32    }
33    .header .menu .left-menu .menu-list li {
34      display: block;
35      line-height: 44px;
36      border-top: 1px solid #d2d2d7;
37      cursor: pointer;
38      padding: 0;
39    }
40    .header .menu .left-menu .menu-list li:nth-child(2) {
41      border-top: none;
42    }
43    .header .menu .left-menu .menu-list li a {
44      display: block; /*让单击区域占满整行，否则只能单击文字，空白部分不能单击*/
45    }
46    .header .menu .indicator { /*图标下方的小三角形*/
47      display: block;
48      position: absolute;
49      background: #fff;
50      height: 10px;
51      width: 10px;
52      transform: rotate(45deg);
53      top: -6px;
54      border-top: 1px solid #d2d2d7;
55      border-left: 1px solid #d2d2d7;
56    }
57    .header .menu .indicator.right {
58      right: 24px;
59    }
60  }
```

页面的效果如图 14.29 所示。

图 14.29　左侧菜单收起时的效果

（3）增加交互。默认情况下隐藏左侧菜单，单击左侧的指示性图标显示菜单，并将左侧的指示性图标替换成关闭图标，单击关闭图标又恢复默认样式。处理交互的代码如下。

< 281 >

```
1   <script>
2     //通过 dropdownMenu 变量控制左右菜单状态
3     //none   表示都处于收起状态
4     //left   表示只有左侧菜单处于展开状态
5     //right  表示只有右侧菜单处于展开状态
6     var dropdownMenu = 'none';
7     function toggleLeftMenuHanlder() {
8       var leftMenu = document.querySelector(".left-menu .menu-list-wrap");
9       var leftIcon = document.querySelector(".menu-icon-left span");
10      if (dropdownMenu == 'left') {
11        dropdownMenu = 'none';
12        leftIcon.className = 'bi-list';
13        leftMenu.classList.remove('show');
14      } else {
15        dropdownMenu = 'left';
16        leftIcon.className = 'bi-x';
17        leftMenu.classList.add('show');
18      }
19    }
20    document.querySelector(".menu-icon-left")
21      .addEventListener("click", toggleLeftMenuHanlder);
22  </script>
```

页面的效果如图 14.30 所示。

图 14.30　左侧菜单展开时的效果

2. 处理右侧菜单

接下来处理右侧菜单，我们的目标是让购物车图标作为右侧菜单的指示性图标，然后将搜索框放入右侧菜单中。右侧菜单交互效果和左侧菜单一致。

（1）如果不改动 HTML 结构，则要实现上述目标非常困难。遇到这种情况，我们通常会在计算机端和手机端使用两套独立的 HTML 结构，然后分别设置样式，并控制它们的显示。HTML 结构改动如下。

案例讲解

```
1   <!--右侧菜单-->
2   <div class="right-menu">
3
4   <!--非手机端的右侧菜单，水平菜单-->
5   <ul class="menu-list right-menu-horizontal">
6     <li class="bi-search"></li>
7     <li class="cart-icon"><span class="bi-cart2"><i class="cart-num"> 2 </i></span>
      </li>
```

< 282 >

```
8      <li class="bi-heart"><i class="wish-num"> 1 </i></li>
9      <li class="bi-box-seam"></li>
10     <li class="bi-person"></li>
11   </ul>
12
13   <!--手机端的右侧菜单，竖直菜单-->
14   <div class="right-menu-vertical">
15     <div class="menu-list-wrap">
16       <div class="indicator right"></div>
17       <ul class="menu-list">
18         <!--手机端的搜索框-->
19         <li class="search-wrap">
20           <input placeholder="请输入关键词" type="text">
21           <span class="search-wrap-icon bi-search"></span>
22         </li>
23         <li class=""><i class="bi-cart2"></i> 购物车 <span>（2）</span></li>
24         <li class=""><i class="bi-heart"></i> 心愿单 <span>（1）</span></li>
25         <li class=""><i class="bi-box-seam"></i> 订单 </li>
26         <li><i class="bi-person"></i> 登录 </li>
27       </ul>
28     </div>
29   </div>
```

（2）调整 HTML 结构后，设置样式就变得简单多了。增加如下代码。

```
1    .header .right-menu-vertical {
2      display: none; /*在非手机端默认隐藏竖直菜单*/
3    }
4    @media (max-width: 768px) {
5      .header .right-menu-horizontal li {
6        display: none;
7      }
8      .header .right-menu-horizontal li.cart-icon {
9        display: inline-block; /*水平菜单只显示购物车图标*/
10       padding: 0;
11     }
12     .header .right-menu-horizontal li.cart-icon span {
13       font-size: 28px;
14     }
15     .header .right-menu-horizontal .cart-num {
16       right: -5px;
17       top: 5px;
18     }
19     .header .right-menu li {
20       font-size: 18px;
21     }
22     .header .right-menu-vertical {
23       display: block;
24     }
25     .header .right-menu-vertical .menu-list-wrap {
26       display: none;
27       position: absolute;
28       top: 60px;
29       left: 0;
30       right: 0;
31       border-top: 1px solid #d2d2d7;
32       background: #fff;
33       transition: all 1s ease-out;
34     }
```

< 283 >

```
35    .header .right-menu-vertical .menu-list-wrap.show {
36      display: block;
37    }
38    .header .right-menu-vertical ul {
39      padding: 0 25px;
40    }
41    .header .right-menu-vertical ul li {
42      line-height: 44px;
43      border-top: 1px solid #d2d2d7;
44      position: relative;
45      cursor: pointer;
46      display: block;
47    }
48    .header .right-menu-vertical ul li:first-child {
49      border-top: none;
50      height: 56px;
51    }
52    .header .right-menu-vertical ul li i {
53      font-size: 18px;
54      margin-right: 5px;
55    }
56    .header .right-menu-vertical li.search-wrap {
57      padding: 0;
58    }
59    .header .search-wrap input {
60      padding: 10px 40px;
61      min-height: 30px;
62      margin-top: 10px;
63    }
64    .header .search-wrap .search-wrap-icon.bi-search {
65      position: absolute;
66      top: 0;
67      left: 10px;
68      margin-top: 0;
69    }
70  }
```

（3）接下来增加交互效果。这一步和左侧菜单的处理方式类似，但有一点需要注意：如果已经显示左侧菜单，则在单击购物车图标时，需要先收起左侧菜单，再显示右侧菜单。处理交互的代码如下。

```
1   <script>
2     var dropdownMenu = 'none';
3     function toggleLeftMenuHanlder() {
4       var leftMenu = document.querySelector(".left-menu .menu-list-wrap");
5       var leftIcon = document.querySelector(".menu-icon-left span");
6       if (dropdownMenu == 'left') {
7         dropdownMenu = 'none';
8         leftIcon.className = 'bi-list';
9         leftMenu.classList.remove('show');
10      } else {
11        //收起右侧菜单
12        if (dropdownMenu == 'right') {
13          var rightMenu = document.querySelector(".right-menu .menu-list-wrap");
14          rightMenu.classList.remove('show');
15        }
16        dropdownMenu = 'left';
17        leftIcon.className = 'bi-x';
18        leftMenu.classList.add('show');
19      }
20    }
21    document.querySelector(".menu-icon-left")
```

< 284 >

```
22        .addEventListener("click", toggleLeftMenuHanlder);
23
24    function toggleRightMenuHanlder() {
25      var leftMenu = document.querySelector(".left-menu .menu-list-wrap");
26      var leftIcon = document.querySelector(".menu-icon-left span");
27      var rightMenu = document.querySelector(".right-menu .menu-list-wrap");
28      if (dropdownMenu == 'right') {
29        dropdownMenu = 'none';
30        rightMenu.classList.remove('show');
31      } else {
32        if (dropdownMenu == 'left') {
33          leftIcon.className = 'bi-list';
34          leftMenu.classList.remove('show');
35        }
36        rightMenu.classList.add('show');
37        dropdownMenu = 'right';
38      }
39    }
40    document.querySelector(".cart-icon")
41      .addEventListener("click", toggleRightMenuHanlder);
42  </script>
```

页面的效果如图 14.31 所示。

图 14.31　右侧菜单展开时的效果

说明

　　logo 是如何居中显示的呢？这里没有进行额外的设置，因为 div.menu 为弹性容器，改造后其中的子元素正好是左侧指示性图标（div.menu-icon-left）、左侧菜单（div.left-menu）和右侧菜单（div.right-menu）。左侧菜单只显示 logo，右侧菜单只显示购物车图标，而弹性容器的水平对齐方式是两端对齐（space-between），因此 logo 会居中显示。

　　至此，我们完成了 3 种设备的适配，实现了一个仿苹果公司官网的响应式页头。本实例的完整源代码参见本书配套资源"第 14 章/header.html"。

本章小结

　　本章首先讲解了响应式布局的相关技术，包括弹性布局、媒体查询、元视口标记和弹性媒体等；然后介绍了弹性盒子布局和网格布局在响应式网页设计中的应用；最后结合一个综合实例，实现了仿苹果公司官网的响应式页头。

< 285 >

掌握了弹性盒子布局、网格布局和响应式布局的相关知识后，读者就能从容应对网页中的各种布局了。

习题 14

一、关键词解释

响应式布局　媒体查询　断点　元视口标签　弹性媒体

二、描述题

1. 请简单描述一下常用的媒体查询形式是什么。
2. 请简单描述一下常用的设备有哪些，对应的断点分别是什么。
3. 请简单描述一下元视口标签的作用。

三、实操题

在第 13 章习题部分实操题的基础上，将 4 张图片的展示效果修改为响应式效果，且分别有 4 种展示方式，即大屏幕、中屏幕、中小屏幕和小屏幕，效果分别如题图 14.1、题图 14.2、题图 14.3 和题图 14.4 所示。

题图 14.1　大屏幕效果

题图 14.2　中屏幕效果

< 286 >

题图 14.3　中小屏幕效果

题图 14.4　小屏幕效果

< 287 >

第四篇

扩展篇

第15章 变换、过渡与动画

多年来，前端开发人员一直在寻求无须使用 JavaScript 或 Flash 就能在 HTML 和 CSS 中增加动画或特效功能的方法。CSS3 提供了变换、过渡和动画的功能，它们使元素的旋转、缩放、变形和过渡等动画特效的制作变得非常简单。本章将介绍 CSS3 的变换、过渡与动画。本章的思维导图如下。

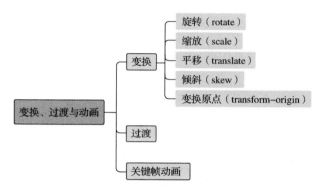

本章导读

15.1 变换

知识点讲解

CSS3 带来了定位和变换元素的新方法——transform，它包括二维变换（2D transfrom）和三维变换（3D transform），每一种变换都有其属性和属性值。

元素可以在二维平面和三维平面上变换。二维变换作用于 x 轴（水平轴）和 y 轴（垂直轴），三维变换在 x 轴、y 轴及 z 轴上均起作用。三维变换不仅有助于改变元素的长度和宽度，而且还可以改变其深度。由于篇幅所限，本书只介绍二维变换。

15.1.1 旋转（rotate）

transform 属性有一系列不同的属性值，包括 rotate、scale、translate、skew 等。rotate 提供了旋转元素的功能，旋转范围为 0°到 360°，正值表示顺时针旋转，负值将逆时针旋转。默认的旋转点是元素的中心点（50%, 50%）。稍后将讨论如何更改默认的旋转点。

下面通过一个实例来讲解 rotate 属性值的用法，代码如下，实例文件参见本书配套资源"第 15 章/rotate.html"。

```
1  <!DOCTYPE html>
2  <html>
3  <head>
4    <meta charset="UTF-8">
```

```
5      <meta name="viewport" content="width=device-width, initial-scale=1.0">
6      <link rel="stylesheet" href="style.css">
7      <title>transfrom</title>
8      <style>
9        .rotate1{
10         transform: rotate(45deg);
11       }
12       .rotate2{
13         transform: rotate(-30deg);
14       }
15     </style>
16   </head>
17   <body>
18     <div class="wrap">
19       <div class="box">
20         <div class="blue rotate1">顺时针旋转</div>
21       </div>
22       <div class="box">
23         <div class="blue rotate2">逆时针旋转</div>
24       </div>
25     </div>
26   </body>
27   </html>
```

效果如图 15.1 所示，可以看到设置了两个盒子，第 1 个盒子顺时针旋转，第 2 个盒子逆时针旋转。

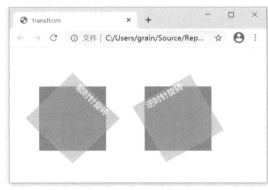

图 15.1　不同的旋转效果

盒子的背景是未旋转时的状态。将旋转前后的状态进行比较，能够明显看出 rotate 属性值的作用。在后续的实例中会继续使用这种方式来演示变换的各种效果。

15.1.2　缩放（scale）

使用 transform 属性的 scale 属性值可以更改元素的外观大小，即缩放元素。它的值是一个缩放比例，默认缩放比例为 1，因此 0 到 1 之间的数值会使元素变小，而大于 1 的数值会使元素变大。详细来说，scale 可以分为 scaleX 和 scaleY。scaleX 是缩放元素的宽度，scaleY 是缩放元素的高度。如果 scale 只有一个值，则同时作用于 x 轴和 y 轴；如果有两个值，则第一个值作用于 x 轴，第二个值作用于 y 轴。

下面通过一个实例来讲解 scale 属性值的用法，代码如下，实例文件参见本书配套资源"第 15 章/scale.html"。

```
1    <!DOCTYPE html>
2    <html>
3    <head>
```

< 290 >

```
4      <meta charset="UTF-8">
5      <meta name="viewport" content="width=device-width, initial-scale=1.0">
6      <link rel="stylesheet" href="style.css">
7      <title>transfrom</title>
8      <style>
9        .scaleX{
10         transform: scaleX(1.5);
11       }
12       .scaleY{
13         transform: scaleY(0.5);
14       }
15       .scale{
16         transform: scale(1.5, 1.5);
17       }
18     </style>
19   </head>
20   <body>
21     <div class="wrap">
22       <div class="box">
23         <div class="blue scaleX">X 轴放大</div>
24       </div>
25       <div class="box">
26         <div class="blue scaleY">Y 轴缩小</div>
27       </div>
28       <div class="box">
29         <div class="blue scale">等比放大</div>
30       </div>
31     </div>
32   </body>
33 </html>
```

效果如图 15.2 所示，可以看到设置了 3 个盒子，第 1 个盒子只放大了 x 轴，第二个盒子只缩小了 y 轴，第 3 个盒子的 x 轴和 y 轴进行了等比放大。

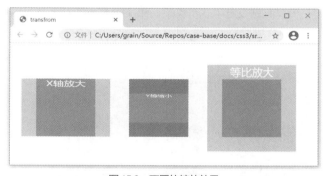

图 15.2　不同的缩放效果

15.1.3　平移（translate）

translate 属性值的工作原理类似于相对定位，即沿不同方向平移元素，而且不会中断文档流。translate 属性值的语法和 scale 类似，可以分为 translateX 和 translateY。如果 translate 只有一个值，则只作用于 x 轴。translateX 表示水平方向平移，正值右移，负值左移；translateY 表示垂直方向平移，正值下移，负值上移。移动距离的单位可以是任何常规长度单位，最常见的是 px 或百分比。

下面我们通过一个实例来讲解 translate 属性值的用法，代码如下，实例文件参见本书配套资源"第 15 章/translate.html"。

< 291 >

```
1   <!DOCTYPE html>
2   <html>
3   <head>
4     <meta charset="UTF-8">
5     <meta name="viewport" content="width=device-width, initial-scale=1.0">
6     <link rel="stylesheet" href="style.css">
7     <title>transfrom</title>
8     <style>
9       .translateX{
10        transform: translateX(1.5em);
11      }
12      .translateY{
13        transform: translateY(2em);
14      }
15      .translate{
16        transform: translate(-1.5em, -1.5em);
17      }
18    </style>
19  </head>
20  <body>
21    <div class="wrap">
22      <div class="box">
23        <div class="blue translateX">向右平移</div>
24      </div>
25      <div class="box">
26        <div class="blue translateY">向下平移</div>
27      </div>
28      <div class="box">
29        <div class="blue translate">向左上平移</div>
30      </div>
31    </div>
32  </body>
33  </html>
```

效果如图 15.3 所示，可以看到设置了 3 个盒子，第 1 个盒子向右平移，第 2 个盒子向下平移，第 3 个盒子向左上平移。

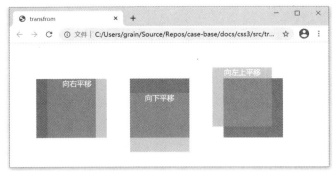

图 15.3　不同的平移效果

15.1.4　倾斜（skew）

transform 属性中的 skew 属性值用于使元素在水平轴或垂直轴上变形，其语法与 scale 和 translate 非常相似，分为 skewX 和 skewY。如果 skew 只有一个值，则只作用于 x 轴。skew 值的单位是度（deg）。

下面通过一个实例来讲解 skew 属性值的用法，代码如下，实例文件参见本书配套资源"第 15 章/ skew.html"。

< 292 >

```
1   <!DOCTYPE html>
2   <html>
3   <head>
4     <meta charset="UTF-8">
5     <meta name="viewport" content="width=device-width, initial-scale=1.0">
6     <link rel="stylesheet" href="style.css">
7     <title>transfrom</title>
8     <style>
9       .skewX{
10        transform: skewX(30deg);
11      }
12      .skewY{
13        transform: skewY(30deg);
14      }
15      .skew{
16        transform: skew(30deg, 20deg);
17      }
18    </style>
19  </head>
20  <body>
21    <div class="wrap">
22      <div class="box">
23        <div class="blue skewX">水平方向倾斜</div>
24      </div>
25      <div class="box">
26        <div class="blue skewY">垂直方向倾斜</div>
27      </div>
28      <div class="box">
29        <div class="blue skew">都倾斜</div>
30      </div>
31    </div>
32  </body>
33  </html>
```

效果如图 15.4 所示，可以看到设置了 3 个盒子，第 1 个盒子只在 x 轴方向倾斜，第 2 个盒子只在 y 轴方向倾斜，第 3 个盒子在两个轴的方向都倾斜。

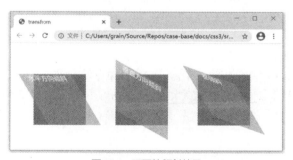

图 15.4　不同的倾斜效果

> 说明
>
> 这些属性值可以一起使用，例如 transform: rotate(30deg) scale(0.5);。

15.1.5　变换原点（transform-origin）

默认的变换原点是元素在 50% 水平方向和 50% 垂直方向上的点。要更改此默认原点的位置，需要

< 293 >

使用 transform-origin 属性。

transform-origin 属性可以接受一个或两个属性值。如果仅指定一个值，则该值将同时作用于 x 轴和 y 轴。如果指定了两个值，则第 1 个值作用于 x 轴，第 2 个值作用于 y 轴。

变换原点的坐标值是相对于元素的左上角而言的，例如(20px 50px)表示变换原点距离元素左侧 20px，距离元素顶部 50px。它的值也可以用百分比或者关键词表示，例如元素的左上角可以表示为(0 0)或者(top left)，右下角可以表示为(100% 100%)或者(bottom right)。

下面通过一个实例来讲解 transform-origin 属性的用法，代码如下，实例文件参见本书配套资源 "第 15 章/origin.html"。

```
1    <!DOCTYPE html>
2    <html>
3    <head>
4      <meta charset="UTF-8">
5      <meta name="viewport" content="width=device-width, initial-scale=1.0">
6      <link rel="stylesheet" href="style.css">
7      <title>transfrom</title>
8      <style>
9        .scale{
10         transform-origin: bottom left; /*原点为左下角*/
11         transform: scale(.5);
12       }
13       .rotate1{
14         transform-origin: 0 0;          /*原点为左上角*/
15         transform: rotate(45deg);
16       }
17     </style>
18   </head>
19   <body>
20     <div class="wrap">
21       <div class="box">
22         <div class="blue scale">缩小</div>
23       </div>
24       <div class="box">
25         <div class="blue rotate1">顺时针旋转</div>
26       </div>
27     </div>
28   </body>
29   </html>
```

效果如图 15.5 所示，可以看到将第 1 个盒子的变换原点设置成左下角，因此元素会向原点缩小为原来大小的一半；将第 2 个盒子的变换原点设置成左上角。读者可以和原始原点的情况做比较，体会其中的差异。

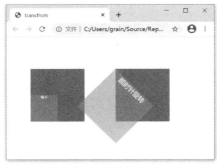

图 15.5 不同的原点

< 294 >

15.2　过渡

在互联网早期阶段，Flash 是制作动画的首选技术，当前可以使用 CSS3 的过渡和动画功能来替代它。Flash 已经成为过时的技术。过渡（transition）可以使元素从一种样式逐渐改变为另一种样式，而动画（animation）可以在不同的关键帧上设置多个过渡点。我们可以将过渡理解为一种被弱化的动画。

使用过渡需要满足以下两个条件。

（1）元素必须具有状态变化。

（2）必须为每个状态设置不同的样式。

用于确定不同状态的最简单方法是使用:hover、:focus、:active、:target 伪类。

过渡相关的属性总共有 4 个：transition-property、transition-duration、transition-timing-function 和 transition-delay。前两个属性 transition-property 和 transition-duration 是必需的。具体的属性说明如表 15.1 所示。

表 15.1　过渡相关的属性说明

属性	说明
transition	简写属性，用于在一个属性中设置以下 4 个过渡属性
transition-property	规定应用过渡的 CSS 属性的名称
transition-duration	定义过渡效果花费的时间，默认值是 0
transition-timing-function	定义过渡效果的速度曲线，默认值是 "ease"
transition-delay	定义开始过渡的延迟时间，默认值是 0

例如，让一个元素在鼠标指针悬停时从圆角矩形过渡到圆形，并且背景从绿色过渡到红色，代码如下，实例文件参见本书配套资源"第 15 章\transition.html"。

```
1   <!DOCTYPE html>
2   <html>
3   <head>
4     <meta charset="UTF-8">
5     <meta http-equiv="X-UA-Compatible" content="IE=edge">
6     <meta name="viewport" content="width=device-width, initial-scale=1.0">
7     <style>
8       body {
9         color: #fff;
10      }
11      .box {
12        background: green;
13        border-radius: 6px;
14        cursor: pointer;
15        height: 95px;
16        line-height: 95px;
17        text-align: center;
18        transition: background 0.2s linear, border-radius 1s ease-in 1s;
19        width: 95px;
20        margin: auto;
21      }
22      .box:hover {
23        background: red;
24        border-radius: 50%;
25      }
26    </style>
```

< 295 >

```
27    <title>过渡</title>
28   </head>
29   <body>
30     <div class="box">圆角</div>
31   </body>
32   </html>
```

代码中定义了一个绿色背景的方形盒子，并在该元素上定义了过渡，其会改变 background 和 border-radius 这两个属性。过渡前的效果如图 15.6 所示，鼠标指针悬停在元素上触发过渡后，效果如图 15.7 所示。

图 15.6　过渡前的效果

图 15.7　过渡后的效果

需要注意的是，并非所有属性都可以过渡，只有具有可识别中间值的属性才可以过渡。颜色、字号等属性能够从一个值过渡到另一个值，因为它们之间具有可识别的值，而例如 display 属性就不能过渡，因为它没有任何中间值。

transition-timing-function 属性背后是一个 3 次贝塞尔曲线，它比较复杂，通常会使用以下几个属性值。

（1）linear：表示在过渡过程中匀速变化。

（2）ease：默认值，初始速度和 linear 一致，先加速后减速。

（3）ease-in：表示过渡在开始时缓慢，而在整个过渡过程中加速过渡。

（4）ease-out：表示过渡在开始时快速，而在整个过渡过程中减速过渡。

（5）ease-in-out：表示过渡在开始时缓慢，在中间加速，在结束前减速。

这些属性值的差异只有在过渡时间（transition-duration）较长时才能明显地体现出来。

15.3 关键帧动画

知识点讲解

过渡在处理从一种状态到另一种状态的视觉交互时做得很出色，并且非常适合此类单状态的更改。但是当需要实现更多控制时，如转换需要具有多个状态时，则需要使用动画功能。动画可以定义任意多个过渡点，其通过 CSS3 的关键帧 (@key-frames) 规则来定义。

@keyframes 规则包括动画名称，任何动画断点，以及对应的动画属性，代码如下。

```
1    @keyframes slide {
2      0% {
3        left: 0;
4        top: 0;
5      }
6      50% {
7        left: 244px;
8        top: 100px;
9      }
10     100% {
```

< 296 >

```
11      left: 488px;
12      top: 0;
13    }
14  }
```

上面的动画名称为 slide。动画名称可以自定义。代码中使用了百分比来设置不同的关键帧断点，从 0% 处开始，到 100% 处结束，中间使用了一个断点 50%。也可以使用关键字 from 和 to 来替代 0% 和 100%。除中间断点之外，还可以指定更多的断点。在各个断点内部可以定义元素需要改变的属性，实例中改变的是 left 和 top 属性。

需要注意的是，在过渡中只能对单个属性进行动画处理。例如，考虑如何将元素从上往下移动。尝试从 top: 0 变换到 bottom: 0 将不起作用，因为动画只能在单个属性内应用过渡，而不能从一个属性过渡到另一个属性。因此在这种情况下，应该将该元素从 top: 0 移动到 top: 100px。

定义好动画后，接下来需要将动画应用到某个元素上，此时使用 animation-name 属性，例如下面这段代码，当鼠标指针悬停到 .stage 元素上时，.ball 元素将会使用 slide 动画。

```
1  .stage:hover .ball {
2    animation-name: slide; /*使用自定义的slide动画*/
3    animation-duration: 2s;
4    animation-timing-function: ease-in-out;
5    animation-delay: 0.5s;
6  }
```

动画（animation）包含多个属性，详细说明如表 15.2 所示。

表 15.2　animation 属性说明

属性	说明
@keyframes	定义动画
animation	所有动画属性的简写属性
animation-name	使用 @keyframes 定义的动画的名称
animation-duration	定义动画完成一个周期所花费的时间，单位为 s 或 ms，默认值是 0
animation-timing-function	定义动画的速度曲线，默认值是 ease
animation-delay	定义动画何时开始，默认值是 0
animation-fill-mode	定义当动画不播放时（当动画完成时或当动画有延迟而未开始播放时），要应用到元素的样式
animation-iteration-count	定义动画被播放的次数，默认值是 1
animation-direction	定义动画是否在下一个周期逆向播放，默认值是 normal
animation-play-state	定义动画是否正在运行或暂停，默认值是 running

可以看到，动画中有些属性和过渡中的属性类似，包括 animation-duration、animation-timing-function 和 animation-delay。动画的其他几个属性提供了进一步自定义元素行为的能力，包括声明动画运行的次数及动画完成的方向。

（1）animation-iteration-count 属性。

在默认情况下，动画从开始到结束运行一次，然后停止。要使动画重复多次，则可以使用 animation-iteration-count 属性。animation-iteration-count 属性值是整数或 infinite 关键字。使用整数将会重复指定了次数的动画，使用 infinite 关键字将会无限期地重复动画。

（2）animation-direction 属性。

除了可以设置动画重复的次数之外，还可以使用 animation-direction 属性声明动画完成的方向。animation-direction 属性值包括以下几个。

① normal：默认值，从头到尾按预期播放动画。

< 297 >

② reverse：反方向播放动画，即动画顺序是从 100%到 0%。

③ alternate：先按 normal 播放一次动画，然后按 reverse 播放一次动画，这算播放了两次动画。

④ alternate-reverse：先按 reverse 播放一次动画，然后按 normal 播放一次动画，这也算播放了两次动画。

（3）animation-play-state 属性。

animation-play-state 属性允许分别使用 running 和 paused 关键字来播放和暂停动画。播放暂停的动画时，它将从当前状态恢复播放，而不是从头开始播放。

下面用一个完整的实例来介绍如何使用动画，代码如下，实例文件参见本书配套资源"第 15 章/kewframe.html"。

```html
1   <!DOCTYPE html>
2   <html>
3   <head>
4     <meta charset="UTF-8">
5     <meta http-equiv="X-UA-Compatible" content="IE=edge">
6     <meta name="viewport" content="width=device-width, initial-scale=1.0">
7     <style>
8       @keyframes slide {
9         0% {
10          left: 0;
11          top: 0;
12        }
13        50% {
14          left: 244px;
15          top: 100px;
16        }
17        100% {
18          left: 488px;
19          top: 0;
20        }
21      }
22      .stage {
23        background: #eaeaed;
24        border-radius: 6px;
25        height: 150px;
26        position: relative;
27        width: 538px;
28      }
29      .stage:hover .ball {
30        animation-name: slide;
31        animation-duration: 2s;
32        animation-timing-function: ease-in-out;
33        animation-delay: 0.5s;
34        animation-iteration-count: infinite;
35        animation-direction: alternate;
36      }
37      .ball {
38        background: #2db34a;
39        border-radius: 50%;
40        width: 50px;
41        height: 50px;
42        position: absolute;
43      }
44    </style>
45    <title>动画</title>
46  </head>
47  <body>
```

< 298 >

```
48    <div class="stage">
49      <div class="ball"></div>
50    </div>
51  </body>
52  </html>
```

代码中使用了前面讲述的 slide 动画，绿色的弹跳球（div.ball）会无限次地来回运动，初始效果如图 15.8 所示，运动效果如图 15.9 所示。

图 15.8　初始效果

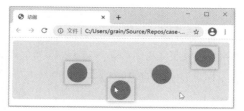

图 15.9　运动效果

本章小结

本章介绍了 CSS3 的变换、过渡和动画属性及相关原理。通过本章的学习，读者应能熟练地制作一些较简单的动画和特效。

习题 15

一、关键词解释

变换　旋转　缩放　平移　倾斜　变换原点　过渡　关键帧动画

二、描述题

1. 请简单描述一下变换方式有哪几种，它们都是如何进行变换的。
2. 请简单描述一下和过渡相关的属性有哪几个，它们分别是什么含义。
3. 请简单描述一下过渡效果有哪几种，它们分别是如何实现过渡的。
4. 请简单描述一下使用什么可以实现动画，它们又是如何实现动画的，举例并说明。

三、实操题

在第 8 章习题部分实操题的基础上，实现如下效果：鼠标指针移入菜单项时，云朵图片有一个过渡显示的效果（ease-in-out），并在 0.3s 后有一个持续 2s 的闪动缩放动画效果。

< 299 >

第16章 前端 CSS 的工程化

在前面的章节中，我们围绕 HTML 和 CSS 从概念、原理、实践等不同的角度进行了学习。本章主要介绍 CSS 的工程化问题，也就是在实际的开发过程中，需要掌握的一些工具和技能。重点是 CSS 的预处理器 Sass 和自动化构建工具 webpack。本章的思维导图如下。

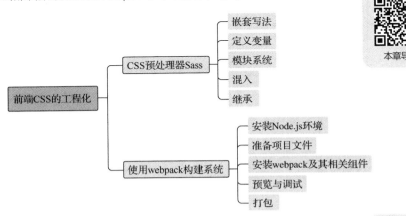

16.1 CSS 预处理器 Sass

回顾本书前面所有章节中所举的实例，它们规模都不大，目的都是介绍一些核心的原理和方法。随着项目规模和页面复杂度的增加，我们会发现 CSS 存在一些不足，主要包括以下几个方面。

（1）缺少模块系统。模块系统是软件工程化的基石，而 CSS 中没有模块和封装机制，所有的 CSS 规则都平铺在一个空间里，这给前端项目的工程化管理增加了很大的难度，导致开发大型应用时进行编码和维护都很困难。

（2）缺少变量机制。这使得控制一些需要在多个地方引用的属性值很不方便。如一个颜色值在页面的许多地方都会被用到，如果后期需要在整个项目范围内修改这个颜色值，就只能在整个项目中使用文本的全局查找和替换功能，但是这样很不安全，而且一旦改错了也很难发现。

（3）HTML 结构是嵌套的层次结构，而 CSS 的语法却不支持嵌套的层级写法，二者不能匹配。这一点是开发人员在写 CSS 代码时遇到的最大困难，导致开发人员要多写很多冗余的选择器，这样也会给阅读和理解代码带来不便。

（4）复用困难。复用是软件工程的核心思想，即抽象和封装。CSS 缺少其他语言里常用的复用手段。

为了解决上述问题，语义化的 CSS 预处理器 Sass（syntactically awesome style sheets）出现了。Sass 是当前前端开发领域非常成熟的主流 CSS 扩展语言。Sass 在 CSS 的基础上扩展了 CSS 的语法，然后经过 Sass 编译器又将其转换成了标准的 CSS 语言。

16.1.1　嵌套写法

假设有如下 CSS 代码。

```
1    .page .header .name {
2      color: green;
3    }
4    .page .header .age {
5      color: red;
6    }
7    .page .footer {
8      font-size: 12px;
9    }
```

现在使用 Sass 可以这样写。

```
1    .page{
2      .header{
3        .name{
4          color: green;
5        }
6        .age{
7          color: red;
8        }
9      }
10     .footer{
11       font-size: 12px;
12     }
13   }
```

用 Sass 语法写 CSS 要比直接用 CSS 来写直观、方便得多，它可以完全按照页面元素的实际嵌套情况来组织代码。Sass 的结构清晰、简洁，与 HTML 文件结构对应，减少了大量冗余又重复的选择器。特别是内容复杂的页面，一旦习惯了 Sass 的语法，就很难再回到 CSS 的传统语法了。

> ✏️ 说明
>
> 　　了解了 Sass 的基本语法以后，在实际工作中，又该如何把写好的 Sass 文件转换成 CSS 文件呢？一般有下面 3 种方法。
> 　　（1）在互联网上可以找到很多提供在线将 Sass 代码编译为 CSS 代码的网站。打开相关网站后，在文本框中输入 Sass 代码，按一下转换按钮，就可以生成 CSS 代码，将其复制出来保存为 CSS 文件即可。如果有临时的需要，可以采用这种方法。
> 　　（2）在编辑软件中安装转换插件，如果使用 VS Code 的话，则可以安装相应的插件，自动把 Sass 代码转换为 CSS 代码。
> 　　（3）使用自动化构建的方法。我们将在 16.2 节中详细介绍该方法。

16.1.2　定义变量

如果在代码中不能定义变量，而只能像下面这样编写代码。

```
1    .success-bg{
```

< 301 >

```
2       background: #c3c4c5;
3   }
4   .success-panel{
5       .panel-heading{
6           background: #c3c4c5;
7       }
8       .panel-body{
9           border: 1px solid #c3c4c5;
10      }
11  }
```

则针对同一个颜色值散落在代码的各个地方这一情况，以后如果想要修改，就要找到每一处代码然后逐一进行修改。针对该问题，我们可以将所有共同的属性提取出来，定义成一个变量，代码如下。

```
1   $success-color: #dff0d8;
2
3   .success-bg{
4       background: $success-color;
5   }
6   .success-panel{
7       .panel-heading{
8           background: $success-color;
9       }
10      .panel-body{
11          border: 1px solid $success-color;
12      }
13  }
```

上面的代码编译为 CSS 代码后如下。

```
1   .success-bg {
2     background: #dff0d8;
3   }
4
5   .success-panel .panel-heading {
6     background: #dff0d8;
7   }
8   .success-panel .panel-body {
9     border: 1px solid #dff0d8;
10  }
```

可以看到，Sass 中的变量已经转换到各个真正的属性里面去了，这样做带来了很大的好处。整个项目中把所有可能变化的统一属性值都定义为变量，并将其放在一起进行统一管理。这样可以极大地提高工作效率，增强代码的可维护性，便于对局部和全局的样式风格进行统一控制。

16.1.3 模块系统

模块化是软件工程的基础，各种语言都有各自的模块化方式。CSS 虽然有@import 机制，即在一个 CSS 文件中可以插入另一个文件，但浏览器只有到了执行的时候才会去下载导入的文件。这导致页面加载速度很慢，性能很差，因此在实际中极少应用。Sass 对 CSS 的@import 进行了拓展，实现了真正的模块系统。

假设某个页面是像下面这样引入 CSS 文件的。

```
1   <!-- index.html -->
2   <link rel="stylesheet" href="/your/site/common.CSS">
3   <link rel="stylesheet" href="/your/site/popup.CSS">
4   <link rel="stylesheet" href="/your/site/module_a.CSS">
5   <link rel="stylesheet" href="/your/site/site.CSS">
```

< 302 >

使用了 Sass 之后，则可以像下面这样使用 import 命令来引入文件。

```
1    @import "common";
2    @import "popup";
3    @import "module_a";
```

然后在网页中只需要引入最终生成的 CSS 文件即可，代码如下。

```
1    <!-- index.html -->
2    <link rel="stylesheet" href="/your/site/site.CSS">
```

这样一来，无论如何划分和组织各个模块，都会经过 Sass 的编译生成一个 CSS 文件，而不需要再对网页文件做任何改动了。

16.1.4　混入

在使用 CSS 设置样式的时候，经常会遇到多个元素的样式中既有一些共同的规则，又有一些各自不同的规则。我们通常会把有共同规则的部分写在一起，以减少重复代码。例如下面这段代码。

```
1    .window{
2        border: 1px;
3        border-radius: 2px;
4        color: red;
5    }
6    .box{
7        border: 1px;
8        border-radius: 2px;
9        color: green;
10   }
```

我们会很容易地把 border 和 border-radius 这两个共同的规则提取出来，优化成下面这段代码。

```
1    .window, .box{
2        border: 1px;
3        border-radius: 2px;
4    }
5    .window{
6        color: red;
7    }
8    .box{
9        color: green;
10   }
```

这样做短期没有问题，但是长期来看就存在一个问题：如果要再增加一个与.window和.box并列的新元素，例如.info，那就不得不在两处代码中都做修改，而如果忘记修改其中一处就会出错。代码如下。

```
1    .window, .box, .info{      /*这里要加上新的类名*/
2        border: 1px;
3        border-radius: 2px;
4    }
5    .window{
6        color: red;
7    }
8    .box{
9        color: green;
10   }
11   .info{                      /*这里也要修改*/
12       color: blue;
13   }
```

< 303 >

通常还可以给公用部分单独起一个名字，例如增加一个新的类名.message，以避免修改两处 CSS 代码。代码如下。

```
1    .message{
2        border: 1px;
3        border-radius: 2px;
4    }
5    .window{
6        color: red;
7    }
8    .box{
9        color: green;
10   }
11   .info{
12       color: blue;
13   }
```

这样看起来有所改善，但实际上，用到了这 3 种样式的元素，原来只需要一个类名，而现在就需要两个类名了，这增加了代码的复杂度。下面来看使用 Sass 的"混入"如何解决这一问题，代码如下。

```
1    @mixin message{
2        border: 1px;
3        border-radius: 2px;
4    }
5    .window{
6        @include message;
7        color: red;
8    }
9    .box{
10       @include message;
11       color: green;
12   }
13   .info{
14       @include message;
15       color: blue;
16   }
```

上面的 Sass 代码编译为 CSS 代码后如下。

```
1    .window {
2      border: 1px;
3      border-radius: 2px;
4      color: red;
5    }
6
7    .box {
8      border: 1px;
9      border-radius: 2px;
10     color: green;
11   }
12
13   .info {
14     border: 1px;
15     border-radius: 2px;
16     color: blue;
17   }
```

这样做带来了以下好处。

（1）把公用的样式集合提取出来，定义为一个"混入"，就可以在多处实现复用了。

（2）结合模块系统，可以把常用的各种样式集合放在一起，组成一个文件，这样便于在一个项目

< 304 >

其至多个项目中使用它。

（3）编译出的 CSS 看不到任何"混入"的影子，不需要修改任何 HTML 文件。

16.1.5　继承

Sass 除了提供"混入"机制，还提供"继承"机制，用法类似。以上面的实例为基础，改用"继承"来实现，代码如下。

```
1   .message{
2       border: 1px;
3       border-radius: 2px;
4   }
5   .message-window{
6       @extend .message;
7       color: red;
8   }
9   .message-box{
10      @extend .message;
11      color: green;
12  }
13  .message-info{
14      @extend .message;
15      color: blue;
16  }
```

可以看到在这种方式下，@extend 指令后面跟的是类名，而不是@mixin 自定义的一个名字。这种方式仍然会产生公有的类。在 HTML 中使用这种方式的时候，仍然要使用两个类名。

```
1   .message, .message-info, .message-box, .message-window {
2     border: 1px;
3     border-radius: 2px;
4   }
5
6   .message-window {
7     color: red;
8   }
9
10  .message-box {
11    color: green;
12  }
13
14  .message-info {
15    color: blue;
16  }
```

"混入"与"继承"可以完成类似的事。在实际开发中，建议优先使用"混入"。

此外，我们知道，在 CSS 中是没有"分支""循环"等流程控制语句的，也不能将一段特定的逻辑定义为一个函数。但这些功能在 Sass 中都实现了。

16.2 使用 webpack 构建系统

知识点讲解

Web 前端开发经过了近 20 年的发展，整个开发的工作流程和工具体系已经远非最初那样简单。例如，CSS 的预处理器 Sass 就是后来才加入的。

< 305 >

现在一般把项目划分为"开发"和"运维"两个阶段，前者对应开发环境，后者对应生产环境。

在开发环境中，一般面对的都是便于调试的源代码。而在生产环境中，一般会对代码进行必要的处理，例如去除空格、减小体积以提高性能等。通常至少有下面两个不可缺少的步骤。

（1）合并。在一个实际项目中，前端开发主要涉及 3 种代码文件：HTML、CSS 和 JavaScript。一个项目中通常会编写出多个 CSS 和 JavaScript 文件，最终要发布到生产环境时，一般会通过合并操作减少文件个数，提高浏览器下载的性能。

（2）压缩。经过打包操作的文件代码仍然是开发人员手动编写的代码，实际上里面还有很多空格、注释等字符，对于真正的运行环境（如生产服务器）来说，这些字符都是多余的，因此我们希望把这些冗余的字符去掉，以减小文件的体积，这个过程被称为"压缩"。

为此，出现了一些专门的工具来帮助开发人员做这些烦琐的事情。整个过程被称为"前端自动化构建"，即编写程序代码之外的各种工作流程都可以通过一定的工具进行自动化操作。

目前较常用和主流的自动构建工具是 webpack，它非常强大。webpack 将项目中的一切文件（如 JavaScript 文件、JSON 文件、CSS 文件、Sass 文件、图片文件等）视为模块，然后根据指定的入口文件对模块的依赖关系进行静态分析，一层层搜索所有的依赖文件，并将它们构建成对应的静态资源。

> ✐ 说明
>
> 　　整个自动化构建过程的配置工作并不简单，需要安装一些插件、编写一些配置脚本，有一定的学习难度。如果只是几个文件的小项目，则不必如此兴师动众。但是如果能够进入一个真正的软件开发团队，以团队协作的方式完成大型项目，那么不懂得自动构建的知识和方法，将无法开始工作。

完全掌握这个工具对初学者有一定的挑战，其需要的背景知识相当多。本节仅为读者做一些简单的讲解，使读者有个基本的了解，以便自行深入探索相关内容。

16.2.1　安装 Node.js 环境

先安装 Node.js。简单来说，Node.js 是运行在服务端的 JavaScript，它是一个基于 Chrome V8 引擎的 JavaScript 运行环境。Node.js 的软件包生态系统 npm 是一个丰富的开源库生态系统，里面包含大量的开源程序。

在浏览器中进入 Node.js 官方网站下载页面，这里以 Windows 版本为例，如图 16.1 所示。

双击 Windows 安装文件以打开安装程序，安装界面如图 16.2 所示。依次单击"Next"按钮，选择安装文件夹，直至安装完成。

图 16.1　Node.js 官方网站下载页面

图 16.2　Node.js 安装界面

安装完成后，可以先测试一下安装是否成功。打开 Windows 的命令提示符窗口，如果不知道命令提示符窗口在哪里，可以在 Windows 任务栏左边的搜索框中搜索"cmd"。然后分别在命令提示符窗口中输入"node -v"命令和"npm -v"命令，分别查看 node 和 npm 的版本号，如果出现图 16.3 所示的

< 306 >

版本号提示，就表示 node 和 npm 都安装好了。

图 16.3   通过命令提示符窗口验证安装成功

安装好 Node.js 之后，同时也就安装好了 npm，它是 Node.js 的包管理器。基于 Node.js 开发的很多软件都发布到 npm 上，包括 webpack。后面我们需要利用 nmp 的安装命令安装 webpack。

16.2.2   准备项目文件

这里讲解的是构建的过程，重点不在开发，因此直接准备一个已经开发好的项目。可以在本书提供的配套资源中找到本实例中使用的一个"网页计算器"的小项目。

准备好项目目录和文件。使用命令提示符窗口创建一个目录 calculator，用于存放这个计算器项目的所有文件。进入该目录，在里面创建一个 src 目录，用于存放项目的源代码文件。相关命令如下。

```
1    md calculator
2    cd calculator
3    md src
```

✎ 说明

md 命令的作用是在当前目录下创建新的目录，后面是要创建的目录名称。cd 命令的作用是进入某个目录。目录也被称为"文件夹"。

在本书配套资源中找到计算器项目文件，并将其放入 calculator 里面的 src 目录中。项目文件中包括一个 index.html 文件和一个 files 目录；files 目录中包括一个.scss 文件和两个.js 文件。.scss 是 Sass 文件的默认扩展名，该类文件需要被编译为普通的 CSS 文件。.js 是 JavaScript 文件的扩展名。其中的 script.js 是被 index.html 文件直接引用的文件，另一个.js 文件 calculator-engine.js 会被 script.js 文件引用。这个项目文件就包括这 4 个文件。

此实例配置完成以后，将会实现一个网页版的计算器。我们可以先看一下计算器做好以后的效果，如图 16.4 所示。

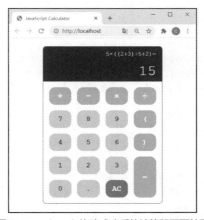

图 16.4   webpack 构建成功后的计算器页面效果

< 307 >

16.2.3 安装 webpack 及其相关组件

接下来在 calculator 目录中新创建 3 个配置文件。它们都是文本文件，因此用 VS Code 可以方便地创建它们。

1．package.json

第 1 个是 package.json，注意文件名称必须是 package.json，它用于配置 webpack 及其相关的依赖包，内容如下。

```
1   {
2     "name": "calculator",
3     "main": "index.js",
4     "description": "a web calculator",
5     "license": "CC",
6     "repository":"n/a",
7     "scripts": {
8       "serve": "webpack serve --open",
9       "build": "webpack"
10    }
11  }
```

上面代码中几个项目的含义如下。

（1）name：名称。

（2）main：入口文件。

（3）description：描述。

（4）license：授权方式。

（5）repository：源代码的仓库地址。

（6）scripts：定义可以执行的命令，后面全部配置好以后会用到。

2．webpack.config.js

创建第 2 个文件，文件名称必须是 webpack.config.js。它用于配置 webpack 自动构建过程的具体行为，内容如下。

```
1   // 动态导入文件路径
2   const path = require('path')
3
4   // HTML 插件
5   const htmlwebpackPlugin = require('html-webpack-plugin');
6
7   // CSS
8   const MiniCssExtractPlugin =
9       require("mini-css-extract-plugin");          //提取 CSS 到单独文件的插件
10  const OptimizeCssAssetsPlugin =
11      require('optimize-css-assets-webpack-plugin');//压缩 CSS 的插件
12
13  module.exports = {
14    mode: 'production',                             //production 和 development
15    entry: './index.js',                           //webpack 打包时的入口文件
16    output: {
17      path: path.resolve(__dirname,'dist'),
18      filename: 'js/bundle.js'                      //打包成功之后的文件名
19    },
20    module: {
```

< 308 >

```
21      rules: [
22        // 从右往左处理 loader
23        {
24          test: /.(css|scss)$/,
25          use: [MiniCssExtractPlugin.loader, "css-loader", "sass-loader"]
26        }
27      ]
28    },
29    // 插件
30    plugins: [
31      new htmlwebpackPlugin({
32        template: './src/index.html',
33        minify: {                          //压缩 HTML 文件
34          removeComments: true,            //删除注释
35          collapseWhitespace: true,        //删除空格
36          removeEmptyAttributes: true,     //删除空的属性
37        }
38      }),
39      new MiniCssExtractPlugin({
40        filename: "css/style.css",         //都移到 dist 目录下的 CSS 目录中
41      }),
42      new OptimizeCssAssetsPlugin()        //压缩 CSS 文件
43    ],
44    devServer: {
45      contentBase: path.resolve(__dirname, 'public'),
46      host: 'localhost',
47      inline: true,
48      port: 8081
49    }
50  }
```

3．入口文件

创建第 3 个文件，即 index.js 文件，文件名称和 package.json 中 "main" 项中指定的文件名称一致即可。它是上面的 webpack.config.js 中指定的打包入口文件，二者要一致。这个文件的内容就是计算器页面需要的 style.scss 和 script.js 文件。不必引入 calculator-engine.js 文件，webpack 会自动分析引入关系，我们只需要把入口文件告诉 webpack 就可以了。因此 index.js 文件内容如下。

```
1   import './src/files/style.scss'
2   import './src/files/script.js'
```

上述 3 个配置文件都写好以后，目录结构如图 16.5 所示，可以看到 3 个配置文件与 src 目录并列。

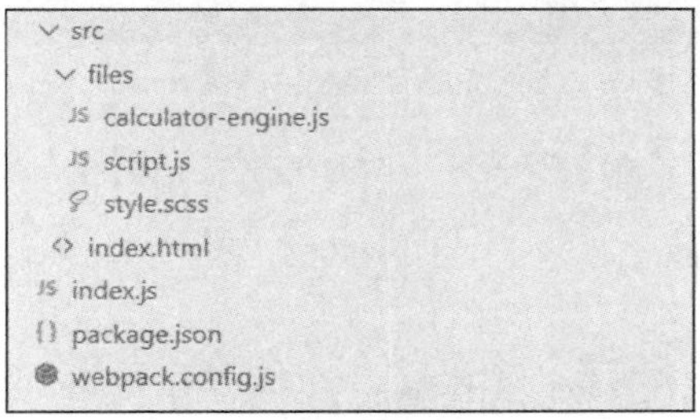

图 16.5　目录结构

4．安装依赖包

接下来就可以通过 npm 的 install 命令安装需要的依赖包了，一共要安装以下 3 类共 9 个依赖包。

< 309 >

（1）安装 webpack。

① webpack。

② webpack-cli（webpack 命令行工具）。

③ webpack-dev-server（webpack 开发服务器）。

（2）安装 HTML 相关组件。

html-webpack-plugin。

（3）安装 Sass 和 CSS 相关组件。

① node-sass。

② css-loader。

③ sass-loader。

④ mini-css-extract-plugin。

⑤ optimize-css-assets-webpack-plugin。

每一个依赖包的安装方法相同，都是使用 npm 的 install 命令，例如要安装 webpack 的命令如下。

```
npm install webpack --save-dev
```

安装 webpack 时的命令提示符窗口如图 16.6 所示。

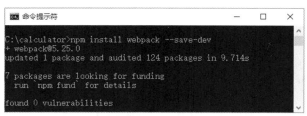

图 16.6　在命令提示符窗口安装 webpack

每次安装时，都把 webpack 换成相应的名称即可。名称后面的 --save-dev 表示每安装一个依赖包，就把相应的配置写入 package.json 文件。例如把 webpack 换成 webpack-cli，就可以安装第 2 个依赖包了，如图 16.7 所示。

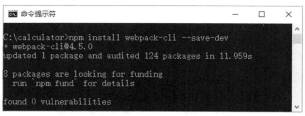

图 16.7　在命令提示符窗口中安装 webpack-cli

用同样的方法依次把这 9 个依赖包安装好，所有的配置和组件安装工作就完成了。

16.2.4　预览与调试

自动化构建过程可以参与到开发调试工作中，可以实现在开发时的"热更新"，即随时查看浏览器中的效果。

在命令提示符窗口中执行 npm run serve 命令，系统会自动打开默认浏览器并访问 http://localhost，此时就可以看到实际运行的计算器实例了。如果系统的默认浏览器不是 Chrome 浏览器，则可以把默认浏览器设置为 Chrome，如图 16.8 所示。

< 310 >

图 16.8　在浏览器中访问 webpack 开发服务器提供的 Web 服务

　　假设我们正在开发这个页面，则可以直接修改 src 目录下 index.html 文件中的代码，甚至不需要保存。webpack 的开发服务器会随时监控页面的代码变化，只要页面做了修改，就会立刻更新浏览器中的页面效果。

　　例如我们在 index.html 文件中把数字键 7 改为字母 A，或者修改一下 style.scss 文件中数字键的背景色，那么变化马上就会体现在浏览器中，非常方便，如图 16.9 所示。

图 16.9　修改代码后浏览器可以立即显示修改效果

　　这个特性被称为"热更新"，即在开发过程中，浏览器可以随时显示最新的修改效果。

　　运行了 npm run serve 命令以后，webpack 的开发服务器只有一直处在运行状态，才能一直监视代码的改动，实现热更新功能。如果要停止开发服务器的运行，则可以在命令提示符窗口中按"Ctrl+C"快捷键来终止该服务。

16.2.5　打包

　　运用 webpack，除了在开发调试的时候可以方便地预览页面效果，在开发完成以后也可以生成用于生产环境的代码，也就是把项目打包输出。在命令提示符窗口中输入命令"npm run build"，效果如图 16.10 所示。

< 311 >

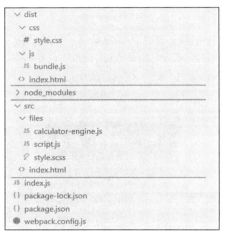

图 16.10　执行 npm run build

　　打包完成之后，calculator 目录中会自动生成一个 dist 目录，里面包含的就是打包以后的所有文件。它们可以用于实际的运行环境，该环境通常被称为"生产环境"。下面总结一下目前整个项目目录下的文件结构，如图 16.11 所示。

```
∨ dist
    ∨ css
        # style.css
    ∨ js
        JS bundle.js
    <> index.html
> node_modules
∨ src
    ∨ files
        JS calculator-engine.js
        JS script.js
        🖉 style.scss
        <> index.html
JS index.js
{} package-lock.json
{} package.json
⬤ webpack.config.js
```

图 16.11　文件结构

　　可以看到，calculator 目录下有 4 个文件和 3 个目录。

　　（1）4 个文件中有 3 个文件是我们手动创建并编辑的，另外的一个 package-lock.json 文件是安装 webpack 过程中自动创建的，一般不用动它。

　　（2）src 目录中存放的是项目的源代码文件。我们开发项目实际上就是在编写这个目录中的各种文件。目前其中有一个网页文件 index.html，以及它所依赖的一个 Sass 文件和两个 JavaScript 文件。

　　（3）dist 目录中存放的是通过 webpack 打包以后产生的、可以用于生产环境的所有文件。目前配置产生的是网页文件 index.html，以及 css 和 js 两个目录，这两个目录中各自存放一个打包以后产生的 CSS 文件和 JavaScript 文件。

　　（4）node_modules 目录中存放的是 webpack 所有的组件，一般不需要手动改变它们。

　　由于这个项目是一个纯前端项目，因此直接用浏览器打开 index.html 网页文件，就可以实际使用这个计算器了。

　　此外，我们仔细看一下 dist 目录中的具体情况，可以发现原来的两个 JavaScript 文件现在变成了一个，而且也没有空格、换行等字符了。仔细看还会发现 index.html 和 style.css 文件也都消除了空格、换

< 312 >

行等字符。这是为了让文件的体积尽可能小，提高网站的访问速度。通常把自动化构建的整个过程称为“打包”，具体包括合并、压缩等步骤。

压缩以后，原来的 JavaScript 代码就变成了图 16.12 所示的样子，这种代码是不便于阅读和调试的，只用来给浏览器显示。

```
bundle.js - 记事本
文件(F) 编辑(E) 格式(O) 查看(V) 帮助(H)
(()=>{"use strict";Array.prototype.top=function(){return this
[this.length-1]};let s=new class{constructor()
{this.screen="0",this.expression="",this.operands=[],this.operators=
["#"],this.operandIsComplete=!1,this.priority={"+":
{"+":">","-":">","*":"<","/":"<","(":"<",")":">","=":">"},"-":
{"+":">","-":">","*":"<","/":"<","(":"<",")":">","=":">"},"*":
{"+":">","-":">","*":">","/":">","(":"<",")":">","=":">"},"/":
{"+":">","-":">","*":">","/":">","(":"<",")":">","=":">"},"(":
{"+":"<","-":"<","*":"<","/":"<","(":"<",")":"=","=":"E"},")":
{"+":">","-":">","*":">","/":">","(":"E",")":">","=":">"},"#":
{"+":"<","-":"<","*":"<","/":"<","(":"<",")":"E","=":"="}}}inputDigit(s)
{(this.screen.startsWith("ERROR")||this.expression.endsWith
("="))&&this.reset(),this.operandIsComplete?
(this.screen=s,this.operandIsComplete=!1):this.screen="0"===this.screen?
s:this.screen+s}inputDecimal(s){if((this.screen.startsWith("ERROR")||
this.expression.endsWith("="))&&this.reset(),this.operandIsComplete)return
this.screen="0.",void(this.operandIsComplete=!1);this.screen.includes
(s)||(this.screen+=s)}inputOperator(s){if(this.screen.startsWith
("ERROR")?this.reset():this.expression.endsWith("=")&&this.reset
("soft"),!this.operandIsComplete){const s=parseFloat
(this.screen);this.operands.push(s),this.operandIsComplete=!
0,this.expression+=s}let e;this.expression+=this.convert(s);do{switch(e=!
1,this.priority[this.operators.top()][s]){case"<":this.operators.push
(s);break;case">":const t=this.operands.pop(),r=this.operands.pop();if
(null==r){this.screen="ERROR-1";break}const i=this.operators.pop
(),n=this.calculate(r,i,t);if(n>999999999999||n<-999999999999)
{this.screen="ERROR-2";break}this.operands.push(n),this.screen=String
(n),e=!0;break;case"=":"#"==this.operators.pop
()&&this.operands.length>1&&(this.screen="ERROR-
3");break;default:this.screen="ERROR-4"}}while(e)}reset(){this.softReset
(),this.screen="0"}softReset(){this.expression="",this.operands=
[],this.operators=["#"],this.operandIsComplete=!1}calculate(s,e,t){switch
(e){case"+":return s+t;case"-":return s-t;case"*":return
s*t;case"/":return s/t;default:throw"Unexpected operator."}}convert(s)
{return"*"===s?"×":"/"===s?"÷":s}};new Vue({el:"#app",data:s,computed:
{screenValue:()=>s.screen.substring(0,13)},methods:{keyPressed(e){const
{target:t}=e;t.matches("button")&&(t.classList.contains("operator")?
s.inputOperator(t.value):t.classList.contains("decimal")?s.inputDecimal
(t.value):t.classList.contains("all-clear")?s.reset():s.inputDigit
(t.value))}}})})();
第 1 行，第 1 列　100%　Windows (CRLF)　UTF-8
```

图 16.12　压缩后的 JavaScript 代码

本章示例文件参见本书配套资源“第 16 章/calculator/src/index.html”。

本章小结

本章介绍了与前端开发工程化相关的知识和技术。通过学习本章，读者需要重点掌握一些项目配置的经验，相关的内容非常繁杂，通常是根据具体的项目来选择相应的工具和技术。因此本章主要是一些介绍性的内容，使读者对工程有一个感性认识，进而在进行实践开发时，可以比较方便地找到适当的处理方法。

习题 16

一、关键词解释

CSS 预处理器　Sass　嵌套　模块　混入　继承　webpack　Node.js　依赖包　打包

二、描述题

1. 请简单描述一下 CSS 的不足。
2. 请简单描述一下 CSS 的预处理器 Sass 的几种用法。
3. 请简单描述一下使用 webpack 构建系统的流程。

三、实操题

在第 10 章习题部分实操题的基础上，将.css 文件修改为.scss 文件，构建项目并打包。

综合实例: Web 前端开发工作流程

在前面的章节中详细讲解了如何使用 HTML5 和 CSS3 制作网页,但这还不是 Web 前端开发的全部。本章以一个完整的网站为例,从零开始,完成分析、策划、设计、制作的完整流程。通过这个实例的学习,读者不仅可以了解其中的技术细节,还能够掌握一套遵从 Web 标准的网页设计流程。使用这样的流程,可以使设计更加规范。本章的思维导图如下。

17.1 Web 前端开发概述

案例讲解

　　Web 前端开发作为一个职业,不过才出现了十多年的时间,因此它的工作内容和职责仍然在快速发展和变化。技术要求也在快速提高,需要掌握的知识和技能也在深入扩展。早期偏重于根据设计图制作静态的 HTML 页面,现在已经远不止于此了。

　　从工作内容来说,Web 前端开发是一个综合性很强的工作,对从业人员的能力要求十分全面,对从业人员的逻辑能力、审美能力、动手能力、沟通能力等的要求都很高。

　　(1)逻辑能力:Web 开发的最终任务是开发出成功的互联网应用,产品形态千差万别,但是都要求有合理的逻辑,因此 Web 开发人员一定要有良好的逻辑能力。

　　(2)审美能力:尽管正规的产品开发团队都会有设计师来负责页面的呈现效果,但毕竟设计与实现之间还有着一定的差距,因此要求 Web 前端开发人员自身具有一定的审美能力,这样无论是理解设计师的意图,还是对最终产品效果的实现都非常重要。

（3）动手能力：前端开发是通过一行行的代码实现所有的设计意图和产品逻辑的，因此动手实践能力是核心能力，尤其是在前端开发这类技术高速发展的领域，从业人员必须随时保持学习态度，迅速了解和掌握新技术、新趋势，只有这样才能保持竞争力。

（4）沟通能力：前端开发不可避免地需要和不同岗位的团队成员合作，例如与设计师交流设计稿的细节、与产品经理交流产品实现中的技术问题、与后端开发人员讨论数据对接、与运维人员沟通部署相关的问题等。因此要想成为一名好的前端开发人员，就必须要具有良好的沟通能力，善于理解别人的想法，能清晰地表达自己的意见和建议。

从具体的技术要求来说，前端开发人员也要尽可能拓宽知识面，如果只局限于基本的一些页面制作技术，是很难应对技术不断发展的新要求的。前端处于设计与后端开发之间，起着承上启下的作用，相关开发人员不仅要懂服务器技术，还要懂产品与交互。

尤其是从技术发展趋势来说，前后端分离的开发模式已成为主流，整个业务逻辑的中心已从后端向前端转移，前端的重要性也在不断加强。

前端开发的核心基础仍是 3 种基本语言：HTML5、CSS3 和 JavaScript。本书的重点是 HTML5 和 CSS3 的知识与方法。读者在掌握了它们之后，还需要扎实掌握 JavaScript。

17.2　实例概述

这个实例是为一个假想的名为 BABY HOUSING 的儿童用品网上商店制作一个网站。完成后的首页效果如图 17.1 所示。

图 17.1　完成后的首页效果

页面竖直方向分为上、中、下 3 个部分，其中上、下两个部分的背景会自动延伸，中间的内容区域分为左右两列，左列为主要内容，右列由一组圆角框构成，并且可以非常方便地增加圆角框。

此外，这个页面具有很好的交互提示功能。例如，在页头部分的导航菜单具有鼠标指针经过时发生变化的效果，鼠标指针在经过"登录账号"和"购物车"这两个按钮时，它们也会发生颜色变化，如图 17.2 所示。

< 315 >

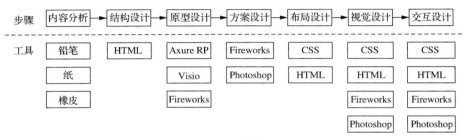

图 17.2　具有鼠标指针经过效果的导航菜单

下面就来具体分析和介绍这个实例的完整开发过程。首先需要说明的是，通过这个实例的学习，读者不但能了解一些技术细节，而且能掌握一套遵从 Web 标准的网页设计流程。

这个流程大致包括图 17.3 所示的 7 个步骤。在每个步骤下面，列出的是该步骤会（或者可能会）用到的工具。

步骤	内容分析	→	结构设计	→	原型设计	→	方案设计	→	布局设计	→	视觉设计	→	交互设计
工具	铅笔		HTML		Axure RP		Fireworks		CSS		CSS		CSS
	纸				Visio		Photoshop		HTML		HTML		HTML
	橡皮				Fireworks						Fireworks		Fireworks
											Photoshop		Photoshop

图 17.3　工作流程

17.3 网站结构与页面内容分析

开发一个网站通常需要一个团队，团队中不同的角色有不同的分工。我们需要先对网站有一个总体的规划，即在网站建设前对市场进行分析，确定网站的目的和功能，并根据需要对网站建设中的技术、内容、费用、测试、维护等做出规划。网站规划对网站建设起到了计划和指导的作用，对网站的内容和维护起到了定位作用。其大致要确定以下几个方面。

（1）建设网站的目的及功能定位。

① 为什么要建设网站？是为了宣传产品，进行电子商务销售，还是为了建立行业平台性网站？

② 整合公司资源，确定网站功能。根据公司的需要和计划，确定网站的功能，如产品宣传型、网上营销型、客户服务型、电子商务型等。

③ 根据网站功能，确定网站的目的和作用。

（2）网站内容规划。

① 根据网站的目的和功能定位规划网站内容。一般的企业网站应包括公司简介、产品介绍、服务内容、价格信息、联系方式、网上订单等基本内容。

② 考虑是否提供会员注册、详细的商品服务信息展示、信息搜索查询、订单确认、付款、个人信息保密、相关帮助等功能。

（3）网页设计原则。

① 网页美术设计要求：网页美术设计一般要与企业的整体形象一致，要符合企业形象识别（corporate identity，CI）系统的整体规则，要注意网页色彩、图片的应用及版面规划，以保持网页的整体一致性。

② 在新技术的采用上要考虑主要目标访问群体的地域分布、年龄阶层、网络速度、阅读习惯等。

③ 制定网页改版计划，如半年到一年时间进行较大规模改版等。

< 316 >

　　具体到设计某一个页面，先要确定通过这个网页打算传达给访问者哪些信息。确定这些信息中哪些是最重要的，哪些是相对比较重要的，哪些是次要的，以及这些信息应该如何组织。也就是说，设计一个网页的第一步不是这个页面的外观，而是这个页面的内容。现在以"BABY HOUSING 儿童用品网上商店"的首页为例进行说明。

　　在这个页面中，先要有明确的网站名称和标志，此外还要给访问者方便地了解这个网站所有者自身信息的途径，包括指向自身介绍（"关于我们"）、联系方式等内容的链接。接下来，这个网站的根本目的是要销售商品，因此必须要有清晰的产品分类结构，以及合理的导航菜单。对于网上商店来说，产品通常是以类别组织的，而首页通常会把一些最受欢迎的和重点推荐的产品拿出来展示，因为首页的访问量会比其他页面大得多。

　　例如图 17.4 所示的是京东网站的首页，读者在研究一些成功网站的时候，不要只关注这些网站的设计风格和技术细节，还要从更深入的角度观察它们，这样才能更好地掌握核心的东西。例如，从图 17.4 中可以看到，这个页面尽管内容非常多，但简单来说就分为两大类——"分类链接"和"推荐商品链接"。

图 17.4　京东网站的首页

现在考虑我们的网站要展示哪些内容。其大致应该包括以下内容。

（1）标题。

（2）标志。

（3）主导航栏。

（4）自身介绍。

（5）账号登录与购物车。

（6）今日推荐商品（1 种）。

（7）最受欢迎商品（1 种）。

（8）分类推荐商品（3 种）。

（9）搜索框。

< 317 >

（10）类别菜单。

（11）特别提示信息。

（12）版权信息。

17.4 HTML 结构设计

在内容分析的基础上，我们开始构建网站的结构。现在暂时不考虑 CSS，而是从网页的内容出发，根据上面列出的要点，通过 HTML 搭建网页的结构。

图 17.5 所示是搭建的 HTML 在没有使用任何 CSS 设置时的页面效果。其中，左侧使用线条表示了各个项目的构成。

图 17.5 HTML 结构

一个页面应该尽可能保证在不使用 CSS 的情况下，依然保持良好的结构和可读性。这不仅对访问者很有帮助，而且有助于网站被必应、百度这样的搜索引擎了解和收录，这对于提升网站的访问量是至关重要的。

图 17.5 所示 HTML 结构对应的代码如下。

```
1    <body>
2
3    <h1>BABY HOUSING</h1>
4    <img src="images/logo.gif" />
5    <ul>
6        <li><a href="#"><span>关于我们</span></a></li>
7        <li><a href="#"><span>联系方式</span></a></li>
8        <li><a href="#"><span>意见建议</span></a></li>
9    </ul>
10   <ul>
11       <li><a href="#"><strong>网站首页</strong></a></li>
```

< 318 >

```
12      <li><a href="#"><strong>产品介绍</strong></a></li>
13      <li><a href="#"><strong>信息</strong></a></li>
14      <li><a href="#"><strong>畅销排行榜</strong></a></li>
15  </ul>
16  <ul>
17      <li ><a href="#"></a></li>
18      <li ><a href="#"></a></li>
19  </ul>
20
21  <h2>今日推荐</h2>
22      <a href="#"><img src="images/ex4.jpg" width="210" height="140"/></a>
23      <p>七星瓢虫图案 4 件套，采用超柔和进口面料，手感极其柔软，舒适。采用高支高密精梳纯棉织物作
        为面料，手感柔软舒适，经久耐用，多款图案风格能够和不同家居设计完美搭配。</p>
24      <p>缩水率以及退色率均符合国家检测标准，绿色环保。30 度以下水温洗衣机弱洗，中性洗涤剂，中温
        熨烫。 </p>
25
26  <h2>最受欢迎</h2>
27      <a href="#"><img src="images/ex5.jpg" width="210" height="140"/></a>
28      <p>九孔棉冬被选用优质涤纶面料，手感柔软、花型独特，填充料采用高科技的聚酯螺旋纤维精制而成，
        该纤维细如发，弹性极强。且饱含空气，恒温性强，使您倍感轻软舒适。经特殊工艺加工后，长期保持
        松软如新，为您提供健康舒适的睡眠需要。 </p>
29
30  <h2>分类推荐</h2>
31      <ul>
32          <li><a href="#"><img src="images/ex1.jpg" width="120" height="120"/></a>
33              <p>休闲款式，柔软富有弹性。舒服自然，飘逸。</p></li>
34          <li><a href="#"><img src="images/ex2.jpg" width="120" height="120"/></a>
35              <p>棒球套装，柔软富有弹性。舒服自然，飘逸。</p></li>
36          <li><a href="#"><img src="images/ex3.jpg" width="120" height="120"/></a>
37              <p>丝制面料，柔软富有弹性。舒服自然，飘逸。</p></li>
38      </ul>
39
40  <form><input name="" type="text" /><input name="" type="submit" value="查询商品" />
    </form>
41
42  <h2>产品分类</h2>
43      <ul>
44          <li><a href="#">0-1 岁玩具</a></li>
45          <li><a href="#">2-3 岁玩具</a></li>
46          <li><a href="#">4-6 岁玩具</a></li>
47          <li><a href="#">0-1 岁服装</a></li>
48          <li><a href="#">2-3 岁服装</a></li>
49          <li><a href="#">4-6 岁服装</a></li>
50      </ul>
51
52  <h2>特别提示</h2>
53      <p>特别提示特别提示特别提示特别提示</p>
54
55  <p><a href="#">网站首页</a> | <a href="#">产品介绍</a> | <a href="#">信息</a> | <a
    href="#">畅销排行榜</a></p>
56  <p>版权属于前沿科技</p>
57  </body>
```

< 319 >

可以看到，这些代码非常简单，使用的都是最基本的 HTML 标记，包括<h1>、<h2>、<p>、<ul>、<form>、<a>、<img>。这些标记都具有一定的含义，例如<h1>表示 1 级标题，对于一个网页来说，这是最重要的内容，而下面具体的某一项内容，如"今日推荐"中，标题则用<h2>标记，表示 2 级标题。实际上，这类似于我们在 Word 软件中写文档，可以把文章的不同内容设置为不同的样式，如"标题 1""标题 2"等。

代码中没有出现任何<div>标记。因为<div>是不具有语意的标记，在最初搭建 HTML 的时候，我们要考虑语义相关的内容，<div>这样的标记还不到出场的时候。

此外，<ul>列表在代码中出现了多次。当有若干个项目并列时，<ul>是一个很好的选择。如果读者仔细研究一些做得很好的网页，会发现它们的代码中有很多<ul>标记，其可以使页面的逻辑关系非常清晰。

请读者仔细读一遍上面的代码，了解这个网页的基本结构。接下来要考虑如何将其合理地运用在页面上。

17.5 原型设计

在设计任何一个网页之前，都应该先有一个构思的过程，对网站的完整功能和内容进行全面的分析。如果有条件，则应该制作出线框图，这个过程被称为"原型设计"，例如，在具体制作页面之前，我们可以先设计一个图 17.6 所示的线框图。

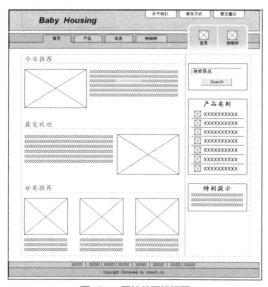

图 17.6　网站首页线框图

网页原型设计也是分步骤实现的。例如，可以先考虑把一个页面从上到下依次分为 3 个部分，然后将每个部分逐步细化，例如页头部分的布局如图 17.7 所示。

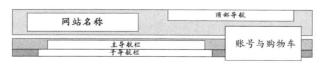

图 17.7　页头部分的布局

< 320 >

中间的内容部分分为左、右两列，页脚部分比较简单，这里不再赘述。将这 3 个部分组合在一起，就形成了图 17.6 所示的样子。为了演示效果，这里还制作了这个页面中"产品"页面的线框图，如图 17.8 所示。

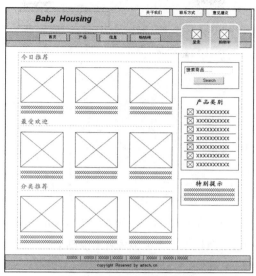

图 17.8　"产品"页面的线框图

> **注意**
>
> 　　如果是为客户设计的网页，那么使用线框图与客户进行早期的交流沟通是最合适的方式。这样既可以清晰地表明设计思路，又不用花费大量的绘制时间。因为网页在原型设计阶段往往要经过反复修改，如果每次都使用完成以后的设计图交流，反复修改就需要大量的时间和工作量，而且在设计的开始阶段，往往交流沟通的重心并不是设计的细节，而是功能、结构等的相关问题，因此使用这种线框图是非常合适的。

有很多软件可以用于制作线框图，例如 Axure RP 是专门用于原型设计的，而且可以方便地设计动态过程的原型。读者有兴趣可以实践一下。如果没有 Axure RP，普通的绘图软件（如 Visio、Fireworks、Photoshop 等）也可以胜任。

17.6　页面方案设计

接下来的任务就是根据线框图，在 Photoshop 或者 Fireworks 中设计页面方案。具体使用哪种软件，可以根据个人的工作习惯决定。对于网页设计来说，推荐使用 Fireworks，它有更方便的矢量绘制功能。图 17.9 所示的就是在 Fireworks 中设计页面方案。

由于本书篇幅限制，绘制页面方案的步骤就不再详细介绍了，这部分工作通常由设计师完成。这一步的核心任务是美术设计，通俗来说就是让页面更美观。在一些大规模的项目中，通常都会有专业的美工人员参与，那时这一步就是美工人员的任务了。对于一些小规模的项目，可能没有很明确的分工，一人身兼数职。没有很强美术功底的人要设计出漂亮的页面并不是一件很容易的事情，因为美术素养不像其他技术那样可以在短期内提高，其往往需要长时间的学习和熏陶，才能到达一个较高的水准。

< 321 >

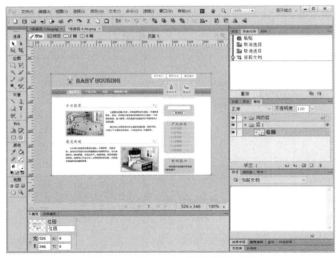

图 17.9　在 Fireworks 中设计页面方案

就网页美工的设计而言，实际上最核心的工作就是配色。这也是很难用几条规则就能概括的，即使能够归纳出几条规则，如协调、对比等，对于初学者来说也是很难完全理解的。

本书由于篇幅和内容的限制，不再深入探讨配色等问题。当页面方案设计好之后，就要考虑如何把设计方案转化为一个实际网页。接下来将详细介绍具体的操作步骤。

17.7　页面制作

下面就要将设计方案变为网页了。要将本网页完全制作出来，步骤很多，代码比较长，读者可以下载本书配套的实例加以了解。这么复杂的实例通过文字学习难度较大，我们制作了讲解视频教程，读者可以跟随视频一步一步学习具体的制作过程，这里仅做概括性的说明。

具体的页面制作可以分为 4 个步骤。

1. 基本布局

先对整个页面的共同属性进行一些设置，例如对字体、margin、padding 等属性进行初始设置，以保证相应的内容在各个浏览器中有相同的表现。接着把各种元素放到适当的位置，暂时不用涉及非常细节的因素，例如这个页面的中间内容部分，先实现分栏显示不同页面元素的效果就可以了。

在本实例中，我们提供两种布局方式，第一种是使用传统的 div 布局，通过定位和浮动这两个属性进行布局，用的是本书第 11 章介绍的方法。第二种是使用 CSS3 引入的弹性盒子布局，用的是本书第 13 章介绍的方法。

无论用哪种方法，HTML 结构都完全相同，仅是 CSS 的设置有所区别。此时考虑 CSS 布局的需要，应该增加一些<div>标记。这并没有一定的标准，每个人都可以按照自己的习惯来搭建结构，这里仅提供一个 HTML 结构布局元素的嵌套关系示意图，如图 17.10 所示，供读者参考。图中展示了布局元素的嵌套关系，完整的页面代码参见本书配套资源"第 17 章/home-flex.html"和"第 17 章/home-position.html"。

2. 细节制作

大的布局设计完成以后，就要开始对细节进行设计了。从上面的各个步骤可以看出，整个设计过

< 322 >

程是按照从内容到形式逐步细化的思想来进行的。

可以依次将页头部分的导航菜单、"登录账号"和"购物车"图标的样式做出来，然后实现主体部分的图片演示、右侧栏中的圆角框效果等诸多细节。完成以后的页面效果如图 17.11 所示。

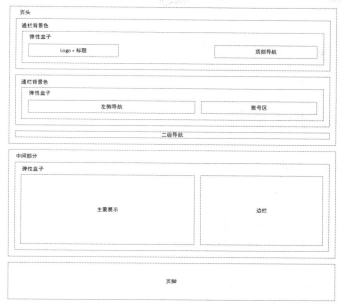

图 17.10　布局元素的嵌套关系

图 17.11　页面效果

3．交互效果

接下来进行一些交互性的动态设计，这里主要是为网页元素增加鼠标指针经过时的效果。如图 17.12 所示，在鼠标指针经过主导航菜单和次导航菜单的时候，相应的菜单项会发生变化，鼠标指针经过"登录账号"或者"购物车"图标时，它们的颜色也会变浅，这都是为了提示用户而设计的效果。

图 17.12　设置不同位置的鼠标指针经过效果

这一步完成以后，页面制作过程就完成了。当然，这离制作出一个真正的网站还有一段距离。

4．页面动态化（数据接入）

这一步会根据具体情况的不同而采取不同的方式。对于绝大多数网页，例如上面制作的这个页面，如果仅制作上面这样的页面是没有实际用处的。一家电商网站不能仅有这么几样商品。如果要在一个网站里显示成千上万种商品，则不可能手工制作出每一个页面。因此，成千上万的商品信息都存储在服务器上的数据库中，用户访问一个页面的时候会根据需要从数据库中查找相关的信息，替换静态页面中相应的部分，例如产品的名称、图片、介绍文字等。

这个过程就是页面动态化，其通常有以下两种实现方式。

（1）传统的方式被称为"服务器端渲染"，也就是说由后端开发人员通过后端语言（如 Java、C# 等）编写出服务器后端程序，当其接收到用户通过浏览器发来的请求时，在数据库中查询相应的信息，并替换静态网页上相应的内容，动态生成一个 HTML 网页，然后发送给浏览器。如果采用这种方式，

< 323 >

那么这个工作通常由后端开发人员来完成，前端开发人员在后端开发人员遇到问题时配合即可。

（2）随着移动设备的普及，前端展示形式变得多种多样。针对不同的前端设备，如果都通过后端生成 HTML 的方式，工作效率就会很低，因此逐渐演变为后端仅提供数据的方式。前端通过 JavaScript 实现网页的动态数据显示，这种方式被称为"前后端分离"。对于前端开发人员，这个步骤被称为"数据接入"。

人才是第一资源

随着技术的发展，目前"前后端分离"方式已经成为主流的技术路线，因此也对前端开发人员提出了更高的要求，即要求其要掌握 AJAX、Web API 等技术。

17.8 遵从 Web 标准的设计流程

经过上面比较完整的一个实例，我们可以把一个页面的完整设计过程分为 7 个步骤，如图 17.3 所示。

下面对这 7 个步骤进行总结。

（1）内容分析：仔细研究需要在网页中展现的内容，梳理其中的逻辑关系，分清层次及重要程度。

（2）结构设计：根据内容分析的成果，搭建出合理的 HTML 结构；保证网页在没有任何 CSS 样式的情况下，在浏览器中保持高可读性。

（3）原型设计：根据网页的结构，绘制出线框图，对页面进行合理的分区和布局，线框图是设计负责人与客户交流的最佳媒介。

（4）方案设计：在确定的线框图的基础上，使用美工软件设计出具有良好视觉效果的页面设计方案。

（5）布局设计：使用 HTML 和 CSS 对页面进行布局。

（6）视觉设计：使用 CSS 并配合美工设计元素，完成由设计方法到网页的转化。

（7）交互设计：为网页增添交互效果，如鼠标指针经过时的一些特效等。

本章小结

本章介绍了 Web 开发中常见的前端工程师工作职责，以及他们需要掌握的能力。此外，本章还为一个假想的名为"BABY HOUSING"的儿童用品网上商店制作了一个网站。希望通过对这个实例的学习，读者能够了解遵从 Web 标准的网页设计流程。在 17.5 节中，我们给出了一个产品页面的线框图，建议读者独立完成这个页面的制作，以作为对本章的复习和实践。

此外，读者还可以仔细研究一些著名的网站，思考一下，如果由你来设计这样一个网站，你会如何分析内容、搭建结构等。这种练习方法对于锻炼我们自身思维能力是很有帮助的。

习题 17

描述题

1. 制作页面的几个重要步骤是什么？
2. 设计页面大概分为哪几个步骤？

< 324 >